Inhaltsverzeichnis

Vorschlag für einen Stoffverteilungsplan .... I – III

Hinweise und Lösungen

Zahlen und Größen
Noch fit? 1
Natürliche Zahlen ordnen und vergleichen .... 1 – 4
Natürliche Zahlen darstellen .... 5 – 6
Methode: Runden .... 6 – 7
Systematisch zählen und schätzen .... 7 – 8
Methode: Schätzen mit Professor Fermi 8
Masse und Geld .... 9 – 11
Länge .... 11 – 13
Zeit .... 13 – 15
Die tierische Super-Olympiade .... 15 – 16
Vermischte Übungen .... 16 – 20

Natürliche Zahlen addieren und subtrahieren
Noch fit? .... 20 – 21
Im Kopf addieren und subtrahieren .... 21 – 23
Rechenvorteile und Rechengesetze .... 24 – 26
Schriftlich addieren und subtrahieren .... 26 – 28
Präsentationen üben: Was kosten Hobbys? 28
Vermischte Übungen .... 28 – 30

Daten
Noch fit? .... 30 – 31
Daten erheben und auswerten .... 31 – 33
Methode: In Klassen einteilen 32
Daten darstellen .... 33 – 36
Methode: Piktogramme 34
Methode: Säulendiagramme mit dem Computer erstellen 36
Wir präsentieren uns am „Tag der offenen Tür" 36
Vermischte Übungen .... 37 – 38

Natürliche Zahlen multiplizieren und dividieren
Noch fit? 39
Im Kopf multiplizieren und dividieren .... 39 – 43
Schriftlich multiplizieren und dividieren .... 43 – 46
Potenzen 47
Rechengesetze sinnvoll nutzen .... 47 – 48
Filmpark Babelsberg 48
Vermischte Übungen .... 48 – 52

Geometrische Figuren zeichnen
Noch fit? 52
Gerade, Parallele, Senkrechte .... 52 – 55
Methode: Umgang mit dem Geodreieck 53
Das Koordinatensystem .... 55 – 57
Flächen erkennen und beschreiben .... 57 – 59
Besondere Vierecke .... 59 – 63
Methode: Quadrate und Rechtecke zeichnen 62
Methode: Argumentieren und Begründen 62
Methode: Zeichnen mit einem Geometrieprogramm .... 62 – 63
Vermischte Übungen .... 63 – 66

Brüche und Verhältnisse

Noch fit? .... 66 – 67
Brüche als Teil eines Ganzen .... 67 – 69
Methode: Brüche auf dem Geobrett darstellen 70
Bruchteile von Größen .... 70 – 72
Brüche kürzen und erweitern .... 72 – 75
Brüche vergleichen und ordnen .... 75 – 78
Brüche als Verhältnisse .... 78 – 81
Unterwegs in der Fußball-Bundesliga .... 81 – 82
Vermischte Übungen .... 83 – 86

Flächen und Flächeninhalte

Noch fit? .... 86 – 87
Flächen vergleichen .... 87 – 90
Flächeneinheiten .... 90 – 93
Flächeninhalt von Rechtecken und Quadraten .... 93 – 95
Umfang von Rechtecken und Quadraten .... 96 – 97
Methode: Problemlösen durch systematisches Abschätzen .... 97 – 98
Pentominos .... 98 – 99
Vermischte Übungen .... 99 – 102

Symmetrien und Verschiebungen

Noch fit? .... 102 – 103
Achsensymmetrien erkennen und herstellen .... 103 – 106
Punktsymmetrien erkennen und herstellen .... 106 – 109
Verschiebungen .... 109 – 111
Mandalas 111
Vermischte Übungen .... 111 – 114

Vorschlag für einen Stoffverteilungsplan mit Zuordnung der Niveaustufen

Bei der Erstellung dieses Stoffverteilungsplans gehen wir von 35 zur Verfügung stehenden Schulwochen aus. Das Schuljahr besteht zwar aus insgesamt 38 Wochen, davon bleiben drei im Stoffverteilungsplan unberücksichtigt, da der Mathematikunterricht wegen Klassenfahrten, Projektwochen usw. in der Regel nicht in 38 Schuljahreswochen planmäßig stattfindet.
Es ist das Niveau ausgezeichnet, das im Teilkapitel hauptsächlich behandelt wird.

Inhalt	Seite	Niveau	Prozessbezogene Kompetenzen	Woche
Zahlen und Größen Noch fit? Natürliche Zahlen ordnen und vergleichen Natürliche Zahlen darstellen *Methode:* Runden Systematisch zählen und schätzen *Methode:* Schätzen mit Professor Fermi Masse und Geld Länge Zeit *Thema:* Die tierische Super-Olympiade Vermischte Übungen Alles klar? Zusammenfassung	8 9 13 16 17 20 21 25 29 33 34 39 40	 C C D C C C C C	*Mathematisch argumentieren* • Fragen stellen, die für die Mathematik charakteristisch sind (Gibt es …? Wie verändert sich …? Ist das immer so …?) • Zusammenhänge und Strukturen erkennen und Vermutungen zu mathematischen Situationen aufstellen *Mathematisch modellieren* • relevante Informationen aus Sachtexten und anderen Darstellungen entnehmen • mathematische Lösungen in Bezug auf die Ausgangssituation prüfen und interpretieren *Mit symbolischen, formalen, technischen Elementen der Mathematik umgehen* • formale Rechenstrategien (schnelles Kopfrechnen und automatisierte Verfahren) ausführen *Mathematisch kommunizieren* • eigene Vorgehensweisen beschreiben, Lösungswege anderer nachvollziehen und gemeinsam Lösungswege reflektieren	1.–6. (6 W.)
Natürliche Zahlen addieren und subtrahieren Noch fit? Im Kopf addieren und subtrahieren Rechenvorteile und Rechengesetze Schriftlich addieren und subtrahieren *Thema:* Präsentationen üben: Was kosten Hobbys? Vermischte Übungen Alles klar? Zusammenfassung	 42 43 47 51 56 58 61 62	 C C C	*Mathematisch argumentieren* • Beispiele oder Gegenbeispiele für mathematische Aussagen finden • Routineargumentationen wiedergeben • Fehler erkennen, beschreiben und korrigieren *Probleme mathematisch lösen* • Lösungsstrategien (z. B. vom Probieren zum systematischen Probieren) entwickeln und nutzen • Zusammenhänge erkennen und Lösungsstrategien auf ähnliche Sachverhalte übertragen *Mathematisch modellieren* • Sachsituationen in die Sprache der Mathematik übersetzen und entsprechende Aufgaben innermathematisch lösen *Mit symbolischen, formalen, technischen Elementen der Mathematik umgehen* • formale Rechenstrategien (schnelles Kopfrechnen und automatisierte Verfahren) ausführen • Kontrollverfahren nutzen *Mathematisch kommunizieren* • mathematische Fachbegriffe und Zeichen bei der Beschreibung und Dokumentation von Lösungswegen sachgerecht verwenden	7.–9. (3 W.)

Inhalt	Seite	Niveau	Prozessbezogene Kompetenzen	Woche
Daten Noch fit? Daten erheben und auswerten Methode: In Klassen einteilen Daten darstellen Methode: Piktogramme Methode: Säulendiagramme mit dem Computer erstellen Thema: Wir präsentieren uns am „Tag der offenen Tür" Vermischte Übungen Alles klar? Zusammenfassung	64 65 68 69 72 75 77 78 81 82	 D D C C C	*Mathematisch modellieren* • Sachaufgaben zu Termen, Gleichungen und bildlichen Darstellungen formulieren *Mathematische Darstellungen verwenden* • geeignete Darstellungen für das Bearbeiten mathematischer Sachverhalte und Probleme auswählen, nutzen und entwickeln • eine Darstellung in eine andere übertragen • verschiedene Darstellungen vergleichen *Mathematisch kommunizieren* • relevante Informationen aus Sachtexten und anderen Darstellungen entnehmen und sich darüber mit anderen austauschen • Aufgaben gemeinsam bearbeiten • Verabredungen treffen und einhalten	10.–12. (3 W.)
Natürliche Zahlen multiplizieren und dividieren Noch fit? Im Kopf multiplizieren und dividieren Methode: Rechenbäume Realsituationen zuordnen Schriftlich multiplizieren und dividieren Thema: Potenzen Rechengesetze sinnvoll nutzen Thema: Filmpark Babelsberg Vermischte Übungen Alles klar? Zusammenfassung	84 85 88 91 96 97 100 102 105 106	 C C C C/D	*Mathematisch argumentieren* • Routineargumentationen wiedergeben *Probleme mathematisch lösen* • Aufgaben bearbeiten, zu denen sie noch keine Routinestrategie haben (sich zu helfen wissen) • heuristische Hilfsmittel zum Problemlösen anwenden *Mathematisch modellieren* • Sachsituationen in die Sprache der Mathematik übersetzen und entsprechende Aufgaben innermathematisch lösen *Mit symbolischen, formalen, technischen Elementen der Mathematik umgehen* • Kontrollverfahren nutzen *Mathematisch kommunizieren* • eigene Vorgehensweisen beschreiben, Lösungswege anderer nachvollziehen und gemeinsam Lösungswege reflektieren	13.–16. (4 W.)
Geometrische Figuren zeichnen Noch fit? Gerade, Parallele, Senkrechte Methode: Umgang mit dem Geodreieck Das Koordinatensystem Flächen erkennen und beschreiben Besondere Vierecke Methode: Quadrate und Rechtecke zeichnen Methode: Argumentieren und Begründen Methode: Zeichnen mit einem Geometrieprogramm Vermischte Übungen Alles klar? Zusammenfassung	108 109 112 115 119 123 128 129 130 132 137 138	 C C D C C C	*Mathematisch argumentieren* • Zusammenhänge und Strukturen erkennen und Vermutungen zu mathematischen Situationen aufstellen • Begründungen nachvollziehen und zunehmend selbstständig entwickeln *Probleme mathematisch lösen* • Zusammenhänge erkennen und Lösungsstrategien auf ähnliche Sachverhalte übertragen *Mit symbolischen, formalen, technischen Elementen der Mathematik umgehen* • Kontrollverfahren nutzen • mathematische Hilfsmittel und Werkzeuge sachgerecht auswählen und flexibel einsetzen *Mathematisch kommunizieren* • eigene Vorgehensweisen beschreiben, Lösungswege anderer nachvollziehen und gemeinsam Lösungswege reflektieren • relevante Informationen aus Sachtexten und anderen Darstellungen entnehmen und sich darüber mit anderen austauschen	17.–21. (5 W.)

Inhalt	Seite	Niveau	Prozessbezogene Kompetenzen	Woche
Brüche und Verhältnisse Noch fit? Brüche als Teil eines Ganzen *Thema:* Brüche auf dem Geobrett darstellen Bruchteile von Größen Brüche kürzen und erweitern Brüche vergleichen und ordnen Brüche als Verhältnisse *Thema:* Unterwegs in der Fußball-Bundesliga Vermischte Übungen Alles klar? Zusammenfassung	140 141 146 147 151 155 159 164 166 171 172	 D D D D D	*Mathematisch argumentieren* • Begründungen nachvollziehen und zunehmend selbstständig entwickeln • Ergebnisse bzgl. ihres Anwendungskontextes bewerten *Mathematisch modellieren* • relevante Informationen aus Sachtexten und anderen Darstellungen entnehmen • Sachsituationen in die Sprache der Mathematik übersetzen und entsprechende Aufgaben innermathematisch lösen • Sachaufgaben zu Termen, Gleichungen und bildlichen Darstellungen formulieren *Mathematische Darstellungen verwenden* • geeignete Darstellungen für das Bearbeiten mathematischer Sachverhalte und Probleme auswählen, nutzen und entwickeln • verschiedene Darstellungen vergleichen *Mit symbolischen, formalen, technischen Elementen der Mathematik umgehen* • Tabellen, Terme, Gleichungen und Diagramme zur Beschreibung von Sachverhalten nutzen	22.–27. (6 W.)
Flächen und Flächeninhalte Noch fit? Flächen vergleichen Flächeneinheiten Flächeninhalt von Rechtecken und Quadraten Umfang von Rechtecken und Quadraten *Methode:* Problemlösen durch systematisches Abschätzen *Thema:* Pentominos Vermischte Übungen Alles klar? Zusammenfassung	174 175 179 185 189 192 194 196 201 202	 C D/E D D	*Mathematisch argumentieren* • Fragen stellen, die für die Mathematik charakteristisch sind (Gibt es …? Wie verändert sich …? Ist das immer so …?) • Begründungen nachvollziehen und zunehmend selbstständig entwickeln *Probleme mathematisch lösen* • Aufgaben bearbeiten, zu denen sie noch keine Routinestrategie haben (sich zu helfen wissen) *Mathematisch modellieren* • relevante Informationen aus Sachtexten und anderen Darstellungen entnehmen *Mit symbolischen, formalen, technischen Elementen der Mathematik umgehen* • mathematische Hilfsmittel und Werkzeuge sachgerecht auswählen und flexibel einsetzen	28.–32. (5 W.)
Symmetrien und Verschiebungen Noch fit? Achsensymmetrien und Achsenspiegelungen Punktsymmetrien und Punktspiegelungen Verschiebungen *Thema:* Mandalas Vermischte Übungen Alles klar? Zusammenfassung	 204 205 211 215 219 220 223 224	 C/D D D	*Mathematisch modellieren* • Sachsituationen in die Sprache der Mathematik übersetzen und entsprechende Aufgaben innermathematisch lösen *Mit symbolischen, formalen, technischen Elementen der Mathematik umgehen* • mathematische Hilfsmittel und Werkzeuge sachgerecht auswählen und flexibel einsetzen *Mathematisch kommunizieren* • eigene Vorgehensweisen beschreiben, Lösungswege anderer nachvollziehen und gemeinsam Lösungswege reflektieren • Aufgaben gemeinsam bearbeiten	33.–35. (3 W.)

Zahlen und Größen

Noch fit?

Seite 8

1 *in vorgegebenen Schritten weiterzählen; mündliche Zählübung*
a) 97 600; 97 700; 97 800; 97 900; 98 000; 98 100; 98 200; 98 300; 98 400; 98 500
b) 97 500; 98 500; 99 500; 100 500; 101 500; 102 500; 103 500; 104 500; 105 500; 106 500
c) 97 550; 97 600; 97 650; 97 700; 97 750; 97 800; 97 850; 97 900; 97 950; 98 000
d) 98 000; 98 500; 99 000; 99 500; 100 000; 100 500; 101 000; 101 500; 102 000; 102 500

2 *Zahlen verdoppeln*
a) 30; 60; 120; 240; 480; 960; 1920
b) 55; 110; 220; 440; 880; 1760
c) 70; 140; 280; 560; 1120
d) 2; 4; 8; 16; 32; 64; 128; 256; 512; 1024

3 *Zahlen halbieren*
a) 6000; 3000; 1500; 750; 375
b) 5000; 2500; 1250; 675
c) 900; 450; 225
d) 512; 256; 128; 64; 32; 16; 8; 4; 2; 1

4 *natürliche Zahlen auf dem Zahlenstrahl ablesen*
20; 400; 1600; 2220

5 *mit Stufenzahlen (10, 100, 1000, 10 000) multiplizieren; dividieren*

a)
	10	100	1000	10 000
5	50	500	5000	50 000
17	170	1700	17 000	170 000
789	7890	78 900	789 000	7 890 000
12 345	123 450	1 234 500	12 345 000	123 450 000

b) ① 4; 4   ② 400; 4

6 *Längenangaben vergleichen*
kürzeste Strecke 33 cm; längste Strecke 43 cm

7 *Geldbeträge kombinieren*

Möglichkeiten	1.	2.	3.	4.	5.	6.	7.	8.
1 ct	9	7	5	3	1	–	2	4
2 ct	–	1	2	3	4	2	1	–
5 ct	–	–	–	–	–	1	1	1

8 *mit Gewichtsangaben „rechnen"*
Zwei Packungen Mehl wiegen 1000 g, also wiegt eine Packung 500 g.
individuell; z.B. 2 Packungen Butter zu je 250 g wiegen so viel wie eine Packung Mehl.

Bunt gemischt
1. Auf dem Zahlenstrahl werden die natürlichen Zahlen abgebildet.
   Es gibt einen Anfang (0) aber kein Ende, da es keine größte natürliche Zahl gibt.
2. 6 Nullen
3. Eine gerade Zahl ist eine (natürliche) Zahl, die durch 2 teilbar ist.

Nachgedacht
oben: David, Caro, Anja, Bettina (aufsteigendes Alter)
unten: Tim hat 65 Karten, Simon 45.

Natürliche Zahlen ordnen und vergleichen

Erforschen und Entdecken

Seite 9

1 *Zahlenbeispiele aus dem Alltag untersuchen und sortieren*
a) Hausnummern, Uhrzeit (Stunden seit Mitternacht), Platzierungen
b) Mengenangaben: Preise, Längen, Gewicht (Masse)   c) individuell verschieden
   Ordnungszahlen: Postleitzahlen, Telefonnummern/Vorwahlen

Zahlen und Größen

Seite 9

2 *Bild und Zahlenfolgen fortführen und erfinden, Bildungsgesetze formulieren*
a) ⊙ ⊙ ⊙ ☐
b) ① immer + 2   14; 16; 18; 20
② immer · 2   64; 128; 256; 512
③ abwechselnd − 5 und − 2   40; 35; 33; 28
c) individuelle Lösungen
d) Partnerarbeit; Lösungen individuell

3 *Zahlen anordnen, handlungsorientierte Hinführung zum Zahlenstrahl*
a) Die 300 muss in der Mitte zwischen den beiden bereits markierten Zahlen stehen, weil 300 die Hälfte von 600 ist.
b) Teilt man den Teil der Leine, der sich zwischen 0 und 300 befindet, in drei gleich große Teile, so muss 100 am Ende des ersten Teils davon hängen.
c) Vergrößert man den Abstand zwischen 0 und 600, so vergrößert sich auch der Abstand der 300 von der 0, nämlich um die Hälfte der vorgenommenen Vergrößerung. Auch die 100 rutscht weiter zur 300 hin.
Verkleinert man den Abstand zwischen 0 und 600, so verkleinern sich auch die anderen beiden Abstände entsprechend.
d) individuell
e) Die größere Zahl hängt weiter rechts auf der Wäscheleine.

Basisaufgaben

Seite 10

1 *in Zehnerschritten weiterzählen; verbale Zählübung*
a) 80; 90; 100; 110; 120; 130; 140; 150; 160; 170
b) 190; 200; 210; 220; 230; 240; 250; 260; 270; 280
c) 567; 577; 587; 597; 607; 617; 627
d) 6890; 6900; 6910; 6920; 6930; 6940; 6950; 6960; 6970; 6980; 6990; 7000; 7010
e) 4920; 4930; 4940; 4950; 4960; 4970; 4980; 4990; 5000; 5010; 5020; 5030
f) 10 200; 10 210; 10 220; 10 230; 10 240; 10 250; 10 260; 10 270; 10 280; 10 290; 10 300; 10 310
g) 689; 699; 709; 719; 729; 739; 749; 759; 769; 779; 789; 799; 809
h) 4810; 4910; 4920; 4930; 4940; 4950; 4960; 4970; 4980; 4990; 5000; 5010

2 *rückwärts zählen; verbale Zählübung*
a) 92; 91; 90; 89; 88; 87; 86; 85; 84; 83; 82; 81; 80; 79; 78
b) 112; 111; 110; 109; 108; 107; 106; 105; 104; 103; 102; 101; 100; 99; 98; 97; 96; 95
c) 1050; 1049; 1048; 1047; 1046; 1045; 1044; 1043; 1042; 1041; 1040; 1039; 1038; 1037; 1036; 1035; 1034; 1033; 1032; 1031; 1030
d) 5000; 4999; 4998; 4997; 4996; 4995; 4994; 4993; 4992; 4991; 4990; 4989; 4988; 4987; 4986; 4985; 4984; 4983; 4982; 4981; 4980
e) 1011; 1010; 1009; 1008; 1007; 1006; 1005; 1004; 1003; 1002; 1001; 1000; 999; 998; 997; 996; 995; 994; 993; 992; 991; 990; 989; 988
f) 9013; 9012; 9011; 9010; 9009; 9008; 9007; 9006; 9005; 9004; 9003; 9002; 9001; 9000; 8999; 8998; 8997; 8996; 8995; 8994; 8993
g) 10 008; 10 007; 10 006; 10 005; 10 004; 10 003; 10 002; 10 001; 10 000; 9999; 9998; 9997; 9996; 9995; 9994; 9993; 9992; 9991; 9990
h) 7416; 7415; 7414; 7413; 7412; 7411; 7410; 7409; 7408; 7407; 7406; 7405; 7404; 7403; 7402; 7401; 7400; 7399; 7398; 7397; 7396; 7395; 7394; 7393; 7392; 7391; 7390; 7389; 7388; 7387

Seite 11

3 *Stellenübergänge im Bereich 100, 10 000, 1 000 000*
a) 96; 87; 98; 99; 100; 101; 102; 103; 104; 105; 106
b) 399; 400; 401; 402; 403; 404; 405; 406; 407; 408; 409; 410; 411
c) 9997; 9998; 9999; 10 000; 10 001; 10 002; 10 003; 10 004; 10 005
d) 7 989 997; 7 989 998; 7 989 999; 7 990 000; 7 990 001; 7 990 002; 7 990 003; 7 990 004; 7 990 005

4 *Orientierung am Zahlenstrahl: Mitte zwischen zwei Zahlen finden*
a) 500 000   b) 750 000   c) 4,5 Mio. = 4 500 000

5 *Bruch und Dezimalzahl in Gegensatz zu natürlichen Zahlen*
a) 10 (natürliche Zahl); 2,30 (Dezimalzahl); $\frac{1}{2}$ (Bruch); 500 (natürliche Zahl)
b) individuell verschieden

Zahlen und Größen

Seite 11

6 Vorgänger und Nachfolger finden

	Vorgänger	Zahl	Nachfolger
a)	0	1	2
b)	89	90	91
c)	978	979	980
d)	454	455	456

	Vorgänger	Zahl	Nachfolger
e)	9999	10 000	10 001
f)	999	1000	1001
g)	99 999	100 000	100 001
h)	5988	5989	5990

7 Größe von Zahlen vergleichen
(Kinder mit Dyskalkulie könnten hier Auffälligkeiten zeigen, erkennen „Zahlendreher" nicht, haben Schwierigkeiten mit der Null, verwechseln Stellenwerte)
a) > b) > c) > d) < e) < f) > g) < h) <

8 natürliche Zahlen der Größe nach ordnen, beginnend mit der kleinsten Zahl
(Hinweis wie bei Aufgabe 7)
a) 37 < 370 < 889 < 2490 < 22 370
b) 1589 < 1859 < 10 589 < 10 859 < 17 089
c) 337 373 < 337 733 < 373 333 < 377 373

9 natürliche Zahlen der Größe nach ordnen, beginnend mit der größten Zahl
(Hinweis wie bei Aufgabe 7)
a) 48 794 > 2347 > 2180 > 218 > 99
b) 987 600 > 367 000 > 76 300 > 67 000 > 36 700
c) 110 101 > 110 011 > 101 101 > 100 111

10 natürliche Zahlen vergleichen

	455	3936	6702	3863	3892
554	>	<	<	<	<
3900	>	<	<	>	>
3896	>	<	<	>	>
6699	>	>	<	>	>
6097	>	>	<	>	>
3963	>	>	<	>	>

11 Nachbarzahlen finden
a) 700, 900; 9400, 9600; 136 600, 136 800
b) 2000, 4000; 780 000, 782 000; 4 658 000, 4 660 000
c) 30 000, 50 000; 1 470 000, 1 490 000; 6 300 000, 6 320 000

12 Zahlen am Zahlenstrahl ablesen
a) 1; 4; 8; 12   b) 1; 3; 7; 11   c) 1; 5; 8; 14; 18; 22   d) 2; 14; 26; 38; 42

13 am Zahlenstrahl ablesen
a) (A) 10; (B) 15; (C) 20; (D) 25   b) (E) 100; (F) 300; (G) 400; (H) 500

Nachgedacht
oben: Die Null hat keinen Vorgänger.
unten: Vorgänger 999 999 998; Nachfolger 1 000 000 000;
Nachfolger vom Nachfolger 1 000 000 001

Weiterführende Aufgaben

Seite 12

14 Zahlenstrahl geeignet einteilen, gegebene Zahlen markieren
Sollen diese Zahlen auf einem Zahlenstrahl von null ausgehend dargestellt werden, ist nur sinnvoll, auf A4 im Querformat 10 cm für 100 einzuteilen. Man zeichnet dann einen 25 cm langen Zahlenstrahl, auf dem 1 mm für eine Zahl steht.
In anderen Fällen sind nicht alle Zahlen genau zu markieren.
Zweckmäßig ist auch die Darstellung auf einem Ausschnitt des Zahlenstrahls.
Beginnt man z.B. den Zahlenstrahl bei 200, so eignet sich ein 10 cm langer Strahl, bei dem 2 mm für eine Zahl stehen.

15 Zahlenstrahl geeignet einteilen, gegebene Zahlen markieren
a) z.B. 1 cm für 5 Einheiten (Zahlenstrahl wird 5 cm lang)
b) z.B. 1 cm für 25 (oder für 50) Einheiten (Zahlenstrahl wird 10 cm oder 5 cm lang)
c) z.B. 1 cm für 25 (oder für 50) Einheiten (Zahlenstrahl wird 12 cm oder 6 cm lang)
d) z.B. 1 cm für 50 (oder für 100) Einheiten (Zahlenstrahl wird 15 cm oder 7,5 cm lang)
e) z.B. 1 cm für 25 000 (oder für 50 000) Einheiten (Zahlenstrahl wird 12 cm oder 6 cm lang)

Zahlen und Größen

Seite 12

16 *Zahlenstrahl geeignet einteilen, gegebene Zahlen markieren*
a) z.B. 1 cm für 1 Einheit oder für 2 Einheiten (Zahlenstrahl wird 17 cm oder 8,5 cm lang)
b) z.B. 1 cm für 5 (oder für 10) Einheiten (Zahlenstrahl wird 11 cm oder 5,5 cm lang)
c) z.B. 1 cm für 5 (oder für 10) Einheiten (Zahlenstrahl wird 20 cm oder 10 cm lang)
d) z.B. 1 cm für 10 (oder für 7) Einheiten (Zahlenstrahl wird 8,4 cm oder 12 cm lang)
e) z.B. 1 cm für 10 Einheiten (Zahlenstrahl wird 20 cm lang); eventuell Zahlenstrahl nur von 100 bis 210 zeichnen

17 *an Ausschnitten des Zahlenstrahls ablesen*
a) (A) 72; (B) 84; (C) 120; (D) 138 (1 mm entspricht 2 Einheiten)
b) (E) 270; (F) 274; (G) 308; (H) 342 (1 mm entspricht 2 Einheiten)
c) (I) 4264; (J) 4269; (K) 4275; (L) 4279 (5 mm entsprechen 2 Einheiten)
d) (M) 7000; (N) 7020; (O) 7042; (P) 7066 (1 mm entspricht 2 Einheiten)

18 *Ausschnitt des Zahlenstrahls geeignet einteilen, gegebene Zahlen markieren*
Zeichen- und Markierungsaufgabe; 1 cm entspricht 4 Einheiten.

19 *Ausschnitt des Zahlenstrahls geeignet einteilen, gegebene Zahlen markieren*
a) z.B. 1 cm für 1 Einheit bzw. für 2 Einheiten (Zahlenstrahl wird 20 cm bzw. 10 cm lang)
b) 1 cm für 1 Einheit (Ausschnitt wird 14 cm lang)
c) 1 cm für 1 Einheit (Ausschnitt wird 18 cm lang)
d) 1 cm für 1 Einheit (Ausschnitt wird 19 cm lang)

20 *Definition der natürlichen Zahlen verstehen*
Kleinste natürliche Zahl: 0   Eine größte natürliche Zahl gibt es nicht.

21 *Zahlenfolgen fortsetzen, Vorschrift angeben*
a) immer + 5   20; 25; 30; 35; 40
b) immer + 12   146; 158; 170; 182; 194
c) abwechselnd · 4 und : 2   64; 32; 128; 64; 256
d) Der Zuwachs wird immer halbiert.   5700; 5850; 5925

22 *Flächenangaben der Größe nach ordnen, im Atlas recherchieren*

a)
b)

Meer	Kontinent
Pazifischer Ozean	Asien, Australien, Nord- und Südamerika
Atlantischer Ozean	Europa, Afrika, Nord- und Südamerika
Indischer Ozean	Afrika, Asien, Australien
Eismeer	Europa, Asien, Nordamerika
Tasmanische See	Australien
Korallenmeer	Asien, Australien
Südchinesisches Meer	Asien
Karibisches Meer	Nord- und Südamerika
Mittelmeer	Europa, Afrika, Asien
Beringsee	Nordamerika, Asien

c) Drittgrößtes Meer der Welt ist der Indische Ozean.

23 *im Internet recherchieren; Geldbeträge der Größe nach ordnen*
Rechercheaufgabe mit ständig wechselnden Ergebnissen; hier Stand Anfang 2013:

Fußballer	Ablöse-summe	Jahr	von	nach
Cristiano Ronaldo	94 Mio.	2009	Manchester United	Real Madrid
Zinedin Zidane	76 Mio.	2001	Juventus Turin	Real Madrid
Kaka	65 Mio.	2009	AC Mailand	Real Madrid
Fernando Torres	60 Mio.	2011	FC Liverpool	FC Chelsea
Luis Figo	58,2 Mio.	2000	FC Barcelona	Real Madrid
Hernan Crespo	56,5 Mio.	2000	AC Parma	Lazio Rom
Hulk	50 Mio.	2012	FC Porto	Zenit St. Petersburg
Gaizka Mendieta	48,1 Mio.	2001	FC Valencia	Lazio Rom
Andrej Schewtschenko	46 Mio.	2006	AC Mailand	FC Chelsea
Ronaldo	45 Mio.	2002	Inter Mailand	Real Madrid

Nachgedacht
z.B. vier Gläser Wasser in ein größeres Gefäß geben und einen Teelöffel Salz zugeben

Natürliche Zahlen darstellen

Erforschen und Entdecken

Seite 13

1 *große Zahlen benennen*
a) Eins, Zehn, Hundert, Tausend, Zehntausend, Hunderttausend, Million, zehn Millionen, hundert Millionen, Milliarde, zehn Milliarden, hundert Milliarden, Billion
b) Gleiche Abstände entsprechen nicht gleichen Zahlen. Die Sprünge sind durch Zacken markiert.

2 *Ziffern an verschiedenen Positionen der Stellenwerttafel*
a) handlungsorientierte Aufgabe
b) In der Regel ändern sich beide Zahlen. Wenn die zusätzliche Ziffer die Null ist, bleibt die kleinste Zahl gleich.
c) Man kann die Nullen nicht einfach weglassen, da die größte Zahl dann 531 statt 53 100 wäre.

3 *große Zahlen in Zeitungsartikeln*
a) 7
   736
   3 000 000
   88
   12 000
   30 000 000
   502 000 000
b) Recherche- und Präsentationsaufgabe mit individuell unterschiedlichen Ergebnissen

Basisaufgaben

Seite 15

1 *Zahlen in die Stellenwerttafel eintragen*

a)
Tausend					
H	Z	E	H	Z	E
			1	7	9	9
	8	2	3	7	4
		9	6	7	0
			3	0	4
		6	0	7	6
1	5	0	0	3

b)
Tausend					
H	Z	E	H	Z	E
	1	5	8	0	0
	1	0	0	3	8
		1	0	0	2
		9	9	9	9
5	0	5	5	0	5

2 *große Zahlen lesen und in die Stellenwerttafel eintragen*

a)
Tausend					
H	Z	E	H	Z	E
		1	5	8	3
		1	9	6	9

b)
Tausend					
H	Z	E	H	Z	E
		1	0	1	0	0
		3	0	0	0	3

c)
Tausend					
H	Z	E	H	Z	E
	1	5	8	0	0
	2	0	0	2	0

	Milliarden			Millionen			Tausend					
	H	Z	E	H	Z	E	H	Z	E	H	Z	E
d)						2	1	0	0	5	2	0
						1	3	8	0	5	0	0
e)					2	1	2	0	1	2	0	1	2
					8	0	5	0	8	0	8	0	5
f)				9	0	3	0	7	1	2	0	0	3
				9	9	0	9	9	0	0	9	9	0

3 *große Zahlen mit Ziffern schreiben*
a) 9 000 000; 90 000 000; 9 000 000 000; 90 000 000 000
b) 17 003 000; 650 023 000; 12 003 000 000; 999 077 000 000 000

4 *Zahlwörter in Stellenwerttafel eintragen*

a)
	Millionen			Tausend					
	H	Z	E	H	Z	E	H	Z	E
①							7	5	4
②		1	2	4	0	0	0	0	0
③	1	0	0	4	0	0	0	0	0
④		3	0	0	2	0	0	0	1

b)
$7 \cdot 10^3 + 3 \cdot 10^2 + 5 \cdot 10^1 + 4 \cdot 10^0$
$1 \cdot 10^7 + 2 \cdot 10^6 + 4 \cdot 10^5$
$1 \cdot 10^8 + 4 \cdot 10^5$
$3 \cdot 10^7 + 2 \cdot 10^4 + 1 \cdot 10^0$

Seite 15

5 *Nullen im Stellenwertsystem*
a) 3   b) 2   c) 6   d) 7   e) 9   f) 12   g) 8

6 *Vorgänger und Nachfolger finden*
a) 1 000 001; 1 000 000 000; 654 322 000 000   b) 999 999; 56 799 999; 986 999 999 999

7 *Bedeutung der Null im Stellenwertsystem reflektieren*
Durch das Hinzufügen einer Null rückt die Eins eine Stelle weiter nach links in der Stellenwerttafel.
In Jules Beispiel war die Eins vorher an der Hunderttausenderstelle und stand für 1 · 100 000.
Durch das Hinzufügen der Null ist die Eins an die Millionenstelle gerückt und steht nun für 1 · 1 000 000.

Weiterführende Aufgaben

8 *große Zahlen vergleichen*
a) 1 113 482 < 1 113 842
b) 1 101 100 > 1 100 111
c) 210 201 202 120 > 210 201 200 120
d) 5 575 567 667 657 < 5 575 567 676 657
e) 789 878 978 877 > 98 878 978 877

9 *Zahlen nach Vorgaben finden*
a) 100   b) 999   c) 9998   d) 1002   e) 9876   f) 10 234

10 *Zahlwörter und Zahlen zuordnen*
a) ⑤   b) ③   c) ①   d) ②   e) ④

11 *große Zahl mit Ziffern schreiben*
5 000 378 604 000

Methode: Runden

Seite 16

Der Methodenkasten „Runden" wiederholt in kurzer Form die Rundungsregeln, die bereits aus der Grundschule bekannt sind und für die folgenden Aufgaben benötigt werden. Die Notwendigkeit des Rundens in bestimmten Zusammenhängen wird an einem Beispiel begreiflich gemacht.

12 *an einer bestimmten Stelle runden*
a) 40; 60; 290; 990; 410
b) 700; 400; 3200; 5900; 1000; 400; 100; 0
c) 2000; 8000; 9000; 13 000; 9000; 54 000

13 *an verschiedenen Stellen runden*

ursprüngliche Zahl	gerundet an der		
	Zehnerstelle	Hunderterstelle	Tausenderstelle
4356	4360	4400	4000
7344	7340	7300	7000
16 982	16 980	17 000	17 000
43 825	43 830	43 800	44 000
50 609	50 610	50 600	51 000
99 009	99 010	99 000	99 000

14 *Spezialfall beim Runden in eigene Worte fassen*
5695 auf die Zehnerstelle gerundet: 5700
Erklärung individuell, z.B.: Um auf die Zehnerstelle zu runden, wird zuerst die Einerstelle (5) aufgerundet und zur Zehnerstelle (1) hinzu addiert (9 + 1 = 10).
Man erhält Null an der Zehnerstelle und zu der Hunderterstelle wird Eins addiert (6 + 1 = 7).

15 *auf Hunderttausender runden*
a) 600 000; 100 000; 1 000 000; 800 000
b) 800 000; 200 000; 1 000 000; 900 000
c) 100 000; 100 000; 100 000; 0

16 *Rundungsregeln rückwärts anwenden*
a) 335 bis 344; 915 bis 924; 1005 bis 1014; 675 bis 684; 5445 bis 5454
b) Runden auf Zehner: 323 995; 324 004   Runden auf Hunderter: 323 950; 324 049
   Runden auf Tauender: 323 500; 324 499
   insgesamt 10 + 100 + 1000 = 1110 Möglichkeiten
   kleinste Zahl: 323 500; größte Zahl: 324 499

Seite 16

17 *Sinn von gerundeten Werten bewerten*
a) nein, eventuell entsprächen 50 Punkte schon einer bessere Note   b) ja, tägliche Änderungen möglich
c) nein, es kommt auf die exakte Größe an   d) nein, z.B. Emmas Alter würde sich mit verändern

Systematisch zählen und schätzen

Erforschen und Entdecken

Seite 17

1 *Hinführung zum systematischen Zählen*
individuelle Lösungsansätze, z.B.:
linkes Bild:
Man zählt die Personen in einer (mittleren) Reihe und die Reihenanzahl. Durch Multiplikation beider Zahlen erhält man einen Schätzwert für die Gesamtanzahl der Personen im Bild. Ungenauigkeiten ergeben sich daraus, dass die Personen im hinteren Bereich kleiner abgebildet werden und sich deshalb in den hinteren Reihen mehr Personen befinden als im vorderen.
rechtes Bild:
Man unterteilt das Bild gleichmäßig in Teilflächen, zählt die Personenanzahl in einer Teilfläche und multipliziert mit der Anzahl der Teilflächen.
Das ergibt ca. 50 Gardisten und etwa 600 Fußballfans.

2 *Hinführung zum Abschätzen mit eine Vergleichsgröße*
a) Die unteren beiden Bücher sind ca. 2 m hoch. Das ergibt der Vergleich mit den Menschen direkt davor. Zählt man die Bücher unter Berücksichtigung der unterschiedlichen Dicken, so erhält man mehr als 10 m.
b) Nach der oben beschriebenen Methode ergeben sich ca. 13 m bis 15 m.
c) Bei fast allen anderen Gegenständen fehlt ein Vergleichsmaßstab. Lediglich die Höhe der Werbetafel kann auf gut 2 m geschätzt werden.

3 *Fermi-Aufgabe*
individuell verschieden
Ein mögliches Vorgehen wäre die Bestimmung der Anzahl der Grashalme auf einer kleinen Fläche mit anschließender Hochrechnung.

Basisaufgaben

Seite 18

1 *Rastermethode mit vorgegebenem Raster anwenden*
ca. 15 Steine pro Feld; 7 mal 4 Felder ergeben 28 Felder; $28 \cdot 15 = 420$
Auf dem Bild sind ca. 420 Steine zu sehen.
ca. 10 Reißzwecken pro Feld; 3 mal 3 Felder ergeben 9 Felder; $9 \cdot 10 = 90$
Auf dem Bild sind ca. 90 Reißzwecken abgebildet.

Seite 19

2 *Rastermethode ohne vorgegebenes Raster anwenden*
ca. 280 Erdbeeren; ca. 300 Kirschen

3 *Schätzen von Längen mit Hilfe einer Vergleichsgröße*
Schuh: Durch Vergleich mit den Menschen ergibt sich für den linken Schuh eine Höhe von ca. 5 m, für den rechten von ca. 4 m.
Schriftzug: Angenommen die Person auf dem Motorroller misst ca. 180 cm. Dann hat der Schriftzug etwa eine Höhe von $3 \cdot 180$ cm $= 540$ cm $= 5{,}40$ m.
Die Menschen auf der Treppe sind zu weit vom Schriftzug entfernt und sehen dadurch wesentlich kleiner aus.
Information zum Schriftzug: Die Formel $E = mc^2$ von Albert Einstein wurde im Mai 2006 auf der Berliner Museumsinsel im Lustgarten aufgestellt. Sie bestand aus drei Teilstücken, wog 10 Tonnen, war 12 Meter lang und 4 Meter hoch.

Weiterführende Aufgaben

4 *Schätzen mit Hilfe einer Vergleichsgröße*
Den Menschen auf der Treppe kann man als Vergleichsgröße nehmen. Angenommen, die Person ist ca. 180 cm groß.
Der Fußball ist ca. 5-mal so hoch wie die Person auf der Treppe.
Schätzung: $5 \cdot 180$ cm $= 900$ cm; Der Fußball ist schätzungsweise 9 m hoch.

Seite 19

5 *Rastermethode auf dreidimensionales Objekt anwenden*
Es könnten ca. 360 Linsen sein. Entlang einer Kante liegen ca. 6 Linsen. Das ergibt einen Platzbedarf von 2 cm pro Linse. Mit den angegebenen Maßen ergibt sich die Schätzung.

Methode: Schätzen mit Professor Fermi

Seite 20

Fermi-Aufgaben führen zur Öffnung des Unterrichts. Es kann selbstständig und kooperativ in Gruppen gearbeitet werden. Die Aufgaben fördern besonders die Kompetenz des Argumentierens und Kommunizierens. Tätigkeiten wie das gestellte Problem zu zerlegen, sich Teilfragen zu stellen und zu lösen sowie Vergleiche der Ergebnisse und Lösungswege tragen zum Aufbau von Kompetenzen im Bereich Problemlösen bei.
Fermi-Fragen lassen sich in der Schule vor allem mit den folgenden Lernzielen von übergreifender Bedeutung einsetzen:
- Vernetzung von Alltagswissen mit dem Mathematikunterricht fördern
- selbstständige Arbeitsstrategien einüben
- Vorstellungen von Größenordnungen entwickeln
- heuristische Strategien: Fragen stellen
- Alltagswissen benutzen
- mit großen Zahlen arbeiten
- Umrechnen von Größen
- Überschlagsrechnen, geschicktes Rechnen
- Unklarheit verkraften, also auch bei vagen Angaben weiterarbeiten
- Ergebnisse überprüfen und bewerten
- Kontroll- und Bewertungsstrategien entwickeln und anwenden

Schülerinnen und Schüler könnten sich weitere Fermi-Fragen ausdenken und sammeln, z.B. auf einem schwarzen Brett. Eine Gruppe sucht sich interessante Aufgaben heraus und bearbeitet sie.

6 *Zeitspannen mit der Fermi-Methode schätzen*
individuell verschieden; z.B.:
- a) 1 h pro Tag: 5 Monate in 10 Jahren
- b) 8 h pro Tag: 3 Jahre und 4 Monate in 10 Jahren
- c) 1,5 h pro Tag: 7,5 Monate in 10 Jahren
- d) 30 min pro Tag: 2,5 Monate in 10 Jahren
- e) 1 h pro Tag: 5 Monate in 10 Jahren
- f) 6 h pro Tag, 40 Wochen im Jahr, seit 5 Jahren: 8 Monate in 10 Jahren
- g) 30 min pro Tag: 2,5 Monate in 10 Jahren
- h) 6 min pro Tag: 15 Tage in 10 Jahren
- i) 2 h pro Tag: 10 Monate in 10 Jahren
- j) 1,5 h pro Tag: 7,5 Monate in 10 Jahren

7 *Schätzen rund um das Thema „Honiggewinnung"*
Die Lösungen befinden sich in der Randspalte des Schülerbuches.

8 *Höhe mit Hilfe von Vergleichsgrößen schätzen*
individuell verschieden; Eine zuverlässige Methode wäre das Abschätzen der Höhe eines Stockwerks.

9 *mit Hilfe der Fermi-Methode schätzen*
Hilfsfragen: Wie viele Straßen gibt es in deinem Wohnort, wie viele Laternen pro Straße?

10 *mit Hilfe der Fermi-Methode schätzen*
Angegeben werden geeignete Hilfsfragen.
- a) Wie viele Klassenräume gibt es? Wie viele Tische sind in einem Raum?
- b) Wie schwer ist ein Quadratmeter Wand/Decke? Wie groß ist eine Wand/Decke? Wie viele Wände und Decken gibt es?
- c) Wie viele Haare wachsen auf einem Quadratzentimeter? Wie viele Quadratzentimeter Kopfhaut mit Haaren hat man?
- d) Wie viele Personen leben in Deutschland? Wie viele Personen leben in einem Haushalt? Wie viel Prozent der Haushalte feiern Weihnachten?
- e) Wie groß ist Deutschland (Hektar)? Welcher Anteil der Fläche ist Wald? Wie viele Bäume stehen auf einem Hektar?
- f) Wie viele Leute leben in Deutschland? Wie alt sind die Deutschen im Mittel?
- g) Wie viele Brücken gibt es in einer bestimmten Stadt? Wie viele Einwohner leben in der Stadt? Wie viele Einwohner hat Deutschland?
- h) individuell verschieden

11 *mit Hilfe von Vergleichsgrößen schätzen*
- a) Für die Lösung müssen folgende Werte ermittelt werden:
  Anzahl der Menschen an deiner Schule, Schätzwert für die durchschnittliche Spannweite eines Menschen (Schülers) mit seitlich ausgestreckten Armen, Umfang deiner Schule
  Berechnung: Anzahl der Menschen · durchschnittliche Spannweite = Länge der Kette
  Länge der Kette : Umfang der Schule
- b) Anzahl aller Schüler, durchschnittliches Gewicht aller Schüler
  Berechnung: Anzahl der Schüler · durchschnittliches Gewicht

Masse und Geld

Erforschen und Entdecken

Seite 21

1 *Geldbeträge und Massenangaben addieren und vergleichen*
Links liegt mehr Geld (4 € 62 ct gegenüber 4 € 24 ct), der Inhalt des rechten Einkaufswagens ist schwerer (1,91 kg gegenüber 1,78 kg). Bei der Addition beginnt man mit den größeren Einheiten.

2 *Massenangaben und Objekte einander passend zuordnen*
Blauwal 200 t; Elefant 7 t; Auto 1 t; Eisbär 800 kg; Mensch 70 kg; Brot 1 kg; Brief 10 g; Haar 1 mg

3 *Geldbeträge und Massenangaben addieren und vergleichen*
a) Süßigkeit 1 (Schokoriegel)

100 g kosten …	200 g kosten …	750 g kosten …
0,99 €	1,99 € 1,98 € (2 × 100 g)	11,99 €

Zwei 100-g-Packungen kosten fast genauso viel wie die 200-g-Packung, sogar 1 ct weniger.
Aber 8 von den 100-g-Packungen wiegen sogar 50 g mehr als die größte Verpackung und sind mit 7,92 € außerdem noch wesentlich preiswerter als die 750-g-Packung.

Süßigkeit 2 (Schokoladentafel)

100 g kosten …	250 g kosten …	2,5 kg (2500 g) kosten …
1,19 €	2,36 € 2,98 € (2,5 × 100 g)	25,99 € 29,75 € (25 × 100 g) 23,50 € (10 × 250 g)

Die 250-g Packung ist etwas günstiger gegenüber dem Kauf von 100-g-Packungen, entsprechend auch die 2,5-kg-Packung. Jedoch ist es günstiger, zehn 250-g-Packungen zu kaufen als eine Großpackung.

Süßigkeit 3 (Gummibärchen)

250 g kosten …	1 kg (1000 g) kosten …	4 kg (4000 g) kosten …
1,55 €	7,19 € 6,20 € (4 × 250 g)	44,00 € 28,76 € (4 × 1000 g) 24,80 € (16 × 250 g)

Hier sind beide größeren Packungen teurer, als wenn man die gleiche Menge bestehend aus 250-g-Packungen kauft. Die 4-kg-Packung kostet sogar fast das Doppelte im Vergleich zu sechzehn 250-g-Packungen.
b) individuell
c) Es ist gesetzlich vorgeschrieben Vergleichspreise anzugeben, zum Beispiel den Preis für 100 g oder den für 1 kg. Dadurch können „Mogelpreise" leicht erkannt werden.
d) Antwortmöglichkeiten individuell, z. B.: Unter Umständen ist es sinnvoller kleinere Packungen zu kaufen, wenn es sich um ein leicht verderbliches Lebensmittel handelt, welches man in der Großpackung nicht rechtzeitig aufbrauchen könnte, bevor es verdirbt.

Nachgedacht

6 500 000 g = 6500 kg = 6,5 t; Für einen großen afrikanischen Elefanten kann das stimmen.
0,025 t = 25 kg; So viel kann ein Kaninchen nicht wiegen.

Basisaufgaben

Seite 23

1 *Massenangaben in eine kleinere Einheit umrechnen*
a) 5000 g; 90 000 g; 170 000 g; 200 000 g **b)** 3000 kg; 12 000 kg; 48 000 kg; 100 000 kg
c) 3000 mg; 7000 mg; 10 000 mg; 43 000 mg

2 *Massenangaben in eine größere Einheit umrechnen*
a) 1 g; 4 g; 20 g **b)** 9 kg; 60 kg; 100 kg **c)** 19 t; 45 t; 450 t

3 *Massenangaben in verschiedenen Einheiten einander zuordnen*
4,4 kg = 4 400 000 mg; 4 g = 4000 mg; 4 kg = 4000 g; 440 g = 0,44 kg; 44 000 mg = 44 g

4 *Maßeinheiten bei Massen ergänzen*
a) 5 t = 5000 **kg** = 5 000 000 **g** **b)** 30 kg = 30 000 **g** = 30 000 000 **mg** **c)** 4 000 000 mg = 4000 **g** = 4 **kg**
d) 0,8 t = 800 **kg** = 80 0000 **g** **e)** 75 000 mg = 75 g **f)** 800 kg = 0,8 t

5 *Massenangaben in andere Einheiten umrechnen*
a) 6900 g; 0,0069 t **b)** 0,48 kg; 480 000 mg **c)** 20 kg; 20 000 g

Zahlen und Größen

Seite 23

6 *in Tonnen umrechnen und runden*
13 t; Einer-, Zehner- und Hunderterziffer stehen für Gramm und entfallen beim Runden. Die nächsten drei Ziffern von hinten stehen für Kilogramm, dort braucht man nur die letzte (nämlich die 6), um richtig zu runden. Nur die beiden vordersten Ziffern stehen für Tonnen, wegen der 6 an der Hunderttausenderstelle wird auf 13 t gerundet.

7 *Textaufgabe: Umrechnen von g in kg und umgekehrt*
a) 1,005 kg; 1005 g   b) 500 g Butter; 1 kg Mehl; 8 Eier; 60 g Zucker; 10 g Backpulver
    2,010 kg

8 *von Cent in Euro umwandeln*
a) 6 €   b) 40 €   c) 58 €   d) 0,75 €   e) 0,06 €   f) 123,40 €   g) 0,77 €   h) 3,80 €
i) 45,90 €   j) 0,08 €

9 *von Euro in Cent umwandeln*
a) 700 ct   b) 5000 ct   c) 95 000 ct   d) 34 ct   e) 1 ct   f) 3705 ct   g) 12 000 ct
h) 1 000 000 ct   i) 2403 ct   j) 40 808 ct

10 *Geldbeträge günstig in Scheine und Münzen zerlegen*
a) 2 · 2 € + 50 ct
b) 1 € + 50 ct + 20 ct
c) 50 ct + 20 ct + 10 ct + 2 ct + 1 ct
d) 10 € + 2 · 20 ct + 5 ct
e) 10 € + 2 € + 1 €
f) 50 € + 5 € + 2 €
g) 20 € + 5 € + 50 ct + 10 ct + 5 ct
h) 50 € + 10 € + 5 € + 2 € + 10 ct + 2 · 2 ct

11 *Geldbeträge zu 50 € ergänzen*
a) 34 €; 24 €; 11 €; 9 €   b) 21,92 €; 17,98 €; 3,94 €

12 *Geldbeträge zu 100 € ergänzen*
a) 69 €; 45 €; 32 €; 12 €   b) 90,01 €; 9,01 €; 9,91 €

13 *Textaufgabe: Geldbetrag zu 50 € ergänzen*
21,53 €

14 *Textaufgabe: Geldbeträge addieren*
a) 52,45 €   b) 5,40 €   c) 1,98 €

15 *Textaufgabe, Geldbeträge dividieren und multiplizieren, Lösungsmöglichkeiten finden*
Ein Brötchen kostet 0,20 €, drei Brötchen 0,60 €.

Weiterführende Aufgaben

Seite 24

16 *Dominospiel mit Massenangaben: in verschiedene Einheiten umrechnen*
0,8 kg = 800 g;   8,2 kg = 8200 g;   8 t = 8000 kg;   820 g = 0,82 kg;
82 kg = 0,082 t;   8 kg = 8 000 000 mg;   80 g = 0,08 kg;   80 t = 80 000 kg;
8,2 t = 8200 kg;   8,02 kg = 8020 g

17 *Anwendungsaufgabe: Massenangaben in g und kg addieren*
a) Mo 3,31 kg;   Di 4,85 kg;   Mi 4,31 kg;   Do 3,91 kg;   Fr 4,05 kg
b) Am wenigsten trägt er am Montag, am meisten am Dienstag.
c) individuell verschieden; als Orientierung: Die Schultasche sollte nicht mehr als 10 % des Körpergewichts wiegen.

18 *Anwendungsaufgabe: mit Massenangaben (in verschiedenen Einheiten) rechnen*
a) 80 000 000 · 450 kg = 36 000 000 000 kg = 36 000 000 t = 36 Mio. t
b) 36 000 000 t : 10 t = 3 600 000; Es werden 3 600 000 Müllautos benötigt.
c) 3 600 000 : 365 ≈ 9860; Für den Müll eines Tages würde die Schlange aus 9860 Müllautos bestehen.
Die Länge eines Müllautos wird mit 5 m abgeschätzt.
Länge der Müllautoschlange eines Tages: 9860 · 5 m = 49 300 m = 49,3 km
Länge der Müllautoschlange eines Jahres: 3 600 000 · 5 m = 18 000 000 m = 18 000 km

19 *Anwendungsaufgabe: Geldbeträge addieren*
a) 8,07 €   b) Es gibt mehrere Möglichkeiten, z.B.: 16 Schmand und 2 Orangensaft.

Zahlen und Größen

Seite 24

20 *Anwendungsaufgabe: geschickt bezahlen*
a) Die Verkäuferin möchte möglichst wenig Münzen herausgeben. Durch die 10 ct von Emma kann sie eine 50-ct-Münze herausgeben.
b) Auf 30 € beträgt das Wechselgeld 9,20 €, das in mehreren Münzen (und eventuell einem 5-€-Schein) ausbezahlt werden müsste. Auf 31 € müssen lediglich ein 10-€-Schein und eine 20-ct-Münze herausgegeben werden.

21 *Angaben in eine geeignete Einheit umrechnen*
a) Die Masse beträgt knapp 25 000 t (24 900 t). Das entspricht ca. 20 000 Autos.
b) Die Gesamtlänge beträgt 581 000 km. Der Erdumfang am Äquator beträgt nur 40 075 km, die Kaugummis würden aneinandergereiht also mehr als 14-mal um die Erde reichen.
Zum Vergleich: Die Gesamtlänge des Kaugummis ist etwa so viel wie die Entfernung zum Mond und noch einmal die halbe Strecke zurück.

22 *Textaufgabe: Massenangaben subtrahieren*
632 kg

Nachgedacht
Es können die folgenden Beträge (in ct) zusammengestellt werden:
1   2   3   5   6   7   8   10 11 12 13 15 16 17 18 20
21 22 23 25 26 27 28 30 31 32 33 35 36 37 38 50
51 52 53 55 56 57 58 60 61 62 63 65 66 67 68 70
71 72 73 75 76 77 78 80 81 82 83 85 86 87 88

Länge

Erforschen und Entdecken

Seite 25

1 *mit Körpermaßen (Elle, Fuß usw.) messen*
a) Je nach Armlänge ergeben sich leicht unterschiedliche Maßzahlen.
b) handlungsorientierte Aufgabe
c) Das Problem der unterschiedlichen Ellenlängen könnte durch einen einheitlichen Ellenstab gelöst werden.

2 *Längen berechnen*
a) 365 : 3 ≈ 122; Rapunzels Haare wachsen im Jahr um insgesamt 122 mm.
Das sind 12,2 cm.
b) 12,50 m − 2,30 m = 10,20 m
Der Prinz muss sich 10,20 m (= 1020 cm) an den Haaren nach oben ziehen.
c) Der Prinz braucht 10,20 m Haarlänge, um sich nach oben ziehen zu können. Rapunzels Haare sind geschätzte 80 cm (= 0,80 m) länger, da sie aufrecht am Fenster steht (Höhenunterschied zwischen dem Fensterbrett und Rapunzels Kopf): 10,20 m + 0,80 m = 11,00 m = 1100 cm
Pro Jahr wachsen ihre Haare um ca. 12 cm.
1100 cm : 12 cm ≈ 92   Die Prinzessin muss ungefähr 92 Jahre alt gewesen sein.

3 *zurückgelegte Strecken pro Zeiteinheit ermitteln, erste Heranführung an „Geschwindigkeit"*
Eine Stunde hat 60 Minuten mit jeweils 60 Sekunden, also 1 h = 60 · 60 s = 3600 s.
3600 s : 60 s = 60; in einer Stunde kommt der Radfahrer 60-mal 500 m voran, also
60 · 500 m = 30 000 m = 30 km.
Sein Tachometer zeigt 30 $\frac{km}{h}$ an.

Basisaufgaben

Seite 27

1 *Längen zuordnen*
Meerschweinchen 22 cm; Floh 3 mm; Tiger 2 m; Elefant 3,50 m; Blauwal 26 m

2 *Längeneinheiten ergänzen*
a) km   b) cm   c) m   d) mm   e) cm   f) m   g) mm   h) m   i) mm   j) cm

3 *Längen zuordnen*
a) 1,80 m   b) 345 km   c) 380 000 km

Zahlen und Größen

Seite 27

4 *in kleinere Längeneinheiten umrechnen*
a) 50 mm; 170 mm; 340 mm; 600 mm
b) 90 cm; 120 cm; 990 cm; 1000 cm
c) 30 dm; 80 dm; 110 dm; 200 dm
d) 8000 m; 10 000 m; 12 000 m; 250 000 m

5 *in kleinere Längeneinheiten umrechnen*
a) 6 cm; 10 cm; 34 cm
b) 4 dm; 1 dm; 12 dm
c) 3 m; 420 m; 500 m
d) 5 m; 90 m; 700 cm = 7 m
e) 3 km; 80 km; 25 000 m = 25 km

6 *Textaufgabe: Längenangaben subtrahieren und umrechnen*
7,4 km (7400 m)

7 *Längenangaben mit und ohne Komma schreiben*
a) 83 cm = 8,3 dm
b) 92 dm = 9,2 m
c) 4300 m = 4,3 km
d) 49 mm = 4,9 cm
e) 8 000 015 mm = 8,000 015 km
f) 307 cm = 3,07 m
g) 508 mm = 5,08 dm
h) 707 cm = 7,07 m
i) 546 cm = 54,6 dm = 5,46 m
j) 783 mm = 78,3 cm = 7,83 dm
k) 20 003 dm = 2,0003 km
l) 40 032 dm = 4003,2 m = 4,0032 km

8 *Längenangaben in verschiedenen Maßeinheiten miteinander vergleichen*
a) 40 cm < 4 m
b) 5 dm < 55 cm
c) 60 m 3 cm < 63 m
d) 55 m > 55 dm
e) 38 cm > 3 dm
f) 0,8 m = 80 cm
g) 0,75 km > 75 m
h) 40 mm < 4 dm
i) 5 km 800 m > 5,08 km
j) 330 dm < 300 m 33 cm
k) 408 m > 400m 8 cm
l) 0,994 km > 990 m 4 dm

9 *Aussagen über die Gleichheit verschiedener Längen (in verschiedenen Maßeinheiten) prüfen, ggf. korrigieren*
a) falsch; 3 m = 300 cm = 3000 mm
b), c) richtig
d) falsch; 5 cm = 50 mm = 0,5 dm
e) falsch; 0,8 mm = 0,08 cm
f), g) richtig
h) falsch; 0,8 km = 800 m
i) falsch; 0,3 dm = 30 mm = 3 cm
j) falsch; 7,5 m = 75 dm
k), l) richtig

10 *eigene Körpergröße in verschiedenen Einheiten angeben; Überlegungen zur Gebräuchlichkeit von Maßeinheiten*
Angaben individuell; Beispiel für die Körpergröße 1,45 m: 1,45 m = 14,5 dm = 145 cm = 1450 mm
Körpergrößen werden üblicherweise in Meter oder Zentimeter angegeben.
Die Längeneinheiten Millimeter und Dezimeter sind hierfür unüblich.

Weiterführende Aufgaben

Seite 28

11 *Längenangaben einander zuordnen*
3 m = 30 dm = 300 cm; 300 m = 0,3 km = 3000 dm; 3 cm = 30 mm = 0,3 dm; 3 dm = 30 cm = 0,3 m

12 *Maßeinheiten ergänzen*
a) 40 000 **mm** = 4000 cm = 400 **dm** = 40 **m**
b) 3521 m = 3,521 **km** = 352 100 **cm**
c) 4800 **m** = 4,8 **km** = 480 000 cm
d) 970 **m** = 0,97 **km** = 9700 dm

13 *Längenangaben mit verschiedenen Einheiten ordnen*
a) 790 mm; 80 cm; 8,4 dm; 85 cm; 9 dm
b) 500 mm; 0,6 m; 66cm; 68 cm; 7 dm
c) 75 m; 990 dm; 0,75 km; 1400 m; 3,5 km
d) 0,05 m; 390 mm; 4 dm; 42 cm; 0,003 km
e) 1,8 cm; 38 mm; 14 cm; 6 dm; 0,002 km

14 *Höhen verschiedener Objekte schätzen und ordnen*
individuelle Lösungen, z.B.: Brotkrümel 1 mm; Teller 3 cm; Tasse 7 cm; Flasche 3 dm; Tisch 8 dm; Stehlampe 2 m; Schrank 2,5 m; Traktor 3 m; Einfamilienhaus 8,5 m; Eiche 50 m; Kölner Dom 157 m; Eiffelturm 312 m; Mount Everest 8846 m

15 *Objekte zu gegebenen Längen finden*
individuelle Antwortmöglichkeiten, z.B.:
a) Weg um einen See
b) Breite eines Schränkchens
c) Breite einer Badewanne
d) eine Runde auf der Laufbahn eines Sportstadions
e) Länge eines Radiergummis
f) Länge eines Schlüssels

16 *Streckenlänge schätzen*
Bei einer Schrittlänge von z. B. 50 cm legt man mit 1000 Schritten eine Strecke von ca. 50 000 cm (= 500 m) zurück. Das ist eine und eine viertel Stadionrunde oder
fünf 100-m-Bahnen in einer Sportschwimmhalle (oder zehn 50-m-Bahnen).

Seite 28

17 *Längen auf 10 km ergänzen*
a) 5,4 km b) 2,7 km c) 9600 m d) 6 km 780 m e) 5 km 950 m f) 4 km 940 m
g) 9295 m h) 8,992 km

18 *Komma und Maßeinheit ergänzen; Differenzen berechnen*

a)
	Männer	Frauen
Hochsprung	2,38 m	2,05 m
Weitsprung	8,31 m	7,12 m
Dreisprung	17,81 m	14,98 m
Speerwurf	84,58 m	69,55 m
Kugelstoßen	21,89 m	20,70 m

b)
Differenz
0,33 m
1,19 m
2,83 m
15,03 m
1,19 m

19 *Längenangaben auf Plausibilität prüfen*
a) Nein, denn 0,05 km = 50 m. Neugeborene sind etwa 50 cm lang.
b) Ja, denn 5700 cm = 57 m.
c) Ja.
d) Nein, etwa 23 cm stimmen.
e) Nein, die Entfernung (Luftlinie) beträgt 877 km.
f) Ja, denn 14,2 cm = 1,42 m.
g) Ja, denn 250 000 m = 250 km.

20 *Textaufgabe: Streckenlängen einteilen, Abstände berechnen*
a) nur 90 cm Abstand möglich
b) am besten an einer Skizze verdeutlichen; 29 Pfähle
c) insgesamt 25,2 m Umzäunung; 2 Rollen zu je 13 m reichen

Nachgedacht
1 foot sind ca. 30 cm. 1 yard sind ca. 90 cm.

Zeit

Erforschen und Entdecken

Seite 29

1 *Zeitspannen zuordnen*
a) 20 s b) 1 Jahr c) 2 min 39 s d) 100 min e) 3 Tage f) 8 h 50 min

2 *Partnerarbeit zum Zeitempfinden*
a) handlungsorientierte Aufgabe; individuelle Lösungen
b) handlungsorientierte Aufgabe; individuelle Lösungen
Den Schülern könnte eine Minute kürzer vorkommen, wenn sie von ihren Hobbys erzählen, länger, wenn sie Kniebeugen machen und am längsten, wenn sie still sind.
c) verschiedene Ansätze möglich; z.B. langsam bis 60 (Sekunden) zählen

3 *mit Zeitangaben und Zeitspannen erste Berechnungen anstellen*
a) Zeitpunkte: 6:45 Uhr, 7:20 Uhr, 8:00 Uhr, 15:10 Uhr; Zeitspannen: 15 min, 45 min, 1 h
b) zur Vorgehensweise: erst 15 min bis 7 Uhr ergänzen, dann 8 h bis 15 Uhr weitergehen, zum Schluss noch 10 min weitergehen, also 15 min + 8 h + 10 min = 8 h 25 min

4 *Häufigkeit anhand von Zeitangaben in einem Zeitungsartikel prüfen*
a) Bei 100 Hicksern pro Minute ergeben sich in der Tat in 42 Tagen 6 048 000 Hickser.
b) $100 \cdot 60 \cdot 24 \cdot 42 = 6\,048\,000$ Sicher hat niemand alle „Hickser" mitgezählt, sondern es wurden einmal die „Hickser" pro Minute gezählt und dann auf 42 Tage „hochgerechnet".

Basisaufgaben

Seite 31

1 *Zeitspannen oder Zeitpunkte unterscheiden*
a) Zeitpunkt b) Zeitspanne c) Zeitpunkt d) Zeitspanne
e) Zeitspanne, definiert durch die Angabe zweier Zeitpunkte

2 *Zeitspannen in Sekunden umrechnen*
a) 3 min = 3 · 60 s = 180 s; 5 min = 5 · 60 s = 300 s; 6 min = 6 · 60 s = 360 s; 9 min = 9 · 60 s = 540 s;
10 min = 10 · 60 s = 6000 s
b) 15 min = 15 · 60 s = 900 s; 48 min = 48 · 60 s = 2880 s; 23 min = 23 · 60 s = 1380 s; 60 min = 60 · 60 s = 3600 s
c) 1 h = 60 min = 60 · 60 s = 3600 s; 2 h = 120 min = 120 · 60 s = 7200 s;
5 h = 300 min = 300 · 60 s = 18 000 s; 10 h = 600 min = 600 · 60 s = 36 000 s

Zahlen und Größen

Seite 31

3 *Zeitspannen mit gemischten Einheiten in Sekunden umrechnen*
a) 4 min 35 s = 4 · 60 s + 35 s = 275 s; 2 min 3 s = 2 · 60 s + 3 s = 123 s; 8 min 15 s = 8 · 60 s + 15 s = 495 s
b) 12 min 15 s = 12 · 60 s + 15 s = 735 s; 25 min 30 s = 25 · 60 s + 30 s = 1530 s; 45 min 50 s = 45 · 60 s + 50 s = 2750 s
c) 5 min 12 s = 5 · 60 s + 12 s = 312 s; 9 min 10 s = 9 · 60 s + 10 s = 550 s; 15 min 25 s = 15 · 60 s + 25 s = 925 s

4 *Zeitspannen in Minuten umrechnen*
a) 2 h = 2 · 60 min = 120 min; 6 h = 6 · 60 min = 360 min; 12 h = 12 · 60 min = 720 min; 24 h = 24 · 60 min = 1440 min
b) 1 h 30 min = 60 min + 30 min = 90 min; 3 h 15 min = 3 · 60 min + 15 min = 195 min;
4 h 5 min = 4 · 60 min + 5 min = 245 min
c) 2 h 45 min = 2 · 60 min + 45 min = 165 min; 5 h 12 min = 5 · 60 min + 12 min = 312 min;
10 h 10 min = 10 · 60 min + 10 min = 610 min

5 *Tage und Stunden/Minuten in Stunden und Minuten umrechnen*
a) 2 d = 2 · 24 h = 48 h; 4 d = 4 · 24 h = 96 h; 5 d = 5 · 24 h = 120 h; 10 d = 10 · 24 h = 240 h
b) 1 d 14 h = 1 · 24 h + 14 h = 38 h; 3 d 10 h = 3 · 24 h + 10 h = 82 h; 6 d 8 h = 6 · 24 h + 8 h = 152 h
c) 1 d = 1 · 24 h = 24 h = 24 · 60 min = 1440 min; 2 d = 2 · 24 h = 48 h = 48 · 60 min = 2880 min;
3 d 10 min = 3 · 24 h + 10 min = 72 h + 10 min = 72 · 60 min + 10 min = 4330 min

6 *gemischte Zeitspannen umrechnen*
a) 123 min b) 78 h c) 420 s d) 170 min e) 1690 s f) 208 s g) 4320 min h) 330 min

7 *große Zeitspannen umrechnen*
a) 365 b) 366 c) 31 d) 28 (in Schaltjahren: 29)

8 *in größere Zeiteinheiten umrechnen*
a) 3 min; 6 min; 51 min; 5 min; 10 min; 12 min; 50 min
b) 4 h; 7 h; 9 h; 11 h; 15 h; 24 h
c) 3600 s = 60 min = 1 h; 10 800 s = 180 min = 3 h; 18 000 s = 300 min = 5 h; 36 000 s = 600 min = 10 h;
28 800 s = 480 min = 8 h

9 *Textaufgabe: Zeitspanne berechnen*
3 h 40 min

10 *Zeitspannen berechnen*
a) 1 h 45 min b) 4 h 50 min c) 13 h 55 min d) 2 h 55 min e) 12 h 45 min f) 1 h 45 min

11 *Zeitspannen berechnen*

Zugnummer	ab Bielefeld	an Hannover	Zeitspanne
IC 890	15:25	16:08	**43 min**
RE 83975	17:25	18:49	**1:24 h**
EC 172	19:24	20:16	**52 min**
RE 83979	19:25	**20:49**	1:24 h
RE 83981	20:25	**21:50**	1:25 h
ICE 1720	**21:24**	22:12	48 min
RE 83983	21:25	22:49	1:24 h
RE 83985	22:25	**00:03**	1:38 h

Weiterführende Aufgaben

Seite 32

12 *Zeitspannen mit gemischten Einheiten schreiben*
a) 1 min 40 s; 4 min 10 s; 6 min 20 s; 7 min 30 s; 8 min 20 s; 10 min 55 s; 16 min 40 s
b) 1 h 20 s; 2 h 30 s; 4 h 30 s; 6 h 15 s; 7 h 13 s; 9 h 15 s
c) 1 d 6 h; 2 d 2 h; 2 d 18 h; 3 d 3 h; 4 d 4 h

13 *Zeitspannen in die nächstgrößere Einheit umrechnen*
a) 5 h 50 min b) 7 min 30 s c) 2 d 7 h d) 3 h 42 min e) 3 d 6 h f) 16 min 39 s

14 *in Jahre und Tage umrechnen*
a) 2 Jahre 70 Tage b) 2 Jahre 270 Tage c) 3 Jahre 105 Tage d) 4 Jahre 140 Tage

Seite 32

15 *vorgegebene Zeitspannen mit Tätigkeiten abschätzen*
individuelle Antwortmöglichkeiten, z.B.:
a) „einundzwanzig" zu sagen
b) laut von 21 bis 50 zu zählen
c) Wetterbericht im Fernsehen
d) Halbzeitpause beim Handball
e) 1 km in zügigem Tempo zu Fuß gehen
f) Urlaubsreise

16 *Textaufgabe: Zeitspannen berechnen*
a) 25 min; 1 h 10 min
b) 4 h 3 min
c) Marc bekommt nicht zu viele Hausaufgaben auf, da die Gesamtzeit unter 5 h liegt.
d) Ergebnisse individuell verschieden

17 *Stunden in Jahre umrechnen*
Ergebnisse abhängig vom Alter; für einen Zehnjährigen gilt zum Beispiel:
10 Jahre = 10 · 365 d = 3650 d = 3650 · 24 h = 87 600 h
An seinem 10. Geburtstag hat ein Mensch 87 600 Stunden gelebt, also weniger als 100 000 Stunden.
100 000 h ≈ 4167 · 24 h = 4167 d ≈ 11 · 365 d = 11 Jahre
Wer 100 000 gelebt hat, ist ungefähr 11 Jahre alt.

18 *Zeitspannen (in h und min) addieren*
a) 13 h 53 min
b) 7 h 21 min
c) 21 min
d) 2 h 34 min 4 s
e) 6 h

19 *Textaufgabe: Zeitspannen (in min und s) addieren*
28 min 21 s

20 *Textaufgabe: Fahrplan lesen und Zeitspannen berechnen*
a) frühestens um 16:50 Uhr, wenn sie die erste der angezeigten Zugverbindungen nimmt
Weitere Ankunftszeitpunkte sind 17:42 Uhr, 17:43 Uhr, 17:50 Uhr, 18:42 Uhr, 18:43 Uhr, 18:50 Uhr, 19:42 Uhr und 19:44 Uhr.
b) 1 h 39 min; 2 h 27 min; 1 h 46 min; 1 h 39 min; 2 h 27 min; 2 h 07 min; 1 h 39 min; 2 h 27 min; 2 h 20 min
(in der Reihenfolge der angezeigten Zugverbindungen)
c) Am wenigsten Zeit benötigen die drei RE mit Fahrzeiten von nur 1 h 39 min und ohne Umsteigen.
d) Die meiste Zeit benötigen die drei RE mit Fahrzeiten von 2 h 27 min.
e) Familie Müller sollte spätestens den Zug mit Abfahrt um 16:11 Uhr nehmen. Um am Bahnhof das richtige Gleis zu finden und in Ruhe einsteigen zu können, sollte die Familie etwa 10 Minuten zusätzlich einplanen, also bereits um 16:00 Uhr am Bahnhof sein. Sie sollte also spätestens um 15:30 Uhr die Wohnung verlassen.

Die tierische Super-Olympiade

Seite 33

Der sportliche Vergleich sowohl mit den Mitschülerinnen und Mitschüler als auch mit verschiedenen „Konkurrenten" auf dem Tierreich regt dazu an, mit vielen Längen- und Zeitangaben zu rechnen. Teilweise ergeben sich dabei erstaunliche Werte. In Aufgabe 4 und den abschließenden Wettbewerbsaufgaben wird auch mit Geschwindigkeiten gerechnet. Auf Umrechnungen wird hierbei jedoch verzichtet.

1
60 cm = 600 mm = 400 · 1,5 mm
Die Hüpfweite entspricht dem 400-fachen der Körpergröße des Flohs.
400 · 1,5 m = 600 m   Ein 1,50 m großer Mensch müsste 600 Meter weit springen.

2
Hase: 2 m = 200 cm ≈ 2,7 · 75 cm   Die Sprungweite entspricht ungefähr dem 2,7-fachen seiner Körpergröße.
Eichhörnchen: 2 m · 2,5 = 5 m   Ein Eichhörnchen springt bis zu 5 Meter weit.
5 m = 500 cm = 20 · 25 cm Die Sprungweite des Eichhörnchens entspricht dem 20-fachen seiner Körpergröße.
Das Eichhörnchen ist klarer Sieger. Es springt sowohl absolut gesehen als auch relativ zu seiner Körpergröße deutlich weiter als der Hase.

3
13,50 m · 3 = 40,50 m   Das Känguru springt mit 3 Sprüngen ca. 40,50 m weit.

4
Hase: 100 m ≈ 4,5 · 22 m   Der Hase ist in ca. 4,5 s am Ziel.
Gepard: 100 m ≈ 3 · 33 m   Der Gepard ist in ca. 3 s am Ziel.
Strauß: 100 m = 5 · 22 m   Der Strauß ist in ca. 5 s am Ziel.

Seite 33

Wettbewerbsaufgaben:

Weitsprung:
Känguru: 13,50 m = 1350 cm = 9 · 150 cm
Die Sprungweite des Kängurus entspricht dem 9-fachen seiner Körpergröße.
Die Sprungweite des Hasen entspricht ungefähr dem 2,7-fachen seiner Körpergröße.
Die Sprungweite des Eichhörnchens entspricht dem 20-fachen seiner Körpergröße.
Weitsprungsieger ist das Eichhörnchen.

Sprint:
Hase: ca. 2,25 s;   Gepard: ca. 1,5 s;   Strauß: ca. 2,5 s
Der Gepard ist der schnellste Sprinter mit ca. 1,5 s auf 50 m. Seine Geschwindigkeit beträgt 120 km pro h bzw. etwa 33 m pro s.

Dreisprung:
Eichhörnchen: 5 m · 3 = 15 m   Es springt mit 3 Sprüngen bis zu 15 m weit.
Hase: 2 m · 3 = 6 m   Er springt mit 3 Sprüngen bis zu 6 m weit.
Känguru: 13,50 m · 3 = 40,50 m   Es springt mit 3 Sprüngen ca. 40,50 m weit.
Dreisprungsieger ist das Känguru mit 40,50 Meter.

Vermischte Übungen

Seite 34

1 *Zahlen den passenden Zahlwörtern zuordnen*
100 — hundert
1000 — tausend
1 000 000 — Million
1 000 000 000 — Milliarde
1 000 000 000 000 — Billion
1 000 000 000 000 000 — Billiarde

2 *Vorgänger und Nachfolger nennen*

a)
Vorgänger	Zahl	Nachfolger
238	239	240
980	981	982
708	709	710
789	790	791
998	999	1000
4999	5000	5001

b)
Vorgänger	Zahl	Nachfolger
909	910	911
9908	9909	9910
9098	9099	9100
9989	9990	9991
9998	9999	10 000

c) Jede natürliche Zahl außer der Null hat einen Vorgänger.
Jede natürliche Zahl hat einen Nachfolger.

d) 1 000 800

3 *Zahlwörter als Zahlen in der Stellenwerttafel schreiben*

	Billionen			Milliarden			Millionen			Tausend					
	H	Z	E	H	Z	E	H	Z	E	H	Z	E	H	Z	E
a)						1	5	8	6	0	3	4	4	5	0	6
b)				1	4	3	0	3	9	0	2	5	0	8	0	0
c)				3	2	2	2	0	4	0	6	0	0	4	0	8

4 *Zahlwörter einem Text entnehmen und in der Stellenwerttafel schreiben*

Millionen			Tausend					
H	Z	E	H	Z	E	H	Z	E
	1	8	0	0	0	0	0	0
	3	0	0	0	0	0	0	0
								5
1	5	0	0	0	0	0	0	0
							1	3
							1	5

Bei der letzten Zahl (15,5) wurden die Nachkommastellen weggelassen, man könnte auch auf 16 m runden und diese Zahl eintragen.

Zahlen und Größen

Seite 34

5 *Zahlen mit bestimmten Eigenschaften finden*
a) 0
b) nicht möglich
c) 0; 1; 2; 3; 4; 5; 6; 7; 8; 9
d) 3; 13; 23; 30; 31; 32; 34; 35; 36; 37; 38; 39; 43
e) 72 999; 73 000; 73 001; 73 002; 73 003; 73 004; 73 005; 73 006; 73 007; 73 008; 73 009; 73 010; 73 011
f) 18 237 283 288; 18 237 283 289; 18 237 283 290; 18 237 283 291; 18 237 283 292; 18 237 283 293; 18 237 283 294; 18 237 283 295; 18 237 283 296; 18 237 283 297; 18 237 283 298; 18 237 283 299; 18 237 283 300; 18 237 283 301

6 *Aussage über die angeblich größte natürliche Zahl prüfen*
Die Aussage ist falsch, da man immer 1 addieren kann (jede natürliche Zahl hat einen Nachfolger).

7 *zwei Zahlen der Größe nach vergleichen*
a) 4 488 488 > 4 488 484
b) 199 999 999 < 200 000 000
c) 345 567 789 > 345 456 567
d) 7 877 887 787 > 7 877 878 787
e) 3 587 827 482 > 3 580 827 482
f) 1 012 032 101 > 1 012 031 101
g) 356 893 721 < 356 899 721

8 *Anzahl mit Hilfe der Rastermethode schätzen*
Im Bild befinden sich etwa 100 Baumstämme.
Vorgehen nach der Rastermethode: Im Bild sind dünnere und dickere Stämme angeordnet. Unterteilt man das Bild in gleich große Felder, so sollte man zum Auszählen ein Feld wählen, in dem sich dickere und dünnere Stämme befinden. Verschiedene Rasterungen sind möglich, z.B. eine Unterteilung in 4 mal 3 (oder 4) rechteckige Felder.

9 *verschiedenen Größen die passenden Maßeinheiten zuordnen*
Zeit — Woche; Minute (es fehlen Sekunde, Stunde, Tag, …)
Geld — Euro; Cent
Länge — Meter, Millimeter (Es fehlen Zentimeter, Dezimeter, Kilometer.)
Masse — Tonne; Gramm (Es fehlen Milligramm, Kilogramm.)

Seite 35

10 *Größenangaben kindgerecht erklären*
Antworten individuell, z. B.:
a) Ein Meter ist ungefähr so viel, wie das Kind groß ist (3- bis 4-jährige sind ca. 95 cm bis 105 cm groß).
b) Ein Kilogramm ist so viel, wie eine Milchpackung (1 Liter) wiegt.
c) Ein Kilometer ist so lang, wie du laufen musst von zuhause bis …. .
d) Eine Stunde ist die Zeit, die vergeht, bis der große Zeiger der Uhr einmal herumgewandert ist.

11 *Geldbetrag abzählen*
6,04 €

12 *Geldbetrag überschlagen*
Überschlagsrechnung z.B.: 1 € + 2 € + 1 € + 2 € + 1 € + 2 € + 1 € = 10 €
Anhand der Überschlagsrechnung ist es unsicher, ob ein 10-€-Schein reichen wird; der genaue Betrag könnte auch knapp darüber liegen.
Die Kaufsumme beträgt 9,93 €, also reichen 10 € zum Bezahlen.

13 *Textaufgabe: Preise berechnen und vergleichen*
a) „Centi": 7,90 € ; „Eurokauf": 8,26 €; Sie sollte bei „Centi" kaufen.
b) 2,10 €
c) Sie könnte jedes Produkt in dem Laden mit dem jeweils geringeren Preis kaufen, dann könnte sie weitere 34 ct sparen.

14 *Textaufgabe: mit Geldbeträgen rechnen*
a) Die Anschaffungskosten liegen bei 137,88 €.
b) 365 · 49 ct = 17 885 ct = 178,85 €

15 *Textaufgabe: mit Massenangaben rechnen*
a) 6 kg   **b)** 4 kg

16 *Textaufgabe: mit Massenangaben rechnen*
Masse Airbus   177 t   Da mit 336,6 t das maximale Masse
Masse Passagiere   30,8 t   beim Start nicht überschritten wurde,
Masse Gepäck   8,8 t   darf der Airbus starten.
Masse Treibstoff   120 t

Zahlen und Größen

Seite 35

17 *Massenangaben in verschiedenen Einheiten subtrahieren*
a) 1500 kg   b) 2150 mg   c) 35 kg   d) 520 kg   e) 990,1 g   f) 30 619,995 kg

18 *Domino mit Größenangaben erstellen*
individuelle Ergebnisse

Seite 36

19 *Gegenstände gegebener Länge angeben*
individuell verschieden; z.B.:
a) Regenschirm   b) Lineal   c) Lkw   d) Brot

20 *Gegenstände zu gegebener Maßeinheit finden*
individuelle Ergebnisse

21 *Längenangaben umrechnen*
a) 3,5 m; 0,2 m; 0,8 m; 1200 m; 8,8 m; 1,45 m; 62,09 m; 752 m
b) 43 cm; 800 cm; 2500 cm; 72 cm; 930 cm; 41,2 cm; 845 cm; 222,2 cm; 4000 cm

22 *Massenangaben umrechnen*
a) 1,8 g; 5000 g; 710 g; 1 200 000 g; 4050 g   b) 7,505 kg; 0,052 kg; 1350 kg; 0,162 kg

23 *Textaufgabe: km in m umrechnen; Differenz berechnen*
a) Spielmannsau   983 m   b) Der Höhenunterschied
   Riffenkopf   1749 m   beträgt 1674 m.
   Kegelkopf   1960 m
   Höfats   2258 m
   Fürschießer   2271 m
   Strahlkopf   2351 m
   Kreuzeck   2375 m
   Kratzer   2424 m
   Öfnerspitze   2578 m
   Großer Krottenkopf 2657 m

24 *Größenangaben umrechnen*
a) 50 mm; 300 mm; 45 mm; 5000 mm; 2 000 000 mm   b) 6 m; 3 m; 4000 m; 56 m
c) 6000 g; 15 625 g; 2 000 000 g; 1,7 g   d) 2000 kg; 22 000 kg; 9426 kg; 345 kg
e) 5,05 €; 0,07 €; 0,63 €   f) 60 s; 2040 s; 21 600 s; 172 800 s; 733 s

25 *Textaufgabe: Anzahl der Pkw in einem Stau schätzen, Längenangaben dividieren*
nötige Annahmen (Zahlenwerte können variieren):
Abstand der Autos 10 m
Anzahl der Spuren 3
Im Stau stehen 13 500 : 10 · 3 = 4050 Autos.

26 *Textaufgabe: Größenangaben mit Maßzahl und Maßeinheit finden; Text mit Größenangaben schreiben*

a)
Größe	Maßzahl mit Maßeinheit
Länge	40 m
Zeitpunkt	1994 (Jahre n.Chr.)
Anzahl	7 000 000
Zeitspanne	35 min

b) individuell verschieden

27 *Überlegungen zur Lichtgeschwindigkeit*
Mit dem gerundeten Wert kann man besser rechnen.
Der genaue Wert liegt sehr nah an dem Rundungswert, sodass sich mit dem gerundeten Wert keine allzu große Abweichung ergibt.

28 *Größenangaben (in verschiedenen Einheiten) vergleichen*
a) 350 g < 0,4 kg   b) 75 g > 7500 mg   c) 3,21 dm < 3210 mm   d) 1280 mm = 1,28 m
e) 1020 ct > 10 €   f) 0,38 t = 380 kg   g) 104,50 € < 10 850 ct h) 860 s < 15 h
i) 5 h = 300 min   j) 220 min < 4 h   k) 0,007 t > 70 g   l) 0,09 km > 867 cm

Zahlen und Größen

Seite 37

29 *Anwendungsaufgabe: mit Größenangaben rechnen*
handlungs- und kommunikationsorientierte Aufgabe
Vorgehensweise individuell; man könnte die Maße der Münze selbst messen bzw. abwiegen oder diese z. B. im Internet recherchieren.
Folgende Lösungen sind mit den exakten Maßen berechnet. Einfacher ist es mit gerundeten Maßen zu rechnen.
① Eine 1-€-Münze wiegt 7,5 Gramm.
 1 000 000 · 7,5 g = 7 500 000 g = 7500 kg = 7,5 t   Diesen Münzberg könnte niemand tragen.
② Eine 1-€-Münze ist 2,33 mm dick.
 1 000 000 · 2,33 mm = 2 330 000 mm = 233 000 cm = 2330 m = 2,33 km   Der Stapel wäre 2,33 km hoch.
③ Eine 1-€-Münze ist 23,25 mm breit.
 1 000 000 · 23,25 mm = 23 250 000 mm = 2 325 000 cm = 23 250 m = 23,25 km   Die Strecke wäre 23,25 km lang.
④ 1 000 000 · 1 s = 1 000 000 s ≈ 16 667 min ≈ 278 h = 11 d 14 h
 Es würde etwa 11 Tage und 14 Stunden dauern, die Münzen auszuzahlen.

30 *Textaufgabe: mit Entfernungen und Geschwindigkeiten rechnen*
Düsenflugzeug: 380 000 : 1000 = 380;   380 h = 15 d 20 h
Autofahrer: 380 000 : 100 = 3800;   3800 h = 158 d 8 h
Radfahrer: 380 000 : 20 = 19 000;   19 000 h = 791 d 16 h = 2 Jahre 61 d 16 h
Fußgänger: 380 000 : 5 = 76 000;   76 000 h = 3166 d 16 h = 8 Jahre 246 d 16 h

31 *Textaufgabe: mit Entfernungen und Geschwindigkeiten rechnen*
a) 24 h = 24 · 60 min = 1440 min; 1440 min : 90 min = 16; die Raumstation umkreist die Erde 16-mal pro Tag.
b) Für zwei Umkreisungen benötigt die ISS 2 · 90 min = 180 min = 3 h.
 Bei einer Geschwindigkeit von 28 000 $\frac{km}{h}$ legt sie in 3 Stunden 3 · 28 000 km = 84 000 km zurück.
 An einem Tag legt sie 24 · 28 000 km = 672 000 km zurück.

32 *Dauer der Jahreszeiten berechnen*
Frühling 92 Tage; Sommer 94 Tage; Herbst 89 Tage; Winter 90 Tage

33 *Textaufgabe: mit Zeitspannen rechnen*
24 · 30 s = 720 s = 12 min   An einem Tag geht die Uhr 12 min nach.

34 *Anwendungsaufgabe: Größenangaben vergleichen und recherchieren*

a)
Sportart	Ergebnis 2012 (London)	Ergebnis 1896 (Athen)	Differenz (Erg. 2012 − Erg. 1896)	Interpretation
Marathon	7681 s = 128 min 1 s = 2 h 8 min 1 s	2 h 58 min 50 s	− 50 min 49 s	2012 in London war der Sieger im Marathon 50 min 49 s schneller als der Sieger 1896 in Athen.
Hochsprung	2,38 m	181 cm = 1,81 m	0,57 m	2012 in London ist der Hochsprungsieger 0,57 m höher gesprungen als der Sieger 1896 in Athen.

b) Rechercheauftrag

35 *Größenangaben der Größe nach ordnen*
a) 157 ct; 1,59 €; 1,77 €; 480 ct; 5,05 €; 890 ct; 900 ct; 9,33 €; 20 €; 4000 ct; 4590 ct; 10 480 ct; 18 005 ct; 438,50 €
b) 55 cm; 12,8 dm; 1,45 m; 0,004 km; 0,02 km; 100 000 mm; 100,45 m; 1,8 km
c) 1 min 30 s; 360 s; 8 min; 15 min; 1080 s; 2 h; 3 h 20 min; 5 h 45 min; 350 min
d) 10 850 mg; 598 g; 1,2 kg; 1890 g; 9000 g; 12,8 kg; 72 kg; 0,08 t; 0,215 t

36 *mit Zeitangaben rechnen*
15:48 Uhr

Zahlen und Größen

Seite 38

Der afrikanische Elefant

a) 400 kg · 7 = 2800 kg = 2,8 t

b) 24 h − 4 h = 20 h

c) Zeichenübung
4 cm = 40 mm = 20 · 2 mm; Elefantenhaut ist ca. 20-mal dicker als die Haut eines Menschen.

d) 7 t = 7000 kg = 70 · 100 kg; ungefähr 70 Elefantenbabys sind so schwer wie ein Elefantenbulle.

e) pro Woche: 12 km · 7 = 84 km;
pro Monat: 12 km · 30 = 360 km (wenn man 30 Tage pro Monat zugrunde legt);
pro Jahr: 12 km · 365 = 4380 km

f) 7 t = 7000 kg = 200 · 35 kg;
Ungefähr 200 Kinder wiegen so viel wie ein Elefantenbulle.
7 t = 7 · 1 t; Ungefähr 7 Autos wiegen so viel wie ein Elefantenbulle.

g) 103 kg ≈ 3 · 35 kg; Ungefähr 3 Kinder wiegen so viel wie der längste Stoßzahn eines afrikanischen Elefanten.

h) z.B. ein Kleinwagen

i) Zeichen- bzw. Bastelübung

j) Um eine Fläche von 2 m × 2 m darzustellen, könnte man Packpapier oder ein Bettlaken nutzen. Einfacher wäre es jedoch, die Fläche maßstäblich verkleinert darzustellen, also z.B. im Maßstab 1 : 10 als Quadrat mit der Seitenlänge 20 cm.

k) Unterrichtsstunden haben meist eine Dauer von 45 oder 60 Minuten.
45 · 14 l = 630 l bzw. 60 · 14 l = 840 l

l) individuelle Recherche- und Präsentationsaufgabe

Natürliche Zahlen addieren und subtrahieren

Noch fit?

Seite 42

1 *Vorgänger und Nachfolger natürlicher Zahlen*
a) 3455; 3457   b) 56 998; 57 000   c) 12 399; 12 401   d) 45 919; 45 921   e) 999 999; 1 000 001

2 *Zahlen ordnen*
a) 30 < 303 < 330 < 333 < 3000 < 3003   b) 45 689 < 45 789 < 45 798 < 46 589 < 47 000

3 *in vorgegebenen Schritten weiterzählen*
a) 400 000; 500 000; 600 000; 700 000; 800 000; 900 000; 1 000 000
b) 400 000; 450 000; 500 000; 550 000; 600 000; 650 000; 700 000; 750 000; 800 000; 850 000; 900 000; 950 000; 1 000 000
c) 400 000; 440 000; 480 000; 520 000; 560 000; 600 000; 640 000; 680 000; 720 000; 760 000; 800 000; 840 000; 880 000; 920 000; 960 000; 1 000 000

4 *Stellenwerttafel: Zahlen stellengerecht eintragen*

	Milliarde			Million			Tausend					
	H	Z	E	H	Z	E	H	Z	E	H	Z	E
a)						3	4	6	9	2	6	4
b)					4	5	7	9	9	9	9	9
c)						1	2	0	5	9	0	2	1	0

	Milliarde			Million			Tausend					
	H	Z	E	H	Z	E	H	Z	E	H	Z	E
d)						3	0	0	8	1	1	2	6
e)		4	9	2	2	3	0	1	6	5	3	3	7
f)						8	0	1	2	0	0	0	0	4	2

5 *Stellenwerttafel: in Wortform geschriebene Zahlen stellengerecht eintragen*

	Milliarde			Million			Tausend					
	H	Z	E	H	Z	E	H	Z	E	H	Z	E
a)						3	6	3	4	7	5	0	5
b)					5	6	6	3	0	0	7	0	4
c)			1	0	5	8	3	6	7	4	0	1
d)		1	0	0	0	0	1	0	0	0	0	1

e) 2; 9

Seite 42

6 *vorgegebene Zahlen verdoppeln*
a) 10 000; 20 000; 40 000; 80 000; 160 000; 320 000; 640 000; 1 280 000
b) 30 000; 60 000; 120 000; 240 000; 480 000; 960 000; 1 920 000
c) 10 500; 21 000; 42 000; 84 000; 168 000; 336 000; 672 000; 1 344 000
d) 5600; 11 200; 22 400; 44 800; 89 600; 179 200; 358 400; 716 800; 1 433 600
e) 7900; 15 800; 31 600; 63 200; 126 400; 252 800; 505 600; 1 011 200

7 *vorgegebene Zahlen halbieren*
a) 88 888; 44 444; 22 222; 11 111
b) 50 010; 25 005
c) 90 000; 45 000; 22 500; 11 250; 5625
d) 1 000 000; 500 000; 250 000; 125 000; 62 500; 31 250; 15 625
e) 44 000; 22 000; 11 000; 5500; 2750; 1375

8 *Zeitspannen aus dem Kalender ablesen und berechnen*
a) individuell verschieden
b) von Jahr zu Jahr unterschiedlich
c) 49 Tage
d) von Jahr zu Jahr unterschiedlich
e) Es ist der Tag der deutschen Einheit (Beitritt der fünf neuen Länder zum Geltungsbereich des Grundgesetzes). Der Wochentag ist von Jahr zu Jahr verschieden.

Bunt gemischt
1. Euro   2. 100 g   3. 400 m   4. 3600

Im Kopf addieren und subtrahieren

Erforschen und Entdecken

Seite 43

1 *Beziehungen in Zahlenmauern erkennen*
a)

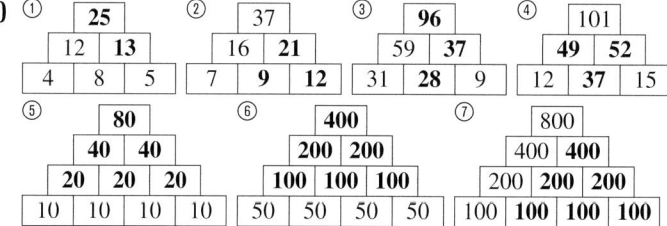

b) individuelle Ergebnisse; z.B. in ①, ⑤ und ⑥ von unten nach oben addieren, sonst bei schräg übereinander liegenden Steinen subtrahieren, in ④ knobeln, ausprobieren.
c) individuelle Ergebnisse; z.B. in ⑤, ⑥ und ⑦ stehen in der untersten Reihe immer gleiche Zahlen, die in den darüber liegenden Reihen stets verdoppelt werden.

2 *Überschläge berechnen*
a) Das Geld reicht.
b) Die Preise werden aufgerundet und dann addiert.
c) Eine Rechnung wird durch eine einfachere, schneller auszuführende Rechnung ersetzt, wobei man ein Näherungsergebnis erhält.
d) individuell verschieden; Möglich sind alle Situationen, in denen man exakte Werte durch gerundete ersetzen kann oder in denen exakte Werte nicht bekannt sind und in denen ein Näherungswert zunächst ausreicht.
e) Nein, sie hat nur noch 38 Cent zur Verfügung.

3 *Fachbegriffe zur Addition und Subtraktion richtig zuordnen*
handlungs- und kommunikationsorientierte Aufgabe;
Mögliche Kriterien zum Sortieren sind mathematische (+ oder −) und grammatikalische (Verben, Nomen (mathematische Fachbegriffe), Nomen, Formeln…). Durch Anordnung in einem zweidimensionalen Raster können beide Gesichtspunkte berücksichtigt werden.

Basisaufgaben

Seite 45

1 *Kopfrechnen: Addition*
a) 101 b) 75 c) 176 d) 98 e) 112 f) 297 g) 93 h) 112 i) 419 j) 97
k) 106 l) 414

2 *Überschlagsrechnung bei Additionsaufgaben*
a) $740 + 240 = 980$
b) $1500 + 300 = 1800$
c) $600 + 900 = 1500$
d) $1200 + 400 = 1600$
e) $400 + 800 + 100 = 1300$
f) $700 + 800 + 200 = 1700$

3 *Subtraktion: Kontrolle mit Hilfe von Umkehraufgaben*
a) $76 - 57 = 19$
   $19 + 57 = 76$
b) $104 - 17 = 87$
   $87 + 17 = 104$
c) $264 - 47 = 217$
   $217 + 47 = 264$
d) $83 - 67 = 16$
   $16 + 67 = 83$
e) $123 - 65 = 58$
   $58 + 65 = 123$
f) $463 - 44 = 419$
   $419 + 44 = 463$
g) $74 - 39 = 35$
   $35 + 39 = 74$
h) $173 - 35 = 138$
   $138 + 35 = 173$
i) $237 - 39 = 198$
   $198 + 39 = 237$
j) $67 - 28 = 39$
   $39 + 28 = 67$
k) $191 - 18 = 173$
   $173 + 18 = 191$
l) $413 - 108 = 305$
   $305 + 108 = 413$

4 *Kopfrechnen im Tausenderbereich bei glatten Hundertern*
a) 4200 b) 2500 c) 1700 d) 1800 e) 2100 f) 2300 g) 4400 h) 1700

5 *Beziehungen in Additionsmauern erkennen*

① 100 / 50 50 / 25 25 25
② 988 / 494 494 / 247 247 247
③ 440 / 220 220 / 110 110 110
④ 224 / 112 112 / 56 56 56

a) viermal
b) In der zweituntersten Reihe steht dann jeweils der doppelte Wert der untersten Reihe, in der obersten Reihe steht das Doppelte des Doppelten, also der vierfache Wert.
c) Von jeder Zeile zur nächsten findet eine Verdopplung statt. Bei einer vierreihigen Mauer steht oben der achtfache, bei einer fünfreihigen Mauer der sechzehnfache Wert.

6 *mathematische Muster erkennen und diese verbalisieren*
a) 75; 85; 95; 105; 115 (immer + 10)
b) 150; 130; 120; 100; 90 (abwechselnd − 10 und − 20)
c) 29; 26; 31; 28; 33 (abwechselnd + 5 und − 3)
d) 127; 142; 158; 175; 193 (+ 11; + 12; + 13; ...)
e) 290; 280; 380; 370; 470 (abwechselnd + 100 und − 10)

7 *Beziehungen in Zahlenmauern erkennen, im Kopf subtrahieren*
individuell verschieden; Vorgehensweise: Zeilen von oben nach unten, innerhalb einer Zeile am besten von links nach rechts.
Es ist darauf zu achten, dass die Startzahl innerhalb einer Zeile nicht zu klein und nicht zu groß gewählt wird. Die Startzahl einer Zeile bestimmt alle weiteren Zahlen dieser Zeile, ist also als einzige frei wählbar. Bei ungünstiger Wahl ist die Mauer nicht lösbar.

8 *im Kopf subtrahieren*

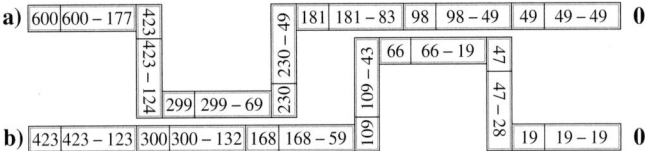

9 *im Kopf subtrahieren*

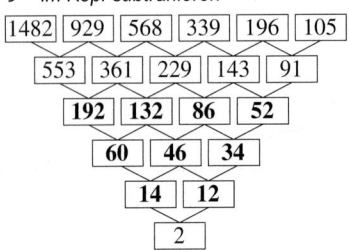

Seite 45

Nachgedacht

1. Tag: erreicht die Höhe von 3 m; rutscht nachts auf die Höhe von 1,5 m zurück
2. Tag: erreicht die Höhe von 4,5 m; rutscht nachts auf die Höhe von 3 m zurück
...
10. Tag: erreicht die Höhe von 16,5 m; rutscht nachts auf die Höhe von 15 m zurück
11. Tag: erreicht die Höhe von 18 m und kann den Brunnen verlassen

Seite 46

10 *Zuordnung der Fachbegriffe bei Addition und Subtraktion; fehlende Angaben in Additions- und Subtraktionsaufgaben ergänzen*

1. Summand	2. Summand	Wert der Summe
234	561	**795**
734	**268**	1002
3459	223	**3682**
4199	5801	10 000
23 912	**11 000**	34 912

Minuend	Subtrahend	Wert der Summe
451	324	**127**
789	**677**	112
652	563	89
6734	1198	**5536**
913	564	349

Weiterführende Aufgaben

11 *Additionsaufgaben in Fachsprache richtig interpretieren und rechnen*
a) $46 + 32 = 78$ b) $60 + 60 = 120$ c) $35 + 665 = 700$ d) $35 + 45 = 80$

12 *Sachaufgabe: mehrere Summanden addieren; geeignete Maßeinheit wählen*
$10 \text{ min} + 11 \text{ min} + 12 \text{ min} + 12 \text{ min} = 45 \text{ min}$
$20 \text{ s} + 30 \text{ s} + 10 \text{ s} + 40 \text{ s} = 1 \text{ min } 40 \text{ s}$
Insgesamt fuhr sie 46 min 40 s.

13 *Sachaufgabe: mehrere Summanden addieren*
$6 + 4 + 3 + 2 = 15$
Es kommen 15 Partygäste zu Alina.

14 *Stellenwerte: Zahlen bilden und addieren*
$632 + 236 = 868$

15 *Fachbegriffe anwenden, Summe finden*
$21 + 41 = 62$

16 *gerade und ungerade Zahlen addieren, Regeln erkennen*
a) Alle Aussagen sind richtig, die Beispiele sind individuell verschieden.
b) Ungerade Zahlen haben „Nasen" an den Puzzleteilen, gerade nicht. Also gilt übertragen: Addiert man Zahlen „ohne Nasen", so ist auch das Ergebnis „ohne Nase". Addiert man zwei ungerade Zahlen, so lassen sich die Teile so zusammensetzen, dass die „Nasen" wegfallen. Addiert man eine gerade und eine ungerade Zahl, so hat das Ergebnis immer eine „Nase".
c) Ja, das kann man so übertragen.
d) Die erste Aussage gilt auch für drei Summanden.
Zweite Aussage: Bei drei ungeraden Summanden ist die Summe ungerade.
Dritte Aussage:
1) Zwei ungerade Summanden (zusammen nach Teilaufgabe b gerade) und ein gerader Summand ergeben eine ungerade Zahl (ebenfalls nach b).
2) Zwei ungerade Summanden (zusammen gerade nach b) und ein gerader Summand ergeben eine gerade Zahl (nach b).

17 *Muster und Beziehungen zwischen Zahlen finden*
a) Der Wert der Summe wird um 5 größer.
b) Der Wert der Summe erhöht sich um die Summe $10 + 10 = 20$.

18 *Muster und Beziehungen zwischen Zahlen finden*
Der Wert der Differenz verändert sich nicht. Eine mögliche Begründung: Die Differenz entspricht dem Abstand auf dem Zahlenstrahl. Erhöht man Minuend und Subtrahend um 4, so verschieben sich beide auf dem Zahlenstrahl um die gleiche Strecke, was den Abstand unverändert lässt.

Rechenvorteile und Rechengesetze

Erforschen und Entdecken

Seite 47

1 *Vorteile des Kommutativgesetzes nutzen*
a) Eine mögliche Sortierung:
   $(365 + 2635) + (891 + 1109) + (6734 + 3266) + (242 + 128 + 630) =$
   $3000 + 2000 + 10\,000 + 1000 = 16\,000$
b) Partnerarbeit
c) Beim Addieren darf man die Reihenfolge der Summanden vertauschen, ohne dass sich das Ergebnis ändert.

2 *zu glatten Zehnern und Hundertern ergänzen, Gesetzmäßigkeiten erkennen*
individuell verschiedene Ergebnisse; z.B.:
a) 1; 301; 801   b) 5; 75; 775   c) 8; 58; 658   d) 7; 17; 517
Die Zahlen sollten so beschaffen sein, dass sie entweder die Einerstelle zu 10 ergänzen oder die letzten beiden Stellen zu 100 (oder zu 50) ergänzen oder dass sie die letzten drei Stellen zu 1000 (oder zu 500) ergänzen.

3 *Lösungsweg von Gauß für die Addition einer großen Zahl aufeinander folgender natürlicher Zahlen*
Aufgabe mit Problemlösungs-, Kommunikations- und Rechercheanteilen
Das Gaußverfahren besteht in der Berechnung der doppelten Summe mit geschickter Umsortierung:
$(1 + 100) + (2 + 98) + (3 + 97) + \ldots + (99 + 2) + (100 + 1) = 101 + 101 + 101 + \ldots + 101 + 101 = 100 \cdot 101 = 10\,100$
Also ist: $1 + 2 + 3 + \ldots + 99 + 100 = 10\,100 : 2 = 5050$

4 *Berechnungen mit und ohne Klammern, Unterschiede betrachten*
① 370; ② 510; ③ 580; ④ 620
a) Die Ergebnisse sind unterschiedlich.
b) Kommunikationsaufgabe
c) individuell verschieden; In ① und ④ muss zuerst die Aufgabe in den Klammern berechnet werden. Dadurch wird in ① mehr abgezogen als in ②. In ④ wird dadurch weniger abgezogen als in ③.
d) individuell
e) Unterschiedliche Formulierungen der Regel sind möglich, z.B.:
   Steht vor der Klammer ein Minus, so muss zunächst der Wert der Klammer berechnet werden.

Basisaufgaben

Seite 48

1 *mit Hilfe des Kommutativ- und des Assoziativgesetzes vorteilhaft rechnen*
a) $(18 + 222) + 116 = 356$ b) $(235 + 65) + 76 = 376$ c) $(13 + 37) + 222 = 272$
d) $31 + (134 + 56) = 221$ e) $(67 + 523) + 37 = 627$ f) $(81 + 19) + 72 = 172$
g) $38 + (263 + 77) = 378$ h) $(137 + 163) + 98 = 398$

2 *mit Hilfe des Kommutativ- und des Assoziativgesetzes vorteilhaft rechnen*
a) $(5 + 55) + (19 + 81) = 60 + 100 = 160$ b) $(34 + 6) + (13 + 77) = 40 + 90 = 130$
c) $(23 + 17) + (44 + 66) = 40 + 110 = 150$ d) $(92 + 18) + (13 + 107) = 110 + 120 = 230$
e) $(12 + 28) + (14 + 66) = 40 + 80 = 120$ f) $(135 + 35) + (34 + 16) = 170 + 50 = 220$

Seite 49

3 *mit Hilfe des Kommutativ- und des Assoziativgesetzes vorteilhaft rechnen*
a) $30 + (25 + 55) + (63 + 37) = 30 + 80 + 100 = 210$
b) $(19 + 51) + (48 + 22) + 120 = 70 + 70 + 120 = 260$
c) $(128 + 112) + (228 + 22) + 95 = 240 + 250 + 95 = 585$
d) $(395 + 495) + (647 + 153) + 65 = 890 + 800 + 65 = 1755$
e) $(291 + 19) + (482 + 18) + 100 = 310 + 500 + 100 = 910$
f) $(528 + 132) + (117 + 253) + 11 = 660 + 370 + 11 = 1041$
g) $(217 + 123) + (378 + 112) + 45 = 340 + 490 + 45 = 875$
h) $(289 + 121) + (234 + 56) + 156 = 410 + 290 + 156 = 856$
i) $(111 + 119) + (222 + 128) + 49 = 230 + 350 + 49 = 629$
j) $(178 + 222) + (235 + 245) + 40 = 400 + 480 + 40 = 920$

4 *Rechenbäume zur Veranschaulichung der Vorrangregel*
a) $(64 - 37) + 16 = 27 + 16 = 43$ b) $(72 + 28) - (95 - 56) = 100 - 39 = 61$
c) $(72 - 28) + (95 + 56) = 44 + 151 = 195$ d) $(35 - 18) - (66 - 59) = 17 - 7 = 10$

Natürliche Zahlen addieren und subtrahieren

Seite 49

5 *Aufgaben mit Hilfe von Rechenbäumen lösen*

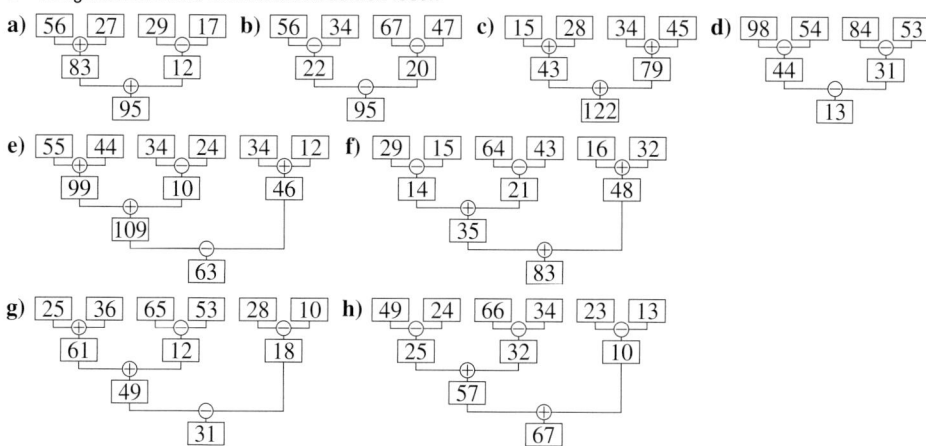

6 *Aufgaben mit und ohne Klammersetzung in ihrem Ergebnis vergleichen*
a) $14 < 46$ b) $19 < 29$ c) $71 < 129$ d) $140 > 60$ e) $140 = 140$ f) $48 = 48$ g) $95 = 95$

7 *Anwendung: Addition und Subtraktion*
$5800 - 204 + 265 - 86 + 195 - 241 + 187 = 5916$
Der Sportverein hatte am Ende von 2014 insgesamt 5916 Mitglieder.

8 *Anwendung: Addition und Subtraktion*
a) $126 + 119 + 92 = 337$ — 337 Aufnahmen gab es von 2013 bis 2015.
b) $117 + 108 + 77 = 302$ — 302 Entlassungen gab es in diesem Zeitraum.
c) $1435 + 337 - 302 = 1470$ — Übrig blieben 1470 Schülerinnen und Schüler

9 *Aufgaben durch Setzen von Klammern zu wahren Aussagen machen*
a) $34 - (12 + 5) = 17$
b) $560 - (23 + 7) = 530$
c) $73 - (45 + 5) = 23$
d) $135 - 45 - (15 + 6) = 69$
e) $50 - (12 + 8) - 16 = 14$
f) $17 + 43 - (30 + 5) = 25$
g) $100 - (50 - 34 + 8) = 76$
h) $(1000 - 453) - (47 + 56) = 444$

Weiterführende Aufgaben

Seite 50

10 *mit Hilfe der Rechengesetze geschickt rechnen*
a) 110 b) 100 c) 210 d) individuell; vgl. S. 47, Nr. 3

11 *mit Hilfe der Rechengesetze geschickt rechnen*
$(31 + 69) + (25 + 75) + (68 + 32) + (9 + 91) + (36 + 64) + (45 + 55) = 100 + 100 + 100 + 100 + 100 + 100 = 600$

12 *Rechengesetze anwenden, um ein gewünschtes Ergebnis zu erzielen*
a) $20 + (10 - 5) = 25$ oder $(20 + 10) - 5 = 25$
b) $20 - (10 + 5) = 5$
c) individuell
d) $20 - (10 - 5) = 15$; $(20 - 10) - 5 = 5$ oder $(20 - 5) - 10 = 5$

13 *Aufgaben modellieren und Beziehungen untersuchen*
a) Das Ergebnis erhöht sich um 10.
b) Das Ergebnis wird um 10 kleiner.
c) Das Ergebnis erhöht sich um 10.
d) Das Ergebnis bleibt gleich.
e) Das Ergebnis erhöht sich um 2.
f) Das Ergebnis wird verdoppelt.

14 *Aufgaben modellieren und Beziehungen untersuchen*

		482		
	284		198	
198		86		112
146	52		34	78

a) In der Regel ändern sich alle Zahlen. Ausnahmen:
Vertauscht man in der untersten Zeile zwei benachbarte Zahlen, bleibt die Zahl darüber erhalten.
Vertauscht man die inneren oder die äußeren beiden Zahlen, bleibt die Zahl in der Spitze gleich.
b) Durch das Vertauschen entstehen andere Additionsaufgaben, es werden also nicht die Summanden einer Summe vertauscht, sondern die Summanden unterschiedlicher Summen untereinander ausgetauscht.

Seite 50

15, 16 *Aufgaben erfinden unter einem gegebenen Aspekt*
Kreativaufgaben; individuell verschieden

17 *Fachbegriffe anwenden*
a) $(124 + 138) + (67 + 58) = 262 + 125 = 387$
b) $(182 - 39) - (28 + 49) = 143 - 77 = 66$
c) $(147 - 29) + (154 - 39) = 118 + 115 = 233$

18 *Aufgaben formulieren und Fachbegriffe anwenden*
z.B.: Subtrahiere von der Summe der Zahlen 224 und 137 die Differenz der Zahlen 87 und 39.
$(224 + 137) - (87 - 39) = 361 - 48 = 313$

19 *Fachbegriffe anwenden*
a) gedachte Zahl $- (36 + 45) =$ gedachte Zahl $- 81 = 11$, also $11 + 81 =$ gedachte Zahl $= 92$
b) gedachte Zahl $+ (68 - 58) =$ gedachte Zahl $+ 10 = 20$, also $20 - 10 =$ gedachte Zahl $= 10$
c) (gedachte Zahl $+ 17) + (34 + 55) - 10 =$ gedachte Zahl $+ 96 = 121$, also $121 - 96 =$ gedachte Zahl $= 25$
d) ((gedachte Zahl $+ 56) - 24) \cdot 2 =$ (gedachte Zahl $+ 32) \cdot 2 = 152$, also $152 : 2 - 32 =$ gedachte Zahl $= 44$

Schriftlich addieren und subtrahieren

Erforschen und Entdecken

Seite 51

1 *schriftliche Addition*
a) individuell verschieden
b) individuell verschieden; z.B.: $741 + 852 + 963 = 2556$
   Vertauscht man Ziffern an der gleichen Stelle innerhalb der Summanden, erhält man das gleiche Ergebnis.
c) individuell verschieden; z.B.: $147 + 258 + 369 = 774$
   Vertauscht man Ziffern an der gleichen Stelle innerhalb der Summanden, erhält man das gleiche Ergebnis.
d) größte Summe: Die Ziffern 1, 2, 3 kommen auf die Einerstelle, 4, 5, 6 auf die Zehnerstelle, 7, 8, 9 auf die Hunderterstelle.
   kleinste Summe: Die Ziffern 1, 2, 3 kommen auf die Hunderterstelle, 4, 5, 6 auf die Zehnerstelle, 7, 8, 9 auf die Einerstelle.
e) Es gibt mehrere Möglichkeiten, als Summe 999 zu erhalten:
   $134 + 267 + 598 = 999$; $134 + 276 + 589 = 999$; $125 + 376 + 498 = 999$; $152 + 369 + 478 = 999$
   Ziffern an gleichen Stellen können unter den Summanden beliebig vertauscht werden.

2 *Hinführung zur schriftlichen Subtraktion mit mehreren Subtrahenden*
a) Helena subtrahiert Möbelstück für Möbelstück, die Mutter berechnet erst die Gesamtausgaben und subtrahiert dann.
b) individuell verschieden; In der Regel sollte der zweite Weg einfacher in der Ausführung sein, da nur einmal subtrahiert werden muss.
c) Sie berechnet die Gesamtausgaben als Summe der Einzelausgaben.

3 *schriftliche Addition und Subtraktion*
① $567 + 2889 = 3456$; $678 + 3889 = 4567$; $789 + 4889 = 5678$
② $123 + 321 = 444$; $567 + 432 = 999$; z.B.: $234 + 543 = 777$
③ $987 - 789 = 198$; $876 - 678 = 198$; $765 - 567 = 198$; z.B.: $432 - 234 = 198$
a) ① Die Stellenwerte des ersten Summanden nehmen von links nach rechts zu, die entsprechenden Stellen des zweiten Summanden sind alle gleich bis auf die Einerstelle. Diese ist um 1 größer, um den fehlenden Zehnerübertrag zu kompensieren. Die Tausenderstelle des zweiten Summanden ist entsprechend gewählt.
② Beide Summanden enthalten die gleichen, aufeinander folgenden Ziffern, einmal in aufsteigender, einmal in absteigender Reihenfolge. Bei der Summation der einzelnen Stellen entsteht so immer das gleiche Ergebnis. Das funktioniert nur, wenn kein Zehnerübertrag auftaucht.
③ Minuend und Subtrahend enthalten die gleichen, aufeinander folgenden Ziffern, einmal in absteigender, einmal in aufsteigender Reihenfolge. Der Minuend hat also eine um 2 größere Hunderterstelle und eine um 2 kleinere Einerstelle. Die Differenz ist 198.
b) individuell verschieden

Basisaufgaben

Seite 52

1 *schriftliche Addition, Summanden stellengerecht notieren*
a) 7895 b) 30 311 c) 167 760 d) 1 177 909 e) 234 043 f) 43 584
g) 67 358 h) 54 015

Natürliche Zahlen addieren und subtrahieren

Seite 52

2 *schriftliche Subtraktion mit einem Subtrahenden, stellengerecht notieren mit Probe durch Addition*
a) 1164   **b)** 8691   **c)** 1 049 851   **d)** 32 728   **e)** 580 246

Seite 53

3 *schriftlich addieren, stellengerecht notieren*
a) 3705   **b)** 5802   **c)** 111 100   **d)** 1 004 706   **e)** 201 953

4 *schriftlich subtrahieren mit mehreren Subtrahenden, stellengerecht notieren, durch Umkehrrechnung überprüfen*
a) 28 733   **b)** 838   **c)** 16 008   **d)** 556 568   **e)** 50 993   **f)** 937 705

5 *schriftlich subtrahieren mit mehreren Subtrahenden, Überschlagsrechnung*
a) 44 515   **b)** 52 673   **c)** 6194   **d)** 329 390   **e)** 3557   **f)** 33 334
g) 64 891   **h)** 69 161

6 *schriftlich addieren*
a)   306 + 589 + 439 = **1334**   **b)**   408 + 1268 + 12 628 = **14 304**
       643 + 4926 + 3238 = **8807**   2732 + 3428 + 14 539 = **20 699**
       1274 + 1684 + 4370 = **7328**   31 925 + 91 346 + 4236 = **127 507**
       2223 + 7199 + 8047 = 17 469   35 065 + 96 042 + 31 403 = 162 510

7 *schriftlich addieren*

| 4689 | 4689 + 5678 | | 14 878 | 14 878 − 9283 | | 14 875 | 14 875 − 9182 | | 40 100 | 40 100 + 9679 |
| 10 367 | 10 367 + 4511 | | 5595 | 5595 + 9280 | | 5693 | 5693 + 34 407 | **49 779** |

8 *schriftlich subtrahieren*
a) 1297   **b)** 1700   **c)** 10 069   **d)** 9880   **e)** 1583
10 069 > 9880 > 1700 > 1583 > 1297
Lösungswort: MINUS

9 *Zuordnung Subtraktionsaufgaben – Addition der Subtrahenden und Subtraktion der vorher addierten Subtrahenden (ohne eigene Rechnung lösbar)*
a) gehört zu ③ und ⑥; Ergebnis: 51 294   **b)** gehört zu ⑤ und ⑦; Ergebnis: 392 349
c) gehört zu ② und ⑧; Ergebnis: 460   **d)** gehört zu ① und ④; Ergebnis: 3323

10 *Daten aus einem Sachzusammenhang entnehmen und schriftlich addieren*
Der Gesamtpreis beträgt 14 150 €.

Weiterführende Aufgaben

Seite 54

11 *Daten aus einem Sachzusammenhang entnehmen und verarbeiten (Addition und Subtraktion)*
Sondermodell inklusive Komfortpaket: 13 290 €
Komfortpaket einzeln: 1069 €
Grundpreis des Autos plus Komfortpaket: 12 690 € + 1069 € = 13 759 €
Preisunterschied: 13 759 € − 13 290 € = 469 €
Das Sondermodell ist 469 € günstiger.

12 *Daten aus einem Sachzusammenhang entnehmen und verarbeiten (Addition und Subtraktion)*
a) Kinobesucher insgesamt: 1071   **b)** unbesetzte Plätze: 433   **c)** Besucher in der vorigen Woche: 997

13 *Daten aus einem Sachzusammenhang entnehmen, überschlagen, umrechnen in eine kleinere Maßeinheit und addieren*
Überschlag mit glatten Eurobeträgen: 70 + 3 + 3 + 10 + 12 + 4 + 35 = 137
Genauer Betrag: 136,63 €
Wiebke und Max fehlen 6,63 €.

14 *Daten aus einem Sachzusammenhang entnehmen und verarbeiten (Subtraktion)*
a) Bestand nach dem ersten Vierteljahr: 1 265 890 Ziegelsteine
b) Bestand zu Beginn des Monats Juli: 545 005 Ziegelsteine
c) Bestand zu Beginn des nächsten Jahres: 324 395 Ziegelsteine

Natürliche Zahlen addieren und subtrahieren

Seite 54

15 *schriftliche Rechnungen auf Fehler hin untersuchen und berichtigen, Fehler beschreiben*
<u>Lisa</u> notiert die Überschläge, nimmt sie aber nicht mit in ihre weitere Berechnung.
Das richtige Ergebnis lautet 7643.
<u>Martin</u> vertauscht beim Aufschreiben die Ergebnisziffer und den Übertrag.
Das richtige Ergebnis ist 948. Außerdem hat er das Pluszeichen vor dem dritten Summanden vergessen hinzuschreiben.
<u>Emma</u> zieht bei jeder Stelle jeweils die kleinere von der größeren Ziffer ab anstatt immer die untere von der oberen. Das richtige Ergebnis lautet 2677.

16 *Lücken in schriftlichen Addition- und Subtraktionsaufgaben ergänzen*

a) 34   145   604   b) 3168   14219   c) 42168   216145   32598
   +22   +552   +396   −1829   −4928   − 469   − 2126   − 944
   ───   ────   ────   ─────   ─────   − 9214   − 9547   − 4322
    56   697   1000   1339   9291   ──────   ──────   ──────
                                                    32485   204472   27332

Seite 55

17 *Anwendung: Daten aus einer Tabelle entnehmen und verarbeiten (Addition und Subtraktion)*
a) Summe der Einwohner aller Bundesländer, jeweils auf Millionen gerundet:
   rund 82 Mio.
b) Die fünf bevölkerungsreichsten Länder haben ca. 54 643 000 Einwohner (gerundet auf Tausender). Das ist weit mehr als die Hälfte der Einwohnerzahl der gesamten Bundesrepublik (ca. 80 767 000).
c) Bayern, Rheinland-Pfalz und das Saarland haben zusammen etwa 17 000 Einwohner mehr als Nordrhein-Westfalen
d) Differenz zwischen NRW und Bremen: 16 915 000 Einwohner
e) Die geringste Differenz liegt zwischen Rheinland-Pfalz und Sachsen: 52 000 Einwohner
f) Überschlag (gerundet auf Tausender): 357 000 km^2 (exakt: 357 124 km^2)
g) In Berlin leben sehr viele Menschen auf relativ kleiner Fläche (Bevölkerungsdichte: ca. 3850 Einwohner pro km^2), in Mecklenburg-Vorpommern haben die Menschen am meisten Platz (Bevölkerungsdichte: ca. 70 Einwohner pro km^2).
h) individuell

18 *Anwendung: Daten aus einer Tabelle entnehmen und verarbeiten (Addition und Subtraktion)*
a) Es waren 165 541 807 Fluggäste.   b) Es waren 3 287 924 t Fracht.   c) München, Stuttgart und Köln/Bonn

Präsentationen üben: Was kosten Hobbys?

Seite 56

Die Schülerinnen und Schüler sollen hier Daten zu einem Thema (Kosten eines gewählten Hobbys) sammeln, bearbeiten, zusammenstellen und geeignet präsentieren.

1 – 3 projektorientierte Aufgaben mit Recherche-, Kommunikations- und Präsentationsanteilen

Vermischte Übungen

Seite 58

1 *Magische Quadrate: Zusammenhänge erkennen und nutzen*
a) Die Summe in jeder Richtung ist stets 15. Die „magische Zahl" ist 15.
b) Die Summe in allen Zeilen, Spalten und in den Diagonalen ist stets 34.

2 *Magische Quadrate: Zusammenhänge erkennen und nutzen*

a)   *15*
1	4	5	*10*
3	4	3	*10*
6	2	2	*10*
10	*10*	*10*	*7*

kein magisches Quadrat

b)   *15*
1	4	5	*15*
3	4	3	*15*
6	2	2	*15*
15	*15*	*15*	*15*

magisches Quadrat

3 *Magische Quadrate: Zusammenhänge erkennen und nutzen*

a)
1	6	5
8	4	0
3	2	7

b)
11	6	13
12	10	8
7	14	9

c)
17	15	10	26
19	17	22	10
24	12	17	15
8	24	19	17

d)
18	27	18	39
33	24	33	12
39	18	27	18
12	33	24	33

e)
32	4	6	26
10	22	20	16
18	14	12	24
8	28	30	2

f)
17	24	1	8	15
6	13	20	22	4
25	2	9	11	18
14	16	23	5	7
3	10	12	19	21

Natürliche Zahlen addieren und subtrahieren

Seite 58

4 *mit Fachbegriffen formulierte Aufgaben lösen*
a) $89 - 19 = 70$
b) $68 - 28 = 40$
c) Finden der Lösung über intuitives Probieren: Wären beide Summanden gleich groß, so wäre die Lösung einfach, nämlich 66. Nun soll aber einer davon größer sein, der andere kleiner und der Unterschied soll 10 betragen. Deshalb muss ein Summand 5 größer und einer 5 kleiner als 66 gewählt werden. Die beiden Summanden sind 71 und 61.
d) Minuend − Subtrahend = 35; Minuend = 2 · 35 = 70; 70 − Subtrahend = 35;
der Subtrahend ist 35.

5 *vorteilhaft rechnen (Addition)*
a) $(27 + 13) + 59 = 40 + 59 = 99$
b) $(28 + 12) + 94 = 40 + 94 = 134$
c) $(145 + 155) + 378 = 300 + 378 = 678$
d) $(286 + 214) + (573 + 207) = 500 + 780 = 1280$
e) $(622 + 378) + (185 + 435) = 1000 + 620 = 1620$
Lösungswort ANTON

6 *vorteilhaft rechnen (Addition)*
a) $(37 + 63) + (71 + 29) + (54 + 46) = 100 + 100 + 100 = 300$
b) $(88 + 32) + (27 + 23) + (29 + 41) = 120 + 50 + 70 = 240$
c) $(54 + 76) + (65 + 55) + (22 + 28) + 27 = 130 + 120 + 50 + 27 = 327$
d) $(89 + 111) + (98 + 112) + (35 + 65) + 28 = 200 + 210 + 100 + 28 = 538$
e) $(45 + 75) + (13 + 87) + (99 + 21) = 120 + 100 + 120 = 340$
f) $(34 + 86) + (12 + 18) + (77 + 33) = 120 + 30 + 110 = 260$
g) $(22 + 78) + (16 + 84) + (33 + 67) = 100 + 100 + 100 = 300$

Seite 59

7 *Werte in Rechenbäumen ergänzen*

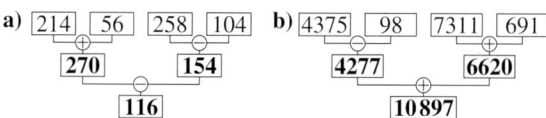

8 *Aufgaben mit Hilfe von Rechenbäumen lösen*

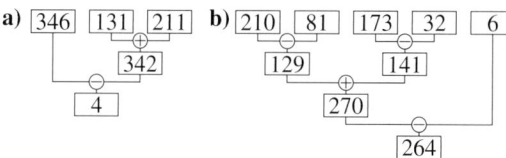

9 *Klammersetzung beachten*
a) $32 - 5 + 46 = 73$
b) $42 - 25 + 14 = 31$
c) $121 - 29 + 48 = 140$
d) $179 - 20 + 39 = 198$
e) $200 - 64 + 114 = 250$

10 *Ergebnisse von Aufgaben mit und ohne Klammern vergleichen*
a) $450 - (28 + 17) = 450 - 28 - 17 = 405$
$450 - (28 - 17) = 450 - 28 + 17 = 439$
b) $395 - (36 + 12) = 395 - 36 - 12 = 347$
$395 - (36 - 12) = 395 - 36 + 12 = 371$

11 *mit Fachbegriffen formulierte Aufgaben mit richtiger Klammersetzung notieren und lösen*
a) $(147 + 341) + (407 + 321) = 1216$
b) $(256 - 87) - (215 - 145) = 99$
c) $(345 - 256) + (567 - 456) = 200$
d) $(234 + 564) - (456 + 288) = 54$
e) $(456 + 738) - (567 - 222) = 849$

12 *schriftlich addieren*
a) 8688 b) 14 587 c) 19 460 d) 22 452 e) 23 811 f) 68 508 g) 926 084
Lösungswort: MILLION

13 *schriftlich subtrahieren*
a) 35 000 b) 5000 c) 71 000 d) 2655 e) 39 000 f) 1889 g) 65 624

14 *Lücken in schriftlichen Subtraktionsaufgaben ergänzen*

a) 52 348
 − 2276
 − *521*
  49 551

b) 14 733
 − 850
 − 2*857*
  11 026

c) 41 736
 − 351
 −*30 541*
  10 824

d) 671 868
 − 217 382
 − *781*
  453 705

Natürliche Zahlen addieren und subtrahieren

Seite 59

15 *Anwendung: Daten aus einem Text entnehmen, Kosten berechnen*
$702 + 1651 = 2353$; $2353 - 190 - 120 = 2043$ Die Klasse muss noch 2043 € aufbringen.

16 *Anwendung: Daten aus einem Text entnehmen, Kosten berechnen*
a) $1400 + 1200 + 1000 + 1600 = 5200$ Die Ausgaben betrugen zusammen 5200 €.
b) $9000 - 5200 = 3800$ Von den Einnahmen blieben 3800 € übrig.

Seite 60

Zahlen und Fakten aus der Fußball-Bundesliga

a) 3 150 428 Zuschauer

b) Hertha BSC: 282 451   Dortmund: 23 300   Bayern München: 34 000

c) 3325 Karten

d) 5 230 000 € Gewinn

e) $20 + 39 \cdot 2 = 98$ Plätze

f) $10 + 12 + 14 + ... + 48 = (10 + 48) + (12 + 40) + ... + (26 + 32) + (28 + 30) = 10 \cdot 58 = 580$
(Lösungsweg von Gauß; siehe Seite 47, Aufgabe 3)   Der Block hat insgesamt 580 Plätze.

g) $8000 \cdot 4 = 32\,000$ 32 000 Zuschauer würden auf den Rasen passen.
Für 48 645 Zuschauer wäre kein Platz mehr.

h) $80\,000 : 100 = 800$ Jedes Drehkreuz wird durchschnittlich von rund 800 Zuschauern passiert.

Daten

Noch fit?

Seite 64

1 *Vorgänger und Nachfolger finden*
a) 425; 427   b) 798; 800   c) 688; 690   d) 1098; 1100   e) 1328; 1330   f) 1508; 1510

2 *Zahlen der Größe nach ordnen*
$276 < 537 < 627 < 628 < 637 < 756 < 876 < 975$

3 *Nachbarhunderter und -tausender finden als Vorbereitung auf das Runden*
a) 600 und 700   b) 100 und 200   c) 400 und 500   d) 1000 und 2000
e) 2000 und 3000   f) 9000 und 10 000

4 *Verdoppeln und Halbieren*

a)
25 000	35 000	37 500	5250	5275	22 231	22 181	3887	4999
50 000	70 000	75 000	10 500	10 550	44 462	44 362	7774	9998
100 000	140 000	150 000	21 000	21 100	88 924	88 724	15 548	19 996

b)
10 000	7500	2501	3827	3333	1767	1106	789	33
20 000	15 000	5002	7654	6666	3534	2212	1578	66
40 000	30 000	10 004	15 308	13 332	7068	4424	3156	132

5 *Anwendung: Überschlagsrechnung*
1,00 € + 0,90 € + 0,40 € = 2,30 €

6 *einfache Quadrate zeichnen (Gitterpapier nutzbar)*
Zeichenübungen

8 *einfache Additions-, Subtraktions- und Divisionsaufgaben lösen*
a) 733   b) 200   c) 901   d) 7   e) 25   f) 17   g) 393   h) 518   i) 666   j) 27   k) 648   l) 3

9 *Längenangaben umrechnen von cm in mm*
a) 30 mm   b) 340 mm   c) 3000 mm   d) 30 000 mm   e) 304 mm   f) 3 mm   g) 34 mm
h) 3,4 mm   i) 3004 mm   j) 30 000,4 mm

Daten

Seite 64

Bunt gemischt
1. 90 m
2. $30 \cdot 40 = 40 \cdot 30 = 5 \cdot 240$
3. 36 Stunden
4. 8 Möglichkeiten
5. 8848 m

Daten erheben und auswerten

Erforschen und Entdecken

Seite 65

1 *Fragebogen und Auswertungsbogen anlegen*
handlungsorientierte Aufgabe

2 *Strichliste und Häufigkeitstabelle*
a) 12
b) 27
c) Anzahl der neun/elf/zwölf Jahre alten Kinder in der Klasse 5 d
d) Durch das Anlegen einer Strichliste können die einzelnen Häufigkeiten bestimmt werden. Durch die Summation kann die Gesamtzahl bestimmt werden. Bei Kenntnis der Gesamtzahl ist dies eine Kontrollmöglichkeit.
e) handlungsorientierte Aufgabe

3 *Aussagen zu einer Häufigkeitstabelle überprüfen*
a) wahr   b) falsch   c) wahr   d) nicht entscheidbar

4 *erste Ideen zur Vergleichbarkeit von Daten*
a) handlungsorientierte Aufgabe; mögliche Herangehensweise: Aufstellen einer geordneten Liste (Strichliste)

10 min	2
15 min	3
20 min	1
30 min	3
45 min	1
60 min	1

b) Leas Schulweg ist im Vergleich zu den anderen lang. Sie liegt sowohl über dem Median (20 min) als auch dem Mittelwert (ca. 25 min). Nur 2 Schülerinnen haben einen längeren Weg, 6 eine kürzeren und 2 einen gleich langen.

Basisaufgaben

Seite 67

1 *Strichliste mit Häufigkeitstabelle anfertigen*
individuell, wenn eigene Befragungsergebnisse genutzt werden hier bezogen auf die Daten von Seite 5

a)
Alter	Strichliste	Häufigkeit
10	‖‖‖ ‖‖‖ ‖‖‖	13
11	‖‖‖ ‖‖‖	10
12	‖‖‖	3
		insgesamt 26

b)
Schuh-größe	Strichliste	Häufigkeit
34	‖	2
35	‖‖	3
36	‖‖	3
37	‖‖‖ ‖‖‖	10
38	‖‖‖	4
39	‖‖	3
40	‖	1
		insgesamt 26

c)
Lieblings-farbe	Strichliste	Häufigkeit
schwarz	‖‖	3
lila	‖‖	3
orange	‖	1
grün	‖‖‖ ‖‖	8
blau	‖‖‖ ‖	6
rot	‖‖‖	5
		insgesamt 26

2 *Minimum und Maximum bestimmen*
Alle Angaben von a) bis c) sind individuell. Bezogen auf das Deckblatt ergeben sich folgende Ergebnisse:
a) Maximum: 12 Jahre; Minimum: 10 Jahre   b) Maximum: 40; Minimum: 34
c) Maximum: 30 min; Minimum: 5 min   d) Nein, da es keine „größer-kleiner-Beziehung" unter den Farben gibt.

Daten

Seite 67

3 *Minimum und Maximum bestimmen, Spannweite berechnen*
a) Maximum: 18 °C; Minimum: 2 °C b) Spannweite: 16 Grad

4 *Median bestimmen*
a) 6; 7; 8; 9; **11**; 15; 15; 16; 23   Median: 11
b) 2; 2; 2; 3; **3**; 3; 4; 6; 10   Median: 3
c) 1; 5; 9; 11; 12; **12**; 17; 17; 20; 22; 31   Median: 12
d) 11; 19; 34; **35**; **45**; 167; 212; 1008   Median: 40
e) 10; 11; 12; 12; 12; 14; 14; **17**; **23**; 24; 25; 56; 56; 67; 87; 89   Median: 20
Lösungswort: ATHEN (Griechenland)

5 *Minimum, Maximum, Spannweite, Median*
a) Maximum: 30 °C; Minimum: 3 °C b) Spannweite: 27 Grad c) Median aus: ... **14**; **18**; ...   Median: 16

6 *Median ermitteln*
10; 15; 20; 30; 30; 30; 45; 60; **60**; 70; 90; 90; 90; 90; 100; 120; 160

7 *Median ermitteln*
Lösungen, bezogen auf die Daten auf Seite 5 des Schülerbuches:
a) ... 20; 20; ...   Median: 20 b) ... 150; 151... Median: 150,5
c) ... 37; 37; ...   Median: 37 d) ... 10; 11; ... Median: 10,5

8 *Median ermitteln*
Lösungen, bezogen auf die Daten auf Seite 5 des Schülerbuches:
Mädchen: ... 152; ...   Jungen: ... 150; ...   Der Median für die Mädchen ist um 2 cm größer.

9 *Fachbegriffe in eigenen Worten erklären*
individuell; siehe auch Seite 66 des Schülerbuches

Methode: In Klassen einteilen

Seite 68

Werte werden sinnvoll zusammengefasst, so dass eine bessere Übersicht der Verteilung gegeben ist. Das ist vor allem auch beim Erstellen von Diagrammen hilfreich.

Weiterführende Aufgaben

10 *Daten in Klassen einteilen, Anfertigen einer Strichliste mit Häufigkeitstabelle*
Lösung auf Grundlage der Daten von Seite 63.
Klasseneinteilung individuell, z.B.:

Zeit für den Schulweg	Strichliste	Häufigkeit
0 min bis 10 min	⊦⊦⊦⊦ ⊦⊦⊦⊦ IIII	14
11 min bis 20 min	⊦⊦⊦⊦ ⊦⊦⊦⊦ III	13
21 min bis 30 min	⊦⊦⊦⊦ IIII	9
		insgesamt 36

11 *in eigenen Worten beschreiben, wie und warum Werte zusammengefasst werden*
Das Zusammenfassen der Werte sorgt für eine bessere Übersicht über die Verteilung. Das ist vor allem hilfreich, wenn viele verschiedene Werte auftreten, und nutzt beim Erstellen von Diagrammen. Man muss beachten, dass jeder Wert nur zu einer Klasse gehören darf. Meist wählt man gleich große Klassen.

12 *Fehler in einer Strichliste mit Häufigkeitstabelle erkennen*
a) Größen ungeordnet, Klassen unterschiedlich groß, Grenzen der Klassen doppelt (z.B. 154 cm)
b) ergibt sich aus a): Die Klassen müssen gleich groß sein und jede Grenze gibt es nur einmal, entweder als Ober- oder als Untergrenze.

13 *Angaben auf Grundlage des Gelernten abschätzen und die Einschätzung begründen*
Nein, denn wenn 45 der Median ist, muss mindestens die Hälfte der Schülerinnen und Schüler Schuhgröße 45 haben. Das ist unmöglich.

14 *Median anwenden und Ergebnisse vergleichen*
individuell

Seite 68

15 *Minimum auf Grundlage von Spannweite und Maximum berechnen*
Minimum: 36

16 *Datenreihen zu bestimmten Vorgaben erfinden*
Verschiedene Lösungen möglich, z.B.
a) 13 €; 15 €; 15 €; 21 €; 26 €; 28 €; 32 €; 35 €; 41 €; 43 €
b) 132 cm; 135 cm; 140 cm; 144 cm; 145 cm; 145 cm; 151 cm; 157 cm; 160 cm; 168 cm
c) 10 €; 12 €; 13 €; 17 €; 19 €; 20 €; 22 €; 25 €; 28 €; 30 €

17 *Median bestimmen; erkennen, wie sich der Median ändert, wenn die Datenreihe verändert wird*
geordnete Reihe: 12; 12; 17; 22; 34; 36; 46   Median: 22
a) neuer Median: 17   b) neuer Median: (22 + 34) : 2 = 28   c) neuer Median: (17 + 22) : 2 = 19,5
d) indem man vor und nach dem ursprünglichen Median gleich viele Werte ergänzt oder indem man noch ein- oder mehrmals den Wert 22 ergänzt

Daten darstellen

Erforschen und Entdecken

Seite 69

1 *verschiedene Säulendiagramme und Piktogramme*
a) individuell verschieden; Aus den Säulendiagrammen können nur ungefähre Werte entnommen werden. In den dargestellten Piktogrammen sind die Werte entweder angegeben oder direkt ablesbar.
b) Die Darstellung in Diagrammen dient der Übersichtlichkeit. Daten können schneller erfasst und besser verglichen werden.
c) In einem Säulendiagramm werden unterschiedliche Werte durch Säulen entsprechender Höhe dargestellt.
Ein Balkendiagramm ist ein „hingelegtes" Säulendiagramm. Die unterschiedlichen Werte werden durch Balken entsprechender Breite dargestellt.
Bei einem Streifendiagramm werden alle Werte nebeneinander in einem Streifen dargestellt. Die unterschiedlichen Werte werden durch Streifen entsprechender Breite dargestellt.

2 *Säulendiagramm erstellen, Vorgehen beschreiben*
individuell verschieden

Basisaufgaben

Seite 71

1 *Daten aus einem Säulendiagramm ablesen; Minimum, Maximum und Spannweite bestimmen*
a) individuelle Beschreibung; Wildschwein 18 Jahre; Kaninchen 6 Jahre; Hirsch 15 Jahre; Igel 7 Jahre; Fuchs 3 Jahre
b) Maximum: 18 Jahre; Minimum: 3 Jahre
c) Spannweite: 15 Jahre

2 *Daten aus einem Säulendiagramm ablesen; Minimum, Maximum und Spannweite bestimmen*
a) Anzahl der Nachkommen: Katze 16; Kaninchen 26; Meerschweinchen 13; Hamster 19; Hausmaus 31
b) Maximum: 31; Minimum: 13; Spannweite: 18

3 *Säulendiagramm erstellen und Aussagen bewerten*
a)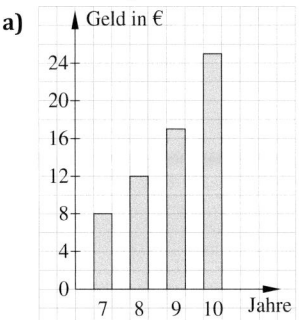
b) Da sich das Weihnachtsgeld bisher Jahr für Jahr erhöht hat, darf Maxi sich zu Weihnachten Hoffnungen auf eine erneute Erhöhung machen. Darauf verlassen kann man sich jedoch nicht.

4 *Daten aus einem Säulendiagramm ablesen; Minimum, Maximum bestimmen*
Höchstgeschwindigkeit in $\frac{km}{h}$: Gepard 110; Elch 60; Gazelle 80; Nashorn 50; Löwe ca. 55; Feldhase 80
Minimum: 50 (Nashorn); Maximum 110 (Gepard)

Daten

Seite 71

5 *Säulendiagramm erstellen*

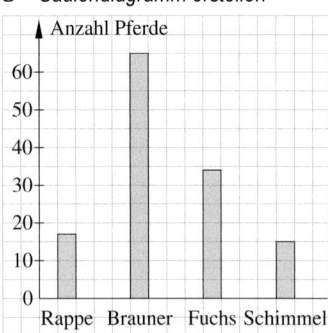

6 *Streifendiagramm auswerten*
a) Am häufigsten ist Grün vertreten, am wenigsten Weiß.   b) Rot: 10; Gelb: 8; Grün: 13; Weiß: 7; Orange: 12

7 *Daten aus einer Urliste entnehmen und in einem Streifendiagramm darstellen*

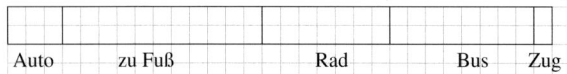

Methode: Piktogramme

Seite 72

Daten werden zum bildlichen veranschaulichen mit Hilfe von Symbolen oder Bildern dargestellt.

8 *Piktogramm überprüfen*
Ja, die Zahlen und Antworten passen zu den Urdaten.

9 *Säulendiagramm in ein Piktogramm übertragen*
individuell, z.B.: ☐ = 4 Nachkommen

Katze
Kaninchen
Meerschweinchen
Hamster
Hausmaus

10 *Darstellbarkeit von Säulendiagramm in ein Piktogramm untersuchen*
a) individuell; z.B.: Alle Diagramme können als Piktogramme dargestellt werden. Besonders gut eignen sich die Diagramme zu Aufgabe 2 und 6, da hier Anzahlen dargestellt werden.
b) individuell

Weiterführende Aufgaben

11 *Piktogramme untersuchen*
a) Die unterschiedliche Größe der Zeichen und die unterschiedlichen Abstände führen zu einer Verzerrung des Bildes, obwohl die Anzahl korrekt ist.
b) Sie hat unterschiedliche Zeichen gewählt, die Größe und Abstände geben aber die Anzahl korrekt wieder.
c) Die Zeichen erklären sich von selbst.

Seite 73

12 *Säulendiagramm erstellen; auf Hunderter runden*

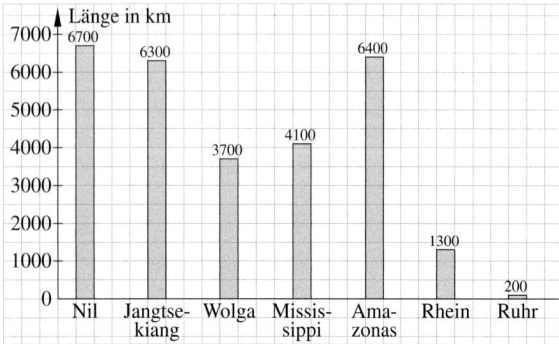

Seite 73

13 *Aussagen eines Diagramms in eigenen Worten wiedergeben*
individuell, z.B.: Aus dem Diagramm kann man ablesen, dass das Autobahnnetz von 1950 bis 2010 ständig wächst. In einzelnen Jahrzehnten wurde das Netz besonders stark erweitert: zwischen 1970 und 1980 und zwischen 1990 und 2000.

14 *Säulendiagramm erstellen, die gewählte Einteilung begründen*

a)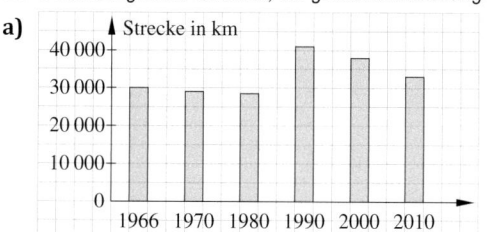

b) individuell; z.B.: Eine Einteilung in 5000er-Schritten scheint bei den gegebenen Werten sinnvoll. Es sind aber auch andere Einteilungen möglich.

c) Die Vergrößerung des Autobahnnetzes geht einher mit der Verringerung des Schienennetzes.

15 *Säulendiagramm erstellen bei sehr großen Zahlen, Piktogramm erstellen*

a) 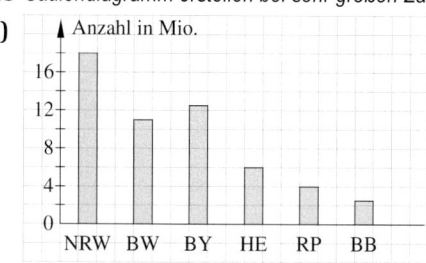   b)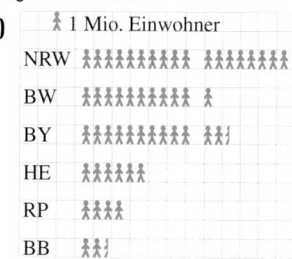

c) individuelle Antworten, z.B.: Beim Säulendiagramm kann man leichter die Zahlenwerte ablesen, das Piktogramm sieht „schöner" aus, ist ansprechender gestaltet, …

16 *Streifendiagramm und Säulendiagramm erstellen und Vor- und Nachteile angeben*

a) mögliche Darstellung:

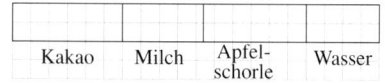

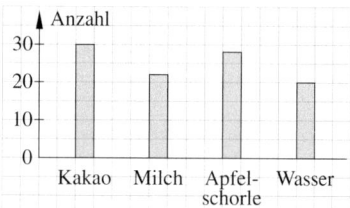

b) Am meisten wurde Kakao verkauft (30-mal), am wenigsten Wasser (20-mal).

c) individuell; z.B.: Bei einem Streifendiagramm kann man besser die Anteile der einzelnen Getränke am Gesamtverkauf ablesen, bei einem Säulendiagramm die einzelnen Mengen.

17 *statistische Kenngrößen bestimmen und Balkendiagramm erstellen*

a) Maximum: 21 °C (Juli); Minimum: 0 °C (Januar)   b) 21 Grad   c) 11,5 °C

d) mögliche Darstellung:

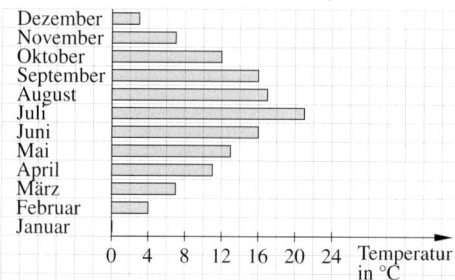

18 *Säulendiagramm erstellen*
mögliche Darstellung:

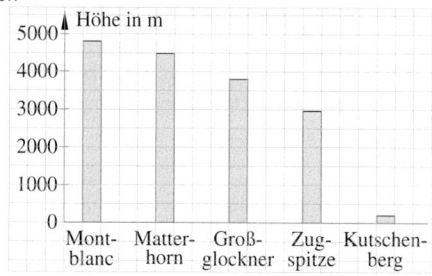

Seite 73

19 *Darstellbarkeit als Streifendiagramm untersuchen*
Es ergibt keinen Sinn, die Temperaturen als Streifendiagramm darzustellen, da es sich um keine Anteile an einem Ganzen handelt, sondern um einzelne unabhängige Daten, deren genaue Werte interessant sind.

Seite 74

20 *Säulendiagramm erstellen*
Vor dem Erstellen des Diagramms sollten die Werte (auf volle Zehner) gerundet werden.
mögliche Darstellung:

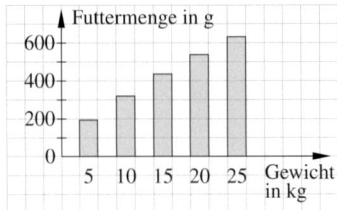

21 *Sachverhalte zu Diagrammen erfinden*
individuelle Antworten; z.B.:
a) Taschengeld   b) Einwohner
c) monatlicher Futterbedarf   d) Anzahl der Grundschulen

22 *Säulendiagramm und Piktogramm vergleichen*
Säulendiagramm: oft übersichtlicher, gewohnter, Zahlenwerte leichter ablesbar, ...
Piktogramm: interessanter, „schöner", aber meist aufwändiger zu zeichnen, ...
individuelle Entscheidungen für eine Diagrammart

23 *eigene Diagramme recherchieren und untersuchen*
Rechercheaufgabe mit individuell verschiedenen Ergebnissen

24 *Säulendiagramm oder Piktogramm erstellen*
individuell

25 *Fragestellungen zu vorgegebenen Daten erfinden*
individuell; z.B.:
Von welcher Tiergattung gibt es am meisten, von welcher am wenigsten Tiere im Berliner Zoo und wie groß ist der Unterschied? (am meisten Wirbellose, am wenigsten Kriechtiere, Unterschied 8247)
Wie viele Tiere gibt es durchschnittlich pro Art? (20 365 : 1504 = 13 Rest 813, also zwischen 13 und 14 Tiere)
Bei welcher Tiergattung gibt es durchschnittlich am meisten Tiere pro Art? (Bei den Wirbellosen mit durchschnittlich fast 26 Tieren pro Art)

26 *Vorüberlegungen zu einem Vortrag anstellen*
individuell

Methode: Säulendiagramme mit dem Computer erstellen

Seite 75

Auf dieser Seite wird die Methode zur Darstellung von Säulendiagrammen mit Hilfe eines Tabellenkalkulationsprogramms am Computer eingeführt. Dabei wird Schritt für Schritt erklärt, wie man aus gesammelten Daten ein Säulendiagramm erstellen kann.

Wir präsentieren uns am „Tag der offenen Tür"

Seite 76

Der „Tag der offenen Tür", an dem sich die Schule präsentiert, bietet die Möglichkeit, Schuldaten zu sammeln und auf großen Plakaten in Diagrammen zu veröffentlichen. Durch die Präsentation der eigenen Schule und Klasse in Diagrammen wird ein Bezug zur Lebenswelt der Schülerinnen und Schüler hergestellt.
Die Aufgaben regen an zum Suchen nach geeigneten Themen, Informationsquellen, Sammeln und Auswerten von Daten bis zum Entwerfen von Diagrammen, deren geeigneter Präsentation, aber auch zum Vereinbaren von Diensten und Anfertigen von Handzetteln.

Vermischte Übungen

Seite 78

1 *Median bestimmen*
Median: 38

2 *sinnvoll runden*
55 000 Zuschauer; 2 600 000 € Ablösesumme; 39 000 € Gehalt
Alle anderen Zahlen eignen sich nicht zum Runden.

3 *Fachbegriffe zuordnen*
Größenunterschied – Spannweite; durchschnittliche Schuhgröße – Median;
kleinste Füße – Minimum; ältester Schüler – Maximum

4 *Säulendiagramm interpretieren*
a), b) individuell
c) individuell; vermutlich wurden Daten gesammelt um zu schauen, ob bei den Eltern Aufklärungsbedarf über die Wichtigkeit eines Frühstücks für einen guten Start in den Tag besteht.

5 *Säulendiagramm erstellen*

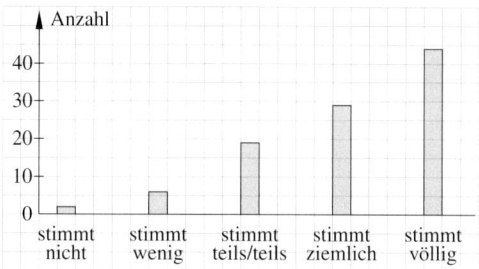

6 *Piktogramm erstellen*

verletzt wird mein Recht auf ...	
Spiel	👤👤👤👤👤👤👤👤👤👤
Kontakt zu beiden Eltern	👤👤👤👤👤👤
freie Meinungsäußerung	👤👤👤👤👤👤👤👤👤👤 ⌐
	👤 2 Antworten

7 *Mindmap zum gesamten Thema unter Verwendung aller Fachbegriffe erstellen*
individuelle Lösungen

Seite 79

8 *Datensammlungen in anderen Zusammenhängen*
a) Der Gewinner der letzten Runde darf ein Merkmal auswählen. Der Spieler, dessen Karte das Maximum aufweist, erhält die Karte des anderen Spielers.
b) individuell verschieden

9 *auf Werte zurück schließen*
a) Minimum 10 €
b) Median 15 €; Für die ersten sechs in der geordneten Liste kommen nur die Angaben 10 €, 11 €, 12 € 13 €, 14 € und 16 € in Frage.
Es könnten also höchstens der 7., 8., 9. und 10. Rang mehr als 20 € haben, also 4 von 10, und das sind nicht die meisten.
c) Nein, es gibt keine rechnerische Möglichkeit, die aus 17 € bis 24 € möglichen Angaben für den 7., 8. und 9. Rang zu berechnen.

10 *besondere Rekorde recherchieren (Maximum und Minimum)*
individuell

11 *Diagramme auf Fehler hin untersuchen*
a) Skalierung der y-Achse nicht korrekt (Zwischen dem Wert 0 und dem Wert 1000 müsste die Achse entsprechend gekennzeichnet werden.)
b) Achsen nicht beschriftet
c) Achsenbeschriftung vertauscht
d) Es handelt sich nicht um ein Säulendiagramm.

Seite 79

12 *Häufigkeitstabelle interpretieren*
Carla hat Recht. In der zweiten Zeile steht jeweils, wie oft die Note aus der ersten Zeile vorkommt.

Seite 80

Die Länder der Europäischen Union in Zahlen

a) an der Hunderttausenderstelle

b) Minimum Estland (1 300 000 Einwohner); Maximum Deutschland (80 500 000 Einwohner)

c) 79 200 000

d)
Einwohner (in Mio.)	Strichliste	Häufigkeit
bis 10 Mio.	ШШ	5
über 10 Mio. bis 20 Mio.	ШШ	5
über 20 Mio. bis 30 Mio.	–	0
über 30 Mio. bis 40 Mio.			1
über 40 Mio. bis 50 Mio.			1
über 50 Mio. bis 60 Mio.	–	0
über 60 Mio. bis 70 Mio.	|||	3
über 70 Mio. bis 80 Mio.	–	0
über 80 Mio. bis 90 Mio.			1

e) Einteilung der senkrechten Achse:
2 Kästchen entsprechen 10 Mio. Einwohner

Abkürzungen nach Kfz-Nationalitätszeichen:
B Belgien
D Deutschland
F Frankreich
GR Griechenland
GB Großbritannien
I Italien
NL Niederlande
PL Polen
P Portugal
E Spanien

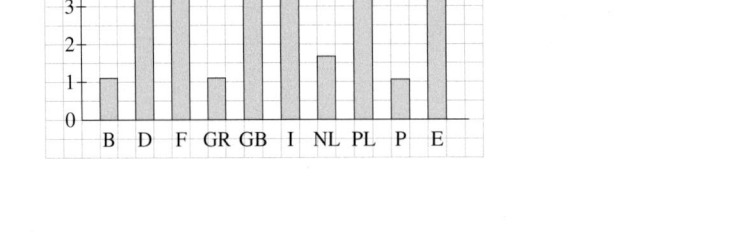

f) 111 850

g) Nein, die drei flächengrößten Länder sind Frankreich, Spanien und Schweden. Von der Zahl der Einwohner her liegt Frankreich auf Platz 2, Spanien auf Platz 5 und Schweden sogar nur auf Platz 13.

h) 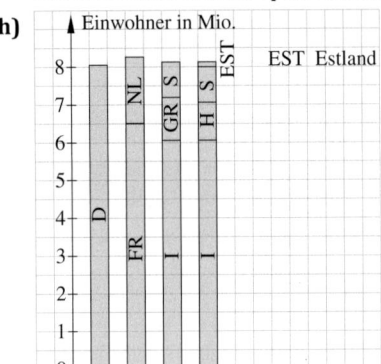 EST Estland

i) In Schweden gibt es pro Einwohner am meisten Fläche. Man könnte für jedes Land berechnen, wie viele Einwohner dort pro Quadratmeter leben. Doch die Schülerinnen und Schüler werden wahrscheinlich intuitiver vorgehen, z.B. schauen, welches Land mit großer Fläche gleichzeitig eher wenige Einwohner hat.

j) individuell

Natürliche Zahlen multiplizieren und dividieren

Noch fit?

Seite 84

1 *Fachbegriffe bei Addition und Subtraktion wiederholen*
a) 1. Summand: 812; 2. Summand: 188; Summe: 812 + 188; Wert der Summe: 1000
b) Minuend: 1000; Subtrahend: 188; Differenz: 1000 − 188; Wert der Differenz: 812

2 *Textaufgaben lösen*
a) 35 Rosen   b) 9 Rosen

3 *Malreihen „Kleines Einmaleins"*
a) 2; 4   b) 3   c) 2; 4; 8   d) 3; 9

4 *Lückenaufgaben: aus bekannten Lösungen die Lösung ähnlicher Aufgaben ableiten*
a) 4; 40; 400   b) 5; 50; 500; 5000   c) 8; 80; 800; 8000; 80 000

5 *Zahlen runden*
<u>728</u>: 730, 700; <u>12 048</u>: 12 000, 12 050; <u>791</u>: 790, 800; <u>2358</u>: 2400, 2000; <u>2657</u>: 2700, 3000

6 *Zahlenreihen: mathematische Strukturen erkennen*
a) 13; 16; 19 (immer +3)
b) 73; 80; 87 (immer +7)
c) 16; 22; 29 (+1; +2; +3; +4; +5; ...)
d) 11; 8; 12 (immer +4, dann −3)
e) (immer ·2, dann −1)
f) 13; 21; 34 (Fibonacci: Die folgende Zahl ergibt sich durch Addition der beiden letzten Zahlen.)

7 *Additionsmauern ausfüllen*

a) 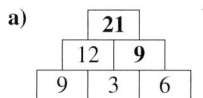   b) 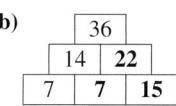   c) 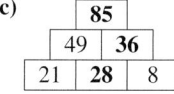   d)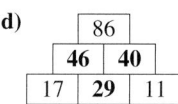

Bunt gemischt
1. Man rechnet 3 · 6 und hängt an das Ergebnis 7 Nullen an: 180 000 000.
2. größtmögliche Einwohnerzahl: 34 499; kleinstmögliche Einwohnerzahl: 33 500
3. a) falsch   b) richtig   c) richtig

Im Kopf multiplizieren und dividieren

Erforschen und Entdecken

Seite 85

1 *Hinführung zu Multiplikation und Division sowie Punkt- vor Strichrechnung*
a) Multiplikation: 4 · 14 = 56; Division: 60 : 4 = 15
   Die Einzelfahrkarten sind billiger.
   Die Herangehensweisen sind unterschiedlich: Bei der Multiplikation wird berechnet, welcher Preis für vier Einzelkarten zu bezahlen ist, das Ergebnis muss dann mit dem Preis einer Gruppenkarte verglichen werden. Bei der Divisionsaufgabe wird berechnet, welcher Anteil des Preises auf eine Person fällt, das Ergebnis muss dann mit dem Preis einer Einzelkarte verglichen werden.
b) Mia möchte direkt den Unterschied zwischen dem Preis für die Gruppenkarte und dem Preis für vier Einzelfahrkarten berechnen. Moritz beachtet jedoch nicht, dass Punkt-vor-Strichrechnung berechnet werden muss, sondern rechnet von rechts nach links und erhält so ein falsches Ergebnis.
   Das richtige Ergebnis ist 4, die Gruppenkarte kostet 4 € mehr als vier Einzelfahrkarten.
c) individuell verschieden

2 *Rechenbäume; Klammer- vor Punkt- vor Strichrechnung*

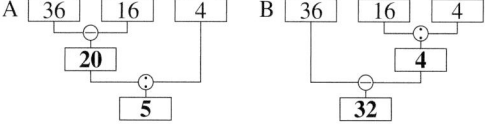

Natürliche Zahlen multiplizieren und dividieren

Seite 85

2 (Fortsetzung)
a) A ③; B ①
b) In der Aufgabe zu Rechenbaum B reichen die normalen Rechenregeln (Punkt- vor Strichrechnung) aus, in der zu Rechenbaum A müssen diese durch Klammersetzung umgangen werden.
c) individuell verschieden; Es bieten sich Aufgaben mit den Themen Abgeben, Aufteilen, Behalten an.
Beispiel für A: Max hat 36 Bonbons, 16 davon hat er schon gegessen, die restlichen teilt er mit 3 Freunden. Wie viele Bonbons erhält jeder?
Beispiel für B: Emil und seine 3 Geschwister wollen 16 Aufkleber verschenken. Jeder soll gleich viele dazu geben. Emil hatte vorher 36 Aufkleber gesammelt. Wie viele hat er jetzt noch?
d)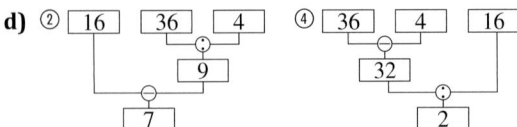

3 *Zahlenreihen; Quadratzahlen zum Erkennen mathematischer Strukturen*
a) Zeichenübung; 4. Stufe: Rand eines Quadrats mit 6 Kästchen Seitenlänge;
5. Stufe: 7 Kästchen

b)
Stufe	1.	2.	3.	4.	5.	8.	12.	100.
rote Kästchen	8	12	16	20	24	36	52	404
weiße Kästchen	1	4	9	16	25	64	144	10 000
alle Kästchen	9	16	25	36	49	100	196	10 404

c) Die Anzahlen der weißen Kästchen und die Gesamtzahl der Kästchen in der Stufe n sind Quadratzahlen (n^2 bzw. $(n + 2)^2$), die Anzahl der roten Kästchen ist die Differenz davon, also $4(n + 1)$ und somit immer ein Vielfaches der 4. Damit kann man die Fragen beantworten:
① Nein, da 42 kein Vielfaches der 4 ist.
② Ja, Stufe 11.
③ Nein, da 72 keine Quadratzahl ist.

Basisaufgaben

Seite 87

1 *gleiche Summanden mehrmals addieren*
a) $4 \cdot 5 = 20$ b) $6 \cdot 7 = 42$ c) $4 \cdot 11 = 44$ d) $5 \cdot 25 = 125$ e) $3 \cdot 37 = 111$ f) $5 \cdot 49 = 245$

2 *Fachbegriffe; Division als Umkehrung der Multiplikation nutzen*
a) 1. Faktor: $\underline{9} \cdot 7 = 63$ b) Dividend: $\underline{99} : 9 = 11$ c) 2. Faktor: $12 \cdot \underline{5} = 60$
d) Wert des Produkts: $12 \cdot 8 = \underline{96}$ e) Dividend: $\underline{45} : 3 = 15$ f) Divisor: $112 : \underline{7} = 16$
g) Wert des Quotienten: $78 : 6 = \underline{13}$ h) 1. Faktor: $\underline{13} \cdot 8 = 104$

3 *Produkte und Summen visualisieren*
a) $5 \cdot 2 = 10$ b) $6 \cdot 4 = 24$
   $5 + 5 = 10$ $6 + 6 + 6 + 6 = 24$
   $2 + 2 + 2 + 2 + 2 = 10$ $4 + 4 + 4 + 4 + 4 + 4 = 24$
c) $4 \cdot 4 = 16$ d) $8 \cdot 3 = 24$
   $4 + 4 + 4 + 4 = 16$ $8 + 8 + 8 = 24$
                             $3 + 3 + 3 + 3 + 3 + 3 + 3 + 3 = 24$

4 *Produkte visualisieren*
Zeichenübung von Rechtecken mit …
a) 2 Kästchen × 4 Kästchen   b) 7 Kästchen × 8 Kästchen   c) 6 Kästchen × 3 Kästchen
d) 10 Kästchen × 5 Kästchen

5 *halbschriftlich multiplizieren (auch zum Kopfrechnen im Unterricht geeignet)*
a) $70 + 35 = 105$ b) $180 + 63 = 243$ c) $60 + 48 = 108$ d) $80 + 56 = 136$
e) $180 + 24 = 204$ f) $100 + 15 = 115$ g) $320 + 4 = 324$ h) $350 + 63 = 413$
i) $700 + 49 = 749$ j) $3500 + 50 = 3550$ k) $27\,000 + 540 = 27\,540$ l) $48\,000 + 42 = 48\,042$

6 *mathematische Strukturen erkennen*
a) $4 \cdot 17 = 68$ b) $18 \cdot 3 = 54$ c) $6 \cdot 26 = 156$
   $4 \cdot 27 = 108$ $108 \cdot 3 = 324$ $7 \cdot 25 = 175$
   $4 \cdot 37 = 148$ $1008 \cdot 3 = 3024$ $8 \cdot 24 = 192$
   $4 \cdot 47 = 188$ $10\,008 \cdot 3 = 30\,024$ $9 \cdot 23 = 207$
   $4 \cdot 57 = 228$ $100\,008 \cdot 3 = 300\,024$ $10 \cdot 22 = 220$

Natürliche Zahlen multiplizieren und dividieren

Seite 87

7 *halbschriftlich dividieren (auch zum Kopfrechnen im Unterricht geeignet)*
a) 13   b) 42   c) 11   d) 24   e) 23   f) 53   g) 32   h) 308   i) 409   j) 505   k) 501   l) 360

8 *im Kopf multiplizieren und dividieren; Division als Umkehrung der Multiplikation*

·	7	9	12	5	20	8	3	10
4	**28**	36	**48**	20	**80**	32	**12**	40
6	**42**	**54**	72	**30**	**120**	48	**18**	**60**
12	**84**	**108**	144	**60**	**240**	96	**36**	120

9 *Klammer- vor Punkt- vor Strichrechnung beachten*
a) 64   b) 32   c) 400   d) 288   e) 4   f) 12   g) 8   h) 192

10 *Aufgaben visualisieren*
a) $4 \cdot 4 + 3 \cdot 3 = 16 + 9 = 25$; oder: $3 \cdot 7 + 4 = 21 + 4 = 25$; oder: $4 \cdot 7 - 3 = 28 - 3 = 25$
b) $2 \cdot 2 + 5 \cdot 4 = 4 + 20 = 24$; oder: $2 \cdot 6 + 3 \cdot 4 = 12 + 12 = 24$; oder: $5 \cdot 6 - 2 \cdot 3 = 30 - 6 = 24$
c) $6 \cdot 3 = 18$; oder: $4 \cdot 3 + 2 \cdot 3 = 12 + 6 = 18$; oder: $3 \cdot (4 + 2) = 3 \cdot 6 = 18$
d) $5 \cdot 3 + 2 \cdot 2 = 15 + 4 = 19$; oder: $7 \cdot 3 - 2 = 21 - 2 = 19$; oder: $2 \cdot 7 + 5 = 14 + 5 = 19$

11 *Aufgaben durch Muster veranschaulichen*
mehrere Lösungen möglich, z.B.   a)    b)    c)

12 *Aufgaben versprachlichen (Nutzung von Fachbegriffen)*
a) ③   b) ①   c) ④   d) ②

Methode: Rechenbäume Realsituationen zuordnen

Seite 88

Diese Seite ist besonders geeignet für die Einführung in das „Modellieren", da Situationen aus Sachaufgaben in mathematische Modelle (hier Rechenbäume) übersetzt werden und mathematischen Modellen eine passende Realsituation zugeordnet werden muss. Rechenbäume bieten den Vorteil, dass Zahlen strukturierter zusammengestellt werden und nicht in Termen verschwinden. Dadurch kann der Blick auf die inhaltliche Bedeutung einzelner Zahlen und Ergebnisse geschärft werden. Mithilfe der Rechenbäume können auch die „Vorfahrtsregeln" optisch verdeutlicht und wiederholt werden.

1
15 Kinder; 2-fache Grillspieße; 12 Erwachsene; 3-fache Grillspieße
$15 \cdot 2 + 12 \cdot 3 = 30 + 36 = 66$ Es werden 66 Grillspieße bestellt.

2
① Ⓑ 3 CDs zu 6 € und 2 CDs zu 8 €
② Ⓐ zwei 3-Bett-Zimmer und ein 6-Bett-Zimmer und ein 8-Bett-Zimmer
③ Ⓒ dreimal 6 km und einmal 8 km und alles verdoppelt

3
$3 \cdot 6 + 2 \cdot 8 = 18 + 16 = 34$ Punkt- vor Strichrechnung; $2 \cdot 3 + 6 + 8 = 6 + 14 = 20$ Punkt- vor Strichrechnung
$(3 \cdot 6 + 8) \cdot 2 = 26 \cdot 2 = 52$ Klammern zuerst; Punkt- vor Strichrechnung

4

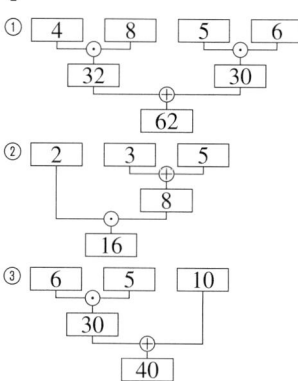

① vier Textaufgaben individuell
z.B.: Bei einem Ausflug teilen sich die Schüler der Klassen 5 a und 5 b in vier Achtergruppen und fünf Sechsergruppen ein.
Wie viele Schüler sind in den beiden Klassen zusammen?

② z.B.: Tim bekommt 3 € Taschengeld pro Woche und seine große Schwester Hanna 5 €.
Wie viel bekommen die beiden zusammen in zwei Wochen?

③ z.B.: Jan hat sich sechs Päckchen mit je fünf Fußballbildern gekauft. Von seinem Freund bekommt er noch einmal zehn Bilder geschenkt.
Wie viele Fußballbilder hat er nun?

④ z.B.: Frau Krause hat 65 Äpfel geerntet, 19 davon sind so faul, dass sie sie gleich wegwirft. Die restlichen Äpfel verteilt sie zu gleichen Teilen auf zwei Körbe.
Wie viele Äpfel liegen in einem Korb?

Weiterführende Aufgaben

Seite 89

13 *zu einem Rechenbaum den zugehörigen Term finden*

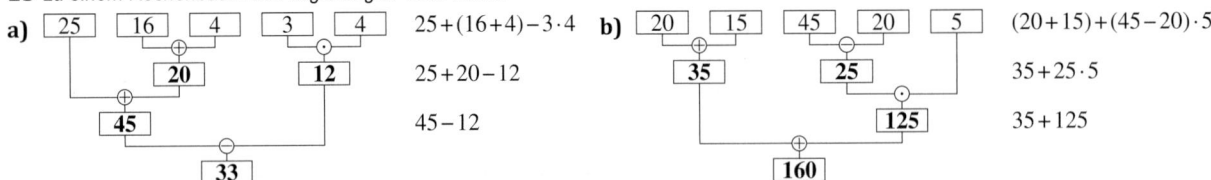

14 *zu einem Term den zugehörigen Rechenbaum zeichnen*
Zeichenübung Rechenbäume
- **a)** $42 + 28 = 70$
- **b)** $42 : 3 = 14$
- **c)** $6 - 4 = 2$
- **d)** $(42 - 28) \cdot 7 = 14 \cdot 7 = 98$
- **e)** $49 \cdot 3 = 147$
- **f)** $42 + 7 \cdot 11 = 42 + 77 = 119$

15 *Fachvokabular nutzen*
Lösungen individuell verschieden, z. B.
- **a)** Addiere das Produkt von 7 und 4 zur Zahl 42.
- **b)** Dividiere 42 durch die Differenz von 7 und 4.
- **c)** Subtrahiere 4 vom Wert des Quotienten aus 42 und 7.
- **d)** Subtrahiere das Produkt der Zahlen 7 und 4 von 42. Multipliziere das Ergebnis (den Wert der Differenz) mit 7.
- **e)** Multipliziere die Summe von 42 und 7 mit der Differenz der Zahlen 7 und 4.
- **f)** Addiere 42 zum Produkt der Zahl 7 mit der Summe der Zahlen 4 und 7.

16 *zu einem Text mit Fachvokabular einen Rechenbaum zeichnen*
Zeichenübung Rechenbäume
- **a)** $9 \cdot 16 - 29 = 115$
- **b)** $(128 - 56) : 8 = 9$
- **c)** $(18 + 22) \cdot (37 - 23) = 560$
- **d)** $17 \cdot 4 + 29 = 97$

17 *zu Realsituationen Rechenbäume finden und lösen*
- **a)** $120 + 30 \cdot 14 = 540$
- **b)** $(440 - 170) : 30 = 9$
- **c)** $15 \cdot 3 + 3 \cdot 5 = 60$
- **d)** $20 - (4 \cdot 2 + 3 \cdot 2{,}50) = 4{,}50$

18 *Notwendigkeit von Klammern;* **c)** *Müssen Klammern bei „Strichaufgaben" immer bleiben?*
h) *Dürfen Klammern bei „Punktaufgaben" immer gestrichen werden?*
- **a)** $7 \cdot 5 + 10$
- **b)** $28 - 15 : 3$
- **c)** $25 - 16 + 6 \cdot 2$
- **d)** $(13 - 4) \cdot (17 + 5)$
- **e)** $3 \cdot (4 + 5) - 8 : 2$
- **f)** $28 \cdot 3 : (15 - 8)$
- **g)** $11 \cdot 4 + 25 : 5$
- **h)** $5 \cdot 27 : (3 \cdot 3)$

19 *fehlende Zahlen in Aufgaben finden („naive" Hinführung zu Termumformungen)*
- **a)** $6 \cdot 17 = 102$, also ■ $= 6$
- **b)** $6 + 4 = 10$, also $18 : ■ = 6$, also ■ $= 3$
- **c)** $9 \cdot 12 = 108$, also ■ $+ 6 = 9$, also ■ $= 3$
- **d)** $120 : 15 = 8$, also $95 + ■ = 120$, also ■ $= 25$
- **e)** $51 - 8 = 43$, also ■ $\cdot 3 = 51$, also ■ $= 17$
- **f)** $112 : 8 = 14$, also $13 - ■ = 8$, also ■ $= 5$
- **g)** ■ $= 4$ (Knobeln oder Anwendung des Distributivgesetzes)
- **h)** ■ $= 16$ (Knobeln)

Seite 90

20 *Zusammenhänge untersuchen*
- **a)** Der Wert des Produkts verdoppelt sich.
- **b)** Der Wert des Produkts vervierfacht sich.
- **c)** Der Wert des Produkts verändert sich nicht.

21 *Zusammenhänge untersuchen*
- **a)** Der Wert des Quotienten verdoppelt sich.
- **b)** Der Wert des Quotienten verdoppelt sich.
- **c)** Der Wert des Quotienten verändert sich nicht.
- **d)** Der Wert des Quotienten vervierfacht sich.

22 *aus bekannten Lösungen die Lösungen ähnlicher Aufgaben ableiten*
$250 : 50 = 50 : 10 = 25 : 5 = 100 : 20$
$500 : 10 = 250 : 5 = 1000 : 20 = 750 : 15$
$50 : 5 = 500 : 50 = 100 : 10 = 200 : 20$
Vervielfacht man Dividend und Divisor mit der gleichen Zahl, so ändert sich der Wert des Quotienten nicht.

23 *Bedeutung der Null in Produkten und Quotienten*
- **a)** Richtig, z. B. $4 \cdot 0 = 0$
- **b)** Falsch, denn die Division durch 0 ist nicht definiert.
- **c)** Falsch, es gilt zwar z. B. $0 : 4 = 0$, aber $0 : 0$ ist nicht definiert. Die Aussage gilt nur für Divisoren ungleich 0.

Natürliche Zahlen multiplizieren und dividieren

Seite 90

24 *Bedeutung der Null bei Grundrechenarten*
a) 0   b) 0   c) 0   d) nicht def.   e) 8   f) 8   g) 0   h) 0   i) nicht def.

25 *Muster in Zahlenreihen erkunden*
a) ..., 15, 18, 21 (Dreierreihe; immer + 3)
b) ..., 30, 25, 20 (Fünferreihe rückwärts, immer − 5)
c) ..., 16, 32, 64 (immer verdoppeln)
d) ..., 24, 12, 6 (immer halbieren)
e) ..., 36, 108, 54 (abwechselnd halbieren und mit 3 multiplizieren)
f) ..., 23, 92, 87 (abwechselnd mit 4 multiplizieren und 5 subtrahieren)

26 *Muster und Zahlenreihen erkunden*
a) Zeichenübung; Figur 4: Rechteckrand aus 7 x 6 Kästchen; Figur 5: Rechteckrand aus 8 x 7 Kästchen
b) Regelmäßigkeiten für ... weiß: $1 \cdot 2$; $2 \cdot 3$; $3 \cdot 4$; ... (oder + 8; + 10; + 12; + 14; ...)
       alle: $3 \cdot 4$; $4 \cdot 5$; $5 \cdot 6$; ... (oder + 4; + 6; + 8; ...)
       orange: alle − weiß (oder immer + 4)

	1	2	3	4	5	6	7
weiß	2	6	12	20	30	42	56
orange	10	14	18	22	26	30	34
alle	12	20	30	42	56	72	90

c) Nein, denn die Anzahl der orangen Kästchen ist zwar gerade, aber nie durch 4 teilbar.
d) 11; 12
e) Die 100. Figur hat 10 100 weiße Kästchen, die 98. Figur hat insgesamt 10 100 Kästchen.

27 *naive Hinführung zu „Funktionen"*

		1	2	3	4	5
a)	$(x + 10) \cdot 8$	88	96	104	112	120
b)	$(11 − x) \cdot 13$	130	117	104	91	78
c)	$120 : (x + 1)$	60	40	30	24	20
d)	$x \cdot 4 − 3$	1	5	9	13	17
e)	$x \cdot x$	1	4	9	16	25

28 *Vereinfachung beim Kopfrechnen: Multiplikation mit 5*
a) individuell verschieden, z.B.: $18 \cdot 5 = 180 : 2 = 90$
                                 $76 \cdot 5 = 760 : 2 = 380$
b) $18 \cdot 5 = 18 \cdot (10 : 2) = (18 \cdot 10) : 2$ (gilt auch für jede andere Zahl)   Verwendung des Assoziativgesetzes

Schriftlich multiplizieren und dividieren

Erforschen und Entdecken

Seite 91

1 *Möglichkeiten der Multiplikation (halbschriftlich, schriftlich, mit Malstreifen)*
a) Tara zerlegt die Aufgabe übersichtlich in einer Tabelle in sechs einfachere Malaufgaben, in denen nur noch Einer, glatte Zehner, Hunderter, ... vorkommen. Dann muss sie noch drei Additionsaufgaben rechnen. Dieser Rechenweg ist sehr übersichtlich, gut nachvollziehbar und besteht aus einfacheren Rechnungen, macht aber viel Schreibarbeit.
Robin rechnet zwei Malaufgaben und eine Additionsaufgabe, das ist kurz, wenig Schreibarbeit, aber man verrechnet sich leichter, z.B. wenn man die Überträge in den Malaufgaben vergisst.
Charlottes Rechnung (Rechnen mit Napierstäbchen) dürfte eher unbekannt und daher verwirrend sein. Ein genauer Vergleich mit Taras Methode zeigt, dass in den einzelnen Feldern der Stäbchen genau Taras Zwischenergebnisse stehen. Die Methoden ähneln sich sehr, Charlottes Schreibweise ist etwas kompakter und sie muss nur acht Malaufgaben des kleinen Einmaleins rechnen und dann stellenweise „schräg" addieren.
individuelle Antworten zur Nachvollziehbarkeit
b) Entfernt man die obere (3.) Zeile, so erhält man 53 161.
c)

·	4000	100	70	3	
50	200 000	5000	3500	150	208 650
2	8000	200	140	6	8346
					216 996

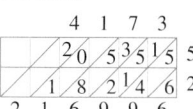

d) Wahl der Methode und Begründung individuell verschieden; Ergebnis 432 423

Natürliche Zahlen multiplizieren und dividieren

Seite 91

2 *Möglichkeiten der Division (halbschriftlich, schriftlich)*
a) individuell verschieden; Der Trainer rechnet halbschriftlich, indem er den Dividenden in zwei Zahlen zerlegt, die durch 15 teilbar sind. Je nach Divisor kann es schwierig sein, solche Zahlen zu finden. Hier sieht man aber gut, wie im Einzelnen gerechnet wird, auch wenn es etwas mehr Schreibarbeit bedeutet.
Der Cotrainer dividiert in einem Schritt, hier muss man höchstens mit den Vielfachen des Divisors bis zum Zehnfachen umgehen. Die Rechnung ist kürzer, aber man sieht nicht mehr so gut, was dort eigentlich passiert.
b) $984 : 8 = 126$

```
    8        Die Methode des Trainers ist hier nur
   18        anwendbar, wenn man geschickt zerlegt:
   16            800 : 8 = 100
   48            160 : 8 =  20
   48             24 : 8 =   6
    0            984 : 8 = 126
```

3 *Überschlagsrechnungen (mathematisch korrekt in Vergleich zu gleich- und gegensinnig)*
a) Bei der Überschlagsrechnung $300 \cdot 400$ wurden mathematisch korrekt gerundet.
b) $365 \cdot 252 = 91\,980$; $91\,980$ min $= 1533$ h $= 63$ Tage 21 h
c) Die Überschlagsrechnung $300 \cdot 300$ kommt dem genauen Ergebnis am nächsten. Da beide Faktoren relativ mittig in ihrem Hunderterintervall liegen, führt zweimaliges Aufrunden dazu, dass das Ergebnis der Überschlagsrechnung sehr groß wird. Rundet man einmal ab (auch wenn es mathematisch falsch ist), gleicht das starke Abrunden das starke Aufrunden in etwa aus und das Rundungsergebnis kommt dem realen Ergebnis näher.
d) ① $400 \cdot 700$ ② $400 \cdot 700$ ③ $600 \cdot 500$ ④ $300 \cdot 600$
e) Beim Überschlag ist es nicht immer sinnvoll mathematisch korrekt zu runden. Liegen bei einem Produkt beide Faktoren in der „Mitte" eines Rundungsintervalls, sollten die Faktoren gegensinnig abgeschätzt werden, d.h. dass eine Zahl vergrößert und die andere verkleinert wird.

Basisaufgaben

Seite 93

1 *halbschriftlich multiplizieren (auch schriftliche Multiplikation möglich)*
a) $200 \cdot 6 = 1200$ b) $300 \cdot 6 = 1800$ c) $600 \cdot 7 = 4200$ d) $600 \cdot 9 = 5400$ e) $200 \cdot 16 = 3200$ f) $100 \cdot 30 = 3000$
$\ 30 \cdot 6 = 180$ $\ 40 \cdot 6 = 240$ $\ \underline{\ 5 \cdot 7 = 35\ }$ $\ \underline{\ 5 \cdot 9 = 45\ }$ $\ 10 \cdot 16 = 160$ $\ \underline{\ 7 \cdot 30 = 210\ }$
$\ \underline{\ 4 \cdot 6 = 24\ }$ $\ \underline{\ 5 \cdot 6 = 30\ }$ $605 \cdot 7 = 4235$ $605 \cdot 9 = 5445$ $\ \underline{\ 6 \cdot 16 = 96\ }$ $107 \cdot 30 = 3210$
$234 \cdot 6 = 1404$ $345 \cdot 6 = 2070$ $216 \cdot 16 = 3456$

2 *schriftlich multiplizieren mit Überschlag (ohne Nullen, da diese bei Schülern oftmals zu Schwierigkeiten führen)*
a) $(300 \cdot 30 = 9000)$ $10\,395$ b) $(900 \cdot 70 = 63\,000)$ $66\,374$ c) $(200 \cdot 800 = 160\,000)$ $153\,755$
d) $(800 \cdot 900 = 720\,000)$ $766\,104$ e) $(900 \cdot 300 = 270\,000)$ $289\,068$ f) $(5000 \cdot 30 = 150\,000)$ $151\,616$

3 *schriftlich multiplizieren (häufige Verwendung der Null; Vergleich der Lösungen nutzen, um Fehlerquellen zu diagnostizieren)*
a) $243\,972$ b) $293\,304$ c) $245\,412$ d) $1\,098\,636$ e) $430\,950$ f) $203\,907$ g) $1\,421\,000$
h) $40\,745$ i) $794\,31$
STOCKHOLM (Schweden)

4 *mehrfach hintereinander multiplizieren, zum Teil schriftlich*
a) 48; 240; 1440; $10\,080$; $80\,640$; $725\,760$; $7\,257\,600$ b) 24; 144; 1152; $11\,520$; $138\,240$; $1\,935\,360$
c) 40; 360; 2880; $20\,160$; $120\,960$; $604\,800$; $2\,419\,200$ d) individuell verschieden

5 *Überschlagsrechnung bei der Multiplikation nutzen (gegensinniges Abschätzen)*
a) $300 \cdot 500$ b) $400 \cdot 500$ c) $300 \cdot 600$ d) $400 \cdot 500$ e) $400 \cdot 500$

6 *Lücken in schriftlichen Divisionsaufgaben ergänzen*
a) $5142 : 6 = 857$ b) $7240 : 8 = 905$ c) $5040 : 9 = 560$ d) $6181 : 7 = 883$

```
   48                72                  45                56
   34                04                  54                58
   30                 0                  54                56
   42                40                  00                21
   42                40                                    21
    0                 0                                     0
```

7 *schriftlich dividieren mit Überschlagsrechnung und Probe*
a) $(9600 : 3 = 3200)$ 3245 b) $(9600 : 4 = 2400)$ 2456 c) $(6500 : 5 = 1300)$ 1313
d) $(7200 : 6 = 1200)$ 1221 e) $(7700 : 7 = 1100)$ 1122 f) $(7500 : 3 = 2500)$ 2545
g) $(8400 : 7 = 1200)$ 1240 h) $(8800 : 8 = 1100)$ 1104 i) $(9000 : 9 = 1000)$ 1024

Natürliche Zahlen multiplizieren und dividieren

Seite 93

8 *schriftlich dividieren mit Überschlagsrechnung und Probe*
a) (4900 : 7 = 700) 658
b) (6400 : 8 = 800) 785
c) (4000 : 5 = 800) 859
d) (1500 : 3 = 500) 560
e) (6300 : 9 = 700) 698
f) (4000 : 8 = 500) 504
g) (6300 : 7 = 900) 950
h) (8000 : 5 = 1600) 1609
i) (40 000 : 4 = 10 000) 9878
j) (80 000 : 8 = 10 000) 9650
k) (27 000 : 3 = 9000) 9509
l) (49 000 : 7 = 7000) 6895

9 *schriftlich dividieren mit Nullen im Dividenden, z.T. zweistelliger Divisor*
a) 2005
b) 28 002
c) 50 000
d) 2 030 040
e) 9 008 007
f) 908 706
g) 15 430
h) 60 305

10 *erste Textaufgabe mit einfacher Rechnung*
Beim Haus Müller kostet das Zimmer nur (180 : 5) 36 € am Tag. Es ist also billiger.
Fünf Tage in Pension Weitsicht kosten hingegen (37 · 5) 185 €.

Seite 94

11 *Ergebnisse beurteilen mit Hilfe von Überschlagsrechnungen*
Falsch sind **a)**, **b)**, **d)** und **f)**.

12 *Knobeleien an Multiplikationsmauern*
a) 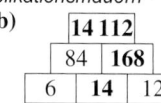 b) 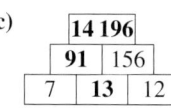 c) 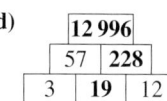 d)

	12 996	
57	228	
3	19	12

13 *Kreuzzahlrätsel zur Multiplikation und Division*

	2	5	5	
5	0	4		9
4		2	7	9
	6	5	6	

14 *schriftlich multiplizieren (lange Aufgaben mit „schönen" Ergebnissen)*
a) 777 777
b) 12 345 678 987 654 321

15 *Bedeutung der Null im Divisor erkennen*
Das erste Ergebnis ist jeweils das Zehnfache des zweiten Ergebnisses.
a) 5610 und 561
b) 6650 und 665
c) 9850 und 985
d) 5640 und 564

16 *schriftlich multiplizieren; Lösungen aus bereits bekannten Aufgaben ableiten*
a) 665; 6650; 665
b) 784; 7840; 78 400
c) 5640; 5640; 56 400

17 *Textaufgabe (Multiplikation und Division gemischt)*
a) Lukas und seine Freunde zahlen zusammen 21 €.
b) Lukas ist 875 m geschwommen.
c) Zur Gruppe gehören 3 Kinder und 4 Erwachsene.

18 *Textaufgabe (Multiplikation)*
8492 €

19 *Textaufgabe (Division)*
Man kann ungefähr 160 Plätzchen backen.

20 *Textaufgabe (Multiplikation), Fragestellung selbst finden*
Wie viel Geld sammelt Herr Löser ein? Antwort: 3588 €

21 *Textaufgabe (fortgesetzte Multiplikation), Zeiten umrechnen*
a) 4200-mal
b) 100 800-mal
c) 3 024 000-mal (bei 30 Tagen)
d) 36 792 000-mal (bei 365 Tagen)

22 *Textaufgabe (Division)*
a) 2727 km
b) 1818 km

Weiterführende Aufgaben
Seite 95

23 *Division mit zweistelligem Divisor*
a) 951 b) 832 c) 7309 d) 3154 e) 909 f) 46 029 g) 564 h) 401
i) 456 j) 380

24 *Division mit Rest, Reste finden*
a) Rest 2 b) kein Rest c) kein Rest d) kein Rest e) Rest 4 f) Rest 7 g) Rest 4
h) kein Rest i) kein Rest

25 *Division mit Rest*
a) 568 Rest 3 b) 3703 Rest 2 c) 947 Rest 5 d) 35 449 Rest 2 e) 2485 Rest f) 6253 Rest 4

26 *Knobeln, Ausprobieren, Überschlagen bei Multiplikationsmauern*

a)
756

21	36

7	3	12

b)
10 368

72	144

4	18	8

27 *Multiplikationsmauern selbst erfinden mit Hilfe von Knobeln, Ausprobieren, Überschlagen*
individuell verschieden
a) Im mittleren Stein der unteren Reihe muss eine 2, 5 oder 10 stehen.
b) In der unteren Reihe muss genau eine ungerade Zahl am Rand stehen.
c) In der unteren Reihe muss genau eine ungerade Zahl in der Mitte stehen.

28 *Rechenfehler finden bei Aufgaben zur schriftlichen Multiplikation*
a) Die Einzelergebnisse wurden ausgeschrieben, statt einen Übertrag zu machen.
b) Die 476 steht eine Stelle zu weit links.
c) Die Multiplikation mit 0 wurde durch eine mit 1 ersetzt.
d) Sämtliche Multiplikationen sind falsch.
e) Die Überträge wurden vergessen.

29 *Rechenfehler finden bei Aufgaben zur schriftlichen Division*
a) Da zwei Fünfen nach unten geschrieben wurden, hätte im Ergebnis eine 0 eingefügt werden müssen. Das richtige Ergebnis ist 605.
b) Der erste Rest ist zu groß (Rest 5 bei der Division durch 4), weil die erste Ziffer des Ergebnisses falsch bestimmt wurde. Das richtige Ergebnis ist 431.
c) Es wurde nicht zu Ende gerechnet, die Einerstelle wurde vergessen. Das richtige Ergebnis ist 961.

30 *Lösungen aus bereits bekannten Aufgaben ableiten (Muster erkennen)*
① 625; ② 624; ③ 621; ④ 616; ⑤ 609; ⑥ 600
a) Man erkennt die Regelmäßigkeit -1; -3; -5; ... Daher ergeben sich für die folgenden Aufgaben die Ergebnisse 589 und 576.
b) Das Verfahren klappt auch für $50 \cdot 50$ und andere Beispiele. Hintergrund ist die Tatsache, dass die Differenzen aufeinander folgender Quadratzahlen die Folge der ungeraden Zahlen bilden.

31 *Lösungen aus bereits bekannten Aufgaben ableiten (Muster erkennen)*
a) 1 b) 121 c) 12 321 d) 1 234 321; 1 234 567 654 321

32 *Bedeutung der Stellenwerte*
a) $853 \cdot 764 = 651\,692$
Damit die Faktoren möglichst groß werden, müssen die 8 und 7 in die Hunderterstelle, die 6 und 5 in die Zehnerstelle und die 4 und 3 in die Einerstelle. Damit das Produkt möglichst groß wird, verteilt man die jeweils größere Zehner- und Einerstelle so, dass sie mit der größeren Hunderterstelle multipliziert wird.
b) $357 \cdot 468 = 167\,076$
Die Argumentation ist ähnlich wie oben. Damit das Produkt möglichst klein wird, wird die jeweils größere zur Verfügung stehende Zehner- und Einerstelle der Zahl mit der größeren Hunderterstelle zugeordnet, damit sie mit der kleineren Hunderterstelle multipliziert wird.

33 *gerade und ungerade Zahlen multiplizieren*
a) gerade b) ungerade c) kleiner als 200

Potenzen

Seite 96

Die Definition von Potenzen, Zerlegungen in Potenzschreibweise und einfache Rechnungen mit Potenzen werden zusammengefasst.

1
a) $2^6 = 64$ b) $4^3 = 64$ c) $10^4 = 10\,000$ d) $3^4 = 81$ e) $1^7 = 1$ f) $12^2 = 144$

2
a) $5 \cdot 5 = 25$ b) $10 \cdot 10 \cdot 10 \cdot 10 = 10\,000$ c) $3 \cdot 3 \cdot 3 = 27$ d) $2 \cdot 2 \cdot 2 \cdot 2 \cdot 2 \cdot 2 = 64$
e) $1 \cdot 1 \cdot 1 \cdot 1 \cdot 1 \cdot 1 \cdot 1 \cdot 1 \cdot 1 \cdot 1 \cdot 1 \cdot 1 = 1$

3
a) $9 = 3^2$ b) $36 = 6^2$ c) $125 = 5^3$ d) $1000 = 10^3$ e) $64 = 8^2 = 4^3 = 2^6$ f) $81 = 9^2 = 3^4$
g) $225 = 15^2$ h) $121 = 11^2$

4
a) $3 \cdot 4 < 3^4$ b) $10^4 > 10 \cdot 4$ c) $2 \cdot 5 < 5^2$ d) $7^2 = 7 \cdot 7$ e) $1 \cdot 8 = 8^1$ f) $4^3 = 2^6$
   $12 < 81$ $10\,000 > 40$ $10 < 25$ $49 = 49$ $8 = 8$ $64 = 64$

5
a) $2^2 - 1^2 = 4 - 1 = 3$ Die Ergebnisse wachsen in   b) $10^2 - 10^1 = 100 - 10 = 90$ Die Ergebnisse sind
   $3^2 - 2^2 = 9 - 4 = 5$ jedem Schritt um 2, es sind $10^3 - 10^2 = 900$ immer eine 9 mit der
   $4^2 - 3^2 = 16 - 9 = 7$ alle ungeraden Zahlen die $10^4 - 10^3 = 9000$ Anzahl Nullen wie der
   $5^2 - 4^2 = 25 - 16 = 9$ größer als 1 sind. $10^5 - 10^4 = 90\,000$ Exponent des
   $6^2 - 5^2 = 36 - 25 = 11$ $10^6 - 10^5 = 900\,000$ Subtrahenden.

6
a) Nach jeder Stunde hat sich die Anzahl an Personen die das Gerücht kennen verdoppelt, also ist sie nach 6 Stunden 2^6-fach so hoch wie am Anfang, also 64-fach. Am Anfang kannten 2 Personen das Gerücht, also kennen nach 6 Stunden 128 Personen das Gerücht.
Anfang 2; 1. Stunde $2^2 = 4$; 2. Stunde $2^3 = 8$; 3. Stunde $2^4 = 16$; 4. Stunde $2^5 = 32$; 5. Stunde $2^6 = 64$; 6. Stunde $2^7 = 128$
b) Nach 6 Stunden kennen es 128 Personen, nach 7 Stunden 256, nach 8 Stunden 512 und nach 9 Stunden 1024. Es dauert also etwa 9 Stunden, bis über 800 Personen das Gerücht kennen.

7
Nach 6 Stunden befinden sich $3^6 = 729$ Keime im Wasser.

Rechengesetze sinnvoll nutzen

Erforschen und Entdecken

Seite 97

1 *Kommutativgesetz der Multiplikation*
a) Die ersten beiden und die letzten beiden Aufgaben liefern jeweils das gleiche Ergebnis, nämlich 98 968 und 40 179. Die Reihenfolge der Faktoren kann also vertauscht werden.
b) Für die Division gilt das nicht. Als Gegenbeispiel kann jede Division dienen, bei der Dividend und Divisor unterschiedlich sind.

2 *Assoziativgesetz*
a) Beide Aussagen sind richtig, sie führen auf unterschiedliche Multiplikationsaufgaben, die beide zum richtigen Ergebnis führen.
b) $3 \cdot 4 \cdot 2 = 24$
c) Betrachtet man z.B. vier nebeneinander stehende Mauern mit je 3×2 Steinen, so ergibt sich:
$4 \cdot 3 \cdot 2 = 24$. Ebenfalls möglich sind die Rechnungen $2 \cdot 3 \cdot 4 = 24$ oder $3 \cdot 2 \cdot 4 = 24$ oder $4 \cdot 2 \cdot 3 = 24$
d) Assoziativgesetz
e) Man kommt zum gleichen Ergebnis: $\quad 4 \cdot 17 \cdot 25 = 68 \cdot 25 = 1700$
$\quad\quad 4 \cdot 17 \cdot 25 = 17 \cdot 4 \cdot 25 = 17 \cdot (4 \cdot 25) = 17 \cdot 100 = 1700$
f) Nein, das Assoziativgesetz gilt nicht bei der Division.
$(96 : 8) : 4 = 12 : 4 = 3$, aber $96 : (8 : 4) = 96 : 2 = 48$

3 *Distributivgesetz*
a) Leonie berechnet zunächst die Gesamtzahl der Packungen und multipliziert dann mit 9. Julian berechnet zunächst, wie viele Trinktüten beide gekauft haben und addiert dann. Sie erhalten das gleiche Ergebnis, da das Distributivgesetz gilt.
b) Zeichenübung Rechenbäume
$(98 - 30) : 2 = 68 : 2 = 34$; $(98 : 2) - (30 : 2) = 49 - 15 = 34$

Basisaufgaben

Seite 99

1 *Assoziativgesetz nutzen*
a) $43 \cdot (5 \cdot 20) = 4300$
b) $3 \cdot (5 \cdot 80) = 1200$
c) $13 \cdot (4 \cdot 50) = 2600$
d) $(8 \cdot 25) \cdot 15 = 3000$
e) $(25 \cdot 4) \cdot 17 = 1700$
f) $29 \cdot (8 \cdot 125) = 29\,000$
g) $9 \cdot (125 \cdot 4) = 4500$
h) $(15 \cdot 20) \cdot 11 = 3300$

2 *Produkte finden, die Stufenzahl ergeben*
a) $100 = 2 \cdot 50 = 4 \cdot 25 = 5 \cdot 20 = 10 \cdot 10$
b) $1000 = 2 \cdot 500 = 4 \cdot 250 = 5 \cdot 200 = 8 \cdot 125 = 10 \cdot 100 = 20 \cdot 50 = 25 \cdot 40$
c) $200 = 2 \cdot 100 = 4 \cdot 50 = 5 \cdot 40 = 10 \cdot 20$

3 *Assoziativ- und Kommutativgesetz*
a) 620 b) 5300 c) 3300 d) 4700 e) 6200 f) 5800 g) 69 000 h) 6000
i) 33 300 j) 8400

4 *Distributivgesetz*
a) ② b) ③ c) ④ d) ⑥ e) ① f) ⑤

5 *Distributivgesetz*
a) $3 \cdot (12 + 8) = 3 \cdot 20 = 60$
b) $8 \cdot (18 + 82) = 8 \cdot 100 = 800$
c) $(430 + 270) \cdot 7 = 700 \cdot 7 = 4900$
d) $(63 + 37) \cdot 12 = 100 \cdot 12 = 1200$
e) $7 \cdot (84 - 44) = 7 \cdot 40 = 280$
f) $9 \cdot (71 - 21) = 9 \cdot 50 = 450$
g) $(32 - 19) \cdot 8 = 13 \cdot 8 = 104$
h) $4 \cdot (78 - 68) = 4 \cdot 10 = 40$
i) $8 \cdot (25 - 5) = 8 \cdot 20 = 160$
j) $6 \cdot (54 - 39) = 6 \cdot 15 = 90$
Lösungswort: KOPENHAGEN Das ist die dänische Hauptstadt.

Weiterführende Aufgaben

6 *Assoziativgesetz und Kommutativgesetz; Herauslösen eines „fehlenden" Faktors*
a) $300 : 3 = 100$
b) $700 : 4 = 175$
c) $1000 : 5 = 200$
d) $1600 : 4 = 400$
e) $1800 : 6 = 300$
f) $4000 : 8 = 500$
g) $4200 : 7 = 600$
h) $8100 : 9 = 900$

7 *Distributivgesetz in der halbschriftlichen und schriftlichen Multiplikation und Division*
a) $30 \cdot (4 \cdot 25) = 30 \cdot 100 = 3000$
b) $57 \cdot (2 \cdot 50) = 57 \cdot 100 = 5700$
c) $6 \cdot (8 \cdot 125) = 6 \cdot 1000 = 6000$
d) $15 \cdot (4 \cdot 250) = 15 \cdot 1000 = 15\,000$
e) $132 \cdot (2 \cdot 50) = 132 \cdot 100 = 13\,200$
f) $163 \cdot (2 \cdot 500) = 163 \cdot 1000 = 163\,000$

8 *Distributivgesetz beim schriftlichen Multiplizieren und Dividieren*
Beim (halb)schriftlichen Multiplizieren wird der erste Faktor in eine Summe zerlegt, die einzelnen Summanden werden einzeln mit dem zweiten Faktor multipliziert, dann werden die Ergebnisse addiert. Das entspricht genau der Aussage des Distributivgesetzes.
a) $(100 + 20 + 3) \cdot 4 = 100 \cdot 4 + 20 \cdot 4 + 3 \cdot 4 = 400 + 80 + 12 = 492$
b) $(700 + 50 + 1) \cdot 8 = 700 \cdot 8 + 50 \cdot 8 + 1 \cdot 8 = 5600 + 400 + 8 = 6008$
c) $(5000 + 60 + 9) \cdot 45 = 5000 \cdot 45 + 60 \cdot 45 + 9 \cdot 45 =$
   $225\,000 + 2700 + 405 = 228\,105$
d) individuelle Beispiele, z.B.
   $1617 : 7 = (1400 + 210 + 7) : 7 = 1400 : 7 + 210 : 7 + 7 : 7 = 200 + 30 + 1 = 231$

9 *Gilt das Distributivgesetz auch bei Zusammenfassen des Divisors?*
Svea wendet das Distributivgesetz falsch an. Es gilt nur, wenn der Klammerausdruck der Dividend ist:
$24 : (2 + 4) = 24 : 6 = 4$, aber $24 : 2 + 24 : 4 = 12 + 6 = 18$

10 *Textaufgabe mit Fehlersuche*
Anne hat Unrecht, denn sie hat die Klammer falsch gesetzt:
$(51 + 69) : 3 = 120 : 3 = 40$ Es können 40 € gespendet werden.

11 *Textaufgaben*
Montags und mittwochs schwimmt Kai je $40 \cdot 25$ m $= 1000$ m; freitags schwimmt er $60 \cdot 25$ m $= 1500$ m.
Insgesamt schwimmt er 3500 m in einer Woche.

12 *Textaufgaben erfinden*
individuell verschiedene Geschichten, z.B.
a) Auf einem Schulfest wurden 145 € mit dem Verkauf von Kaffee und Kuchen und 355 € beim Grillstand eingenommen. Die Einnahmen sollen gleichmäßig auf die Klassenkassen der fünf beteiligten Klassen verteilt werden. Wie viel geht an jede Klassenkasse?
b) In einem Supermarkt stehen 39 Viererpackungen Joghurt. Innerhalb eines Tages wurden 9 Viererpackungen verkauft. Wie viele einzelne Joghurts stehen noch im Kühlregal?

Filmpark Babelsberg

Seite 101

Die Themenseite beschäftigt sich mit einem für die Schülerinnen und Schüler interessanten Thema, dem „Filmpark Babelsberg". Zur Lösung der Aufgaben sind schriftliche Rechenverfahren der Multiplikation und Division aber auch der Addition und Subtraktion sowie die Kenntnis der Rechengesetze notwendig.
Gerade in Aufgabe 1 wird ein typisches Problem behandelt, vor dem Schülerinnen und Schüler mit ihren Eltern immer wieder stehen, wenn es um den Eintritt zu Attraktionen oder Veranstaltungen geht: Nimmt man ein Familienticket oder ist der Kauf der Einzeltickets günstiger? In Aufgabe 6 können die Schülerinnen und Schüler in Kleingruppen einen Tag im Filmpark Babelsberg frei gestalten und dazu die Kosten aufstellen.

1
a) Kosten Familienkarte: 60,00 €
   Summe der Einzeltickets: 2 · 21,00 € + 2 · 14,00 € = 70,00 €
   Familie Schmidt zahlt 60,00 € für die Familienkarte.
b) Kosten Familienkarte: 60,00 €
   Summe der Einzeltickets: 2 · 21,00 € + 14,00 € = 56,00 €
   Familie Hansen zahlt 56,00 € für Einzeltickets.
c) Das 3-Jährige Kind ist kostenlos, das 17-jährige Kind muss den Preis eines Erwachsenen zahlen.
   Kosten Familienkarte mit Einzelticket: 60,00 € + 21,00 € = 81,00 €
   Summe der Einzeltickets: 3 · 21,00 € + 2 · 14,00 € = 91,00 €
   Familie Sauer zahlt 81,00 € für die Familienkarte mit zusätzlichem Erwachsenenticket.

2
a) 3 · 21 = 63   Es fahren 63 Schüler mit, die Betreuer sind kostenlos.
   63 · 12,50 € = 787,50 €   Alle zusammen zahlen 787,50 € Eintritt.
b) 1228,50 € – 787,50 € = 441,00 €   Das Busunternehmen kostet 441,00 €.
c) Preise pro Person: Eintritt: 12,50 €; Bus: 4410 € : 63 = 7 €; Audio-Guide: 3 €
   12,50 € + 7 € + 3 € = 22,50 €   Jedes Kind zahlt 22,50 € für den Ausflug.

3
Juli und August haben zusammen 62 Tage.
62 · 2500 = 155 000   In diesem Zeitraum kommen 155 000 Besucher in den Filmpark.

4
72 240 : 21 = 3440

5
a) 21 € : 5 = 4,20 €   Die Kinder hatten sich das Spaghetti-Eis mit Sahne ausgesucht.
b) 10 € – 4,20 € = 5,80 €   Jedem Kind bleiben noch 5,80 €.

6
individuell verschieden

Vermischte Übungen

Seite 102

1 *im Kopf multiplizieren und dividieren*

	a)	b)	c)	d)	e)	f)	g)	h)
Durchgang 1	36	126	112	8	25	12	168	270
Durchgang 2	44	104	119	8	10	11	195	272

2 *im Kopf multiplizieren und dividieren*

Start	24·8	192	4·38	152	7·39	273	186:6	31	136:8	17	198:9	22	235:5	47	Ende

3 *im Kopf multiplizieren und dividieren*

a)
:	4	6	5
60	15	10	12
240	60	40	48
300	75	50	60
360	90	60	72
420	105	70	84
600	150	100	120
720	180	120	144
840	210	140	168
960	240	160	192

b)
:	2	8	4	6
48	24	6	12	8
144	72	18	36	24
72	36	9	18	12
192	96	24	48	32
240	120	30	60	40
96	48	12	24	16
24	12	3	6	4
336	168	42	84	56
480	240	60	120	80

Natürliche Zahlen multiplizieren und dividieren

Seite 102

4 *Quadratzahlen untersuchen*
a) geometrische Begründung
b) 36; 49; 64; 81; 100
c) $49 = 7 \cdot 7$; $1 = 1 \cdot 1$; $64 = 8 \cdot 8$; $400 = 20 \cdot 20$; $81 = 9 \cdot 9$; $169 = 13 \cdot 13$; $256 = 16 \cdot 16$; $676 = 26 \cdot 26$; $729 = 27 \cdot 27$; $1521 = 39 \cdot 39$
d) Vorgehensweise individuell verschieden; Mit etwas Geschick kann man aus der Einerstelle auf die möglichen Einerstellen des Faktors schließen und so das systematische Probieren verkürzen.

5 *Rolle der 0 und der 1 bei der Multiplikation und Division*
a) 1, da eine Zahl, die durch 1 geteilt wird, immer sich selbst ergibt.
b) 25; da $1 \cdot 25 = 25$ (Umkehraufgabe).
c) 25; da eine Zahl durch sich selbst geteilt immer 1 ergibt.
d) nicht möglich
e) 0; da jede Zahl, die mit 0 multipliziert wird, 0 ergibt.
f) 1; da $25 : 25 = 1$ (Umkehraufgabe).

6 *zu gegebenem Term einen Rechenbaum zeichnen*

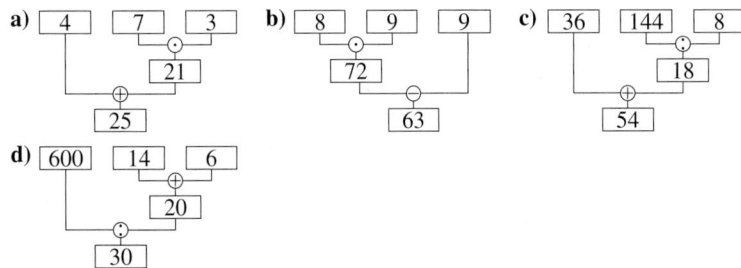

7 *zu gegebenem Term einen Text mit Fachbegriffen formulieren*
individuell verschieden, z.B.
a) Addiere zu 4 das Produkt der Zahlen 3 und 7.
b) Subtrahiere 9 vom Produkt der Zahlen 8 und 9.
c) Addiere 36 und den Wert des Quotienten der Zahlen 144 und 8.
d) Dividiere 600 durch die Summe der Zahlen 14 und 6.

8 *Text mit Fachbegriffen in Term/Rechenausdruck umschreiben*
a) $(32 + 76) : 18 = 6$ b) $(14 + 39) \cdot 11 = 583$ c) $(225 - 50) : 35 = 5$ d) $8 \cdot (165 - 82) = 664$
e) $(519 - 279) : 40 = 6$

9 *Potenzen umformen und berechnen*
a) $7^2 = 7 \cdot 7 = 49$ b) $4^4 = 4 \cdot 4 \cdot 4 \cdot 4 = 256$ c) $10^6 = 10 \cdot 10 \cdot 10 \cdot 10 \cdot 10 \cdot 10 = 1\,000\,000$
d) $5^1 = 5$ e) $1 \cdot 1 \cdot 1 \cdot 1 \cdot 1 \cdot 1 \cdot 1 \cdot 1 \cdot 1 \cdot 1 \cdot 1 = 1$

Seite 103

10 *Klammer- vor Punkt- vor Strichrechnung*
a) 579 b) 65 c) 101 d) 72 e) 44 f) 411 g) 0 h) 96 i) 134 j) 190
k) 87 l) 6

11 *Klammer- vor Punkt- vor Strichrechnung*
<u>Fehler im 1.Druck</u> bei Aufgabenstellung in i), daher Dezimalzahl; Änderung im 2. Druck: $12^2 + 8^2 : (3^3 - 5^2) = 176$
a) 450 b) 900 c) 1100 d) 236 e) 375 f) 3 g) 135 h) 29 i) ≈145,23 j) 38

12 *schriftlich multiplizieren*
a) 19 656 b) 32 235 c) 159 753 d) 43 020 e) 1 383 798 f) 35 079 108
g) 541 405 h) 143 081 208

13 *schriftlich dividieren*
a) 684 b) 685 c) 686 d) 687 e) 5555 f) 4444 g) 12 345 h) 9876 i) 20 856 j) 16 433

14 *Rechenvorteile durch Distributivgesetz*
a) $(287 - 147) : 7 = 140 : 7 = 20$ b) $(280 - 230) : 5 = 50 : 5 = 10$ c) $(513 + 243) : 9 = 756 : 9 = 84$
d) $(300 + 175) : 5 = 475 : 5 = 95$ e) $(70 + 130) : 50 = 200 : 50 = 4$
f) $(5^3 + 875) : 5^2 = (125 + 875) : 25 = 1000 : 25 = 40$

Natürliche Zahlen multiplizieren und dividieren

Seite 103

15 *Rechenvorteil überprüfen und über Distributivgesetz begründen*

$$\begin{array}{r} 376 \cdot 99 \\ \hline 3303 \\ 3303 \\ \hline 36333 \end{array}$$

Fritzis Rechenweg stimmt, denn
$367 \cdot 99 = 367 \cdot (100 - 1) = 367 \cdot 100 - 367 \cdot 1 = 36\,700 - 367$

16 *Potenzen aus einer Faltübung ableiten*
a), b) individuell je nach Papierformat   **c)** 2^n Lagen mit n aus dem Faltergebnis von a)

17 *Größen mit Hilfe von Multiplikation und Division abschätzen*
Die Annahmen und Ergebnisse können von den angegebenen Beispiellösungen individuell abweichen.
a) Annahme: Ein Lkw fährt 100 km pro h.   Ergebnis: 9000 km
b) Ergebnis: 26 h (Annahme wie bei a)
c) Annahme: Fünftklässler sind knapp 11 Jahre alt.   Ergebnis: ca. 4000 Tage
d) Annahme: 30 Schülerinnen und Schüler pro Klasse, 10 Jahre alt.   Ergebnis: 300 Jahre
   Beim Gesamtalter aller Schülerinnen und Schüler einer Schule muss zunächst die Anzahl der Klassen bekannt sein. Bei einer vierzügigen Gesamtschule wären das 36 Klassen. Das mittlere Alter ist das eines Neuntklässlers, also etwa 15.
   Ergebnis: $36 \cdot 30 \cdot 15 = 16\,200$ Jahre
e) Annahme: Ein Stockwerk ist 5 m hoch.   Ergebnis: 945 m
f) Annahme: Ein Buch ist 4 cm hoch.   Ergebnis: 25 Bücher
g) Annahme: Jedes Auto benötigt 6 m.   Ergebnis: 4000 Autos

18 *Knobelaufgabe zu schriftlicher Multiplikation*

a) $325 \cdot 7$
$\overline{2275}$

b) $47 \cdot 12$
47
94
$\overline{564}$

c) $708 \cdot 3$
$\overline{2124}$

d) $129 \cdot 45$
516
645
$\overline{5705}$

e) $377 \cdot 64$
2262
1508
$\overline{24128}$

19 *Rechnung zur Vereinfachung der Multiplikation überprüfen*
Rechnet man wie Tara auf S. 91, Nr. 1, so ergibt sich diese Tabelle:
Daran erkennt man, dass Anja die Teilrechnungen $3 \cdot 10 = 30$
und $10 \cdot 8 = 80$ weggelassen hat.

·	10	3	
10	100	30	130
8	80	24	104
			234

20 *Lösungen aus bereits bekannten Aufgaben ableiten*
a) ① 402; 4002; 40002
   ② 111; 222; 333
b) ① $66\,667 \cdot 6 = 400\,002$; $666\,667 \cdot 6 = 4\,000\,002$; $6\,666\,667 \cdot 6 = 40\,000\,002$
   ② $37 \cdot 12 = 444$; $37 \cdot 15 = 555$; $37 \cdot 18 = 666$
c) ① Die Einerziffer im Wert des Produkts ist immer 2, weil $7 \cdot 6 = 42$ (Übertrag 4)
   An allen anderen Stellen rechnet man $6 \cdot 6 = 36$ und addiert den Übertrag 4, so erhält man 40. Damit erhält man immer wieder Übertrag 4.
   ② $37 \cdot 3 = 111$; Erhöht man den 2. Faktor um 3, so erhöht sich der Wert des Produkts um 111.

Seite 104

Lebensmittel auf Weltreise

a) $55\,897 : 148 = 377$ Rest 101
   Pro Tag werden zwischen 377 und 378 kg Gemüse benötigt.
b) $19\,258 : 840 = 22$ Rest 778 Pro Person werden fast 23 kg Fleisch veranschlagt.
c) $12\,320 : 148 \cdot 37 = 3080$ Es würden 3080 kg Fisch benötigt.
d) Umrechnung in g: $84\,794\,000 : (840 \cdot 148) = 682$ Rest 7760
   Es werden etwa 682 g Obst pro Person und Tag verarbeitet.
e) $73\,124 : 72 = 1015$ Rest 44
   Die durchschnittliche Entfernung zwischen zwei Häfen beträgt etwa 1015 km.
f) $148 \cdot 150\,000 : 20\,000 = 111$ Die Reise würde 111 Tage dauern.
g) Da sich auf der Aida Aura doppelt so viele Personen befinden, benötigen sie auch doppelt so viele Eier (also 400 000).
h) Die Aussage des Küchenchefs ist falsch. Es wird nur ein Viertel des Proviants benötigt.
i) individuell verschieden: Es wird ein Viertel des Gemüses bestellt. Also könnte die Reisezeit bei gleicher Personenzahl bei 37 Tagen liegen. Oder die Personenzahl an Bord liegt bei gleicher Reisedauer bei 210 (Passagiere und Besatzung zusammen). Oder sowohl die Reisedauer als auch die Anzahl der Personen an Bord halbiert sich: 74-tägige Reise mit 420 Personen.

Seite 104

Lebensmittel auf Weltreise (Fortsetzung)

j) Das Piktogramm stellt die Verhältnisse nur teilweise sinnvoll dar. Das liegt an der unterschiedlichen Bedeutung der Symbole.
Bei Wein, Fleisch, Fisch und Bier steht ein Symbol für jeweils 1000 kg (bzw. Liter). Bei den Eiern steht ein Symbol offensichtlich für 20000 Eier, was bei einem Gewicht von 50 g pro Ei auch 1000 kg entspricht. Beim Obst entspricht eine Symbolreihe 10 000 kg, beim Gemüse ist keine sinnvolle Skalierung erkennbar. In jedem Fall werden im Piktogramm die Gemüsemenge und Obstmenge zu klein dargestellt.

k), l) individuell verschieden

Geometrische Figuren zeichnen

Noch fit?

Seite 108

1 *Gerade zeichnen*
Zeichenübung; Hilfsmittel: Lineal, Geodreieck, Heft- oder Buchkante, ...

2 *Figuren abzeichnen*
Zeichenübung

3 *Strecken zeichnen*
Zeichenübung

4 *Streckenlängen messen und vergleichen*
a) $\overline{AB} = \overline{DE} = 20$ mm; $\overline{BC} = \overline{AF} = 11$ mm; $\overline{CD} = \overline{EF} = 13$ mm
b) $\overline{HI} = \overline{KL} = 15$ mm; $\overline{IJ} = \overline{ML} = 10$ mm; $\overline{JK} = \overline{HM} = 19$ mm

5 *Längeneinheiten umrechnen*
individuell verschieden; z.B.:
a) 6 dm; 0,6 m; 60 cm
b) 7 m; 70 dm; 700 cm
c) 8 cm; 80 mm; 0,08 m
d) 4 mm; 0,4 cm; 0,004 m
e) 300 m; 0,3 km; 3000 dm
f) 2,4 m; 24 dm; 240 cm

6 *parallele Linien erkennen*
Jeweils drei Faltlinien in Längs- und Querrichtung verlaufen parallel.

Bunt gemischt
1. $12 \cdot 4 + 15 \cdot 2 = 48 + 30 = 78$
2. individuell verschieden; z.B.: 10 kg; 1000 kg; 5 g; 200 g; 1 g
3. 31 Tage + 30 Tage + 31 Tage = 92 Tage
4. 5000 m; 2 m; 8 m; 0,56 m

Gerade, Parallele, Senkrechte

Erforschen und Entdecken

Seite 109

1 *Figur abzeichnen; Gruppenarbeit: Daten recherchieren, aufbereiten und präsentieren*
a) Zeichenübung
b) Rechercheaufgabe; Bekannte Sternbilder sind der große und der kleine Wagen, der Orion, danach die Sternkreiszeichen und weitere.
c) Präsentationsaufgabe; Es ist auf das Einzeichnen der geraden Linien zu achten.
d) Rechercheaufgabe mit je nach gewähltem Sternbild unterschiedlichen Ergebnissen

2 *Gruppenarbeit: Figur mit parallelen und senkrechten Linien abzeichnen und beschreiben*
a) Kommunikationsaufgabe
b) handlungsorientierte Aufgabe
c) Es ist darauf zu achten, dass die einzelnen Linien parallel bzw. senkrecht zueinander verlaufen.
d) Als Hilfsmittel dient das Geodreieck.

Geometrische Figuren zeichnen

Seite 109

3 *Besonderheit von senkrechten Linien erkennen, Hinführung zum Abstandsbegriff*

a) [Skizze: Torlinie mit mehreren Wegen, z.B.]

b) Ole hat Unrecht. Nur ein Weg (der zur Torlinie senkrechte Weg) ins Tor ist genau 11 m lang (siehe Skizze). Alle anderen Wege sind etwas länger.

c) Weil der gerade Weg der kürzeste ist, sind die Kinder so am schnellsten wieder in Sicherheit.

Basisaufgaben

Seite 111

1 *Strecken erkennen*
Lediglich ① und ⑦ sind Stecken.

2 *Partnerarbeit: Geraden, Strahlen und Strecken zeichnen und erkennen*
individuell unterschiedliche Ergebnisse

3 *Geraden, Strahlen und Strecken erkennen*

a) Alle Linien bis auf c, g und m sind gerade Linien. Als Begründung kann die Kontrolle mit einem Lineal dienen. Linie c ist Teil eines Kreises, m und g enthalten deutlich sichtbare Knicke.

b) Strecken: b, k und l (gerade Linie mit einem Anfang und einem Ende)
Geraden: a und e (gerade Linie ohne Anfang und ohne Ende)
Strahlen: d, f, h und i (gerade Linie mit einem Anfang, aber ohne Ende)

4 *Streckenlängen schätzen und messen*
① 27,5 mm; ② 26 mm; ③ 32,5 mm; ④ 22 mm; ⑤ 13 mm; ⑥ 17 mm; ⑦ 13 mm; ⑧ 26 mm; ⑨ 21,5 mm

5 *senkrechte und parallele Linien erkennen*
Ergebnisse individuell verschieden, z.B.:
zueinander parallel: alle Regalbretter, alle von oben nach unten verlaufenden Regalträger, alle gegenüber liegenden Tischkanten, etc.
zueinander senkrecht: Regalbretter zu den Regalträgern, benachbarte Tischkanten, benachbarte Leisten der Fensterrahmen, etc.

6 *Faltübung: Muster aus parallelen und senkrechten Linien erzeugen*
individuell unterschiedliche Abfolgen in der Faltung und in der Strategie

7 *Faltübung: senkrechte Linien erzeugen*
Die Faltlinien sind zueinander senkrecht.

Methode: Umgang mit dem Geodreieck

Seite 112

Nachdem die Schülerinnen und Schüler bisher nur nach Augenmaß Parallelität und senkrechten Verlauf erkennen sollten, lernen sie nun, mit dem Geodreieck selbst parallele und senkrechte Linien zu zeichnen. Wegen der auf 7 cm begrenzten Skala des Geodreiecks stellt das Messen und Zeichnen von längeren Strecken eine Schwierigkeit dar, die besonders geübt werden sollte.

8 *Geraden auf Parallelität prüfen*
$g_1 \parallel g_3$; $g_2 \parallel h_3$; $h_1 \parallel h_2$

9 *zueinander senkrechte Geraden finden*
$g_1 \perp h_3$; $g_2 \perp h_2$; $g_3 \perp h_1$

10 *zueinander senkrechte bzw. parallele Geraden finden (mit Hilfe des Geodreiecks)*

$\perp$	g_1	g_2	g_3	g_4	g_5	g_6
g_3	×	×				
g_4	×	×				
g_5						×
g_6				×		

$\parallel$	g_1	g_2	g_3	g_4
g_1	×	×		
g_2	×	×		
g_3			×	×
g_4			×	×

Geometrische Figuren zeichnen

Seite 112

11 *Beweisen: Parallelität mehrerer Geraden verwenden*
Die Aussage ist wahr. Da der Abstand von g_1 und g_2 immer gleich bleibt sowie der Abstand von g_2 und g_3, bleibt auch der Abstand von g_1 und g_3 immer gleich.

12 *Strecken gegebener Länge zeichnen*
Zeichenübung

Seite 113

13 *Anwendung: Streckenlängen schätzen, messen, addieren und vergleichen*
Der Weg ② ist der kürzeste. Er ist ca. 10 cm lang

14 *Abstand messen: Punkte - Gerade*

Punkt	A	B	C	D	E
Abstand von g	1,4 cm	1,2 cm	0 cm	1,6 cm	2,2 cm

15 *Abstand messen: Punkt - Gerade*
a) 1,1 cm   b) 2,2 cm   c) 1,2 cm   d) 0 cm

16 *Punkte mit gegebenem Abstand zu einer Geraden zeichnen*
Zeichenübung

17 *Abstand zweier paralleler Geraden bestimmen; Vorgehensweise beschreiben*
a) 1,8 cm   b) 1,3 cm   c) 2 cm   d) 2,3 cm
Die gestrichelte, senkrechte Mittellinie wird auf die eine Gerade gelegt, der Abstand wird abgelesen.

18 *zwei zueinander parallele Geraden mit gegebenem Abstand zeichnen*
Zeichenübung

Nachgedacht
in kleinem Winkel von der unteren Kante auf die Seite blicken: GERADE

Weiterführende Aufgaben

Seite 114

19 *Anwendung: parallele Geraden mit gegebenem Abstand zueinander zeichnen*
Es müssen Parallelen zu den Burgwänden im Abstand von 0,5 cm gezeichnet werden. Ein Abrunden der Ecken ist nicht erforderlich.

20 *Aussagen über Gerade, Strahl und Strecke prüfen*
a) Die Aussage ist richtig, da ein Strahl kein Ende hat.
b) Die Aussage ist falsch, da eine Gerade keinen Anfang und kein Ende und somit auch keine Länge hat.
c) Die Aussage ist richtig, da der Teil der Geraden, der zwischen C und D verläuft, die Strecke $\overline{CD}$ ist.
d) Die Aussage ist richtig: Verlängert man den Strahl in umgekehrte Richtung über den Anfangspunkt hinaus, erhält man eine Gerade.

21 *Aussage über Halbgerade prüfen*
Die Aussage ist falsch. Eine Halbgerade ist gerade. Sie heißt so, weil sie im Unterschied zu einer Geraden einen Anfang hat, also gewissermaßen die Hälfte einer Geraden ist.

22 *passende Fachbegriffe anhand von Beschreibungen finden*
a) Strecke   b) Gerade   c) Gerade, Strecke   d) alle   e) Strahl
f) Strecke   g) Gerade, Strahl   h) Strecke, Strahl   i) Strecke

23 *Aussagen über parallele und senkrechte Geraden prüfen*
a) Die Aussage ist richtig, denn zwei senkrechte Geraden haben einen Schnittpunkt.
b) Die Aussage ist richtig, da Bahnschienen immer den gleichen Abstand haben.
c) Die Aussage ist falsch, wie man durch ein Gegenbeispiel leicht zeigt.

24 *Sachaufgabe: senkrechte Zeigerstellung auf der Uhr finden; selbstdifferenzierend*
Die Zeiger stehen um 3 Uhr und 9 Uhr senkrecht aufeinander. Einige weitere Uhrzeiten auf Minuten gerundet sind:
12:48 Uhr;   13:22 Uhr;   13:55 Uhr;   14:27 Uhr;   …

Seite 114

25 *Geraden mit möglichst vielen Schnittpunkten zeichnen; Gesetzmäßigkeiten erkennen*
Solange keine Gerade zu einer anderen parallel verläuft, entstehen 6 Schnittpunkte.

26 *drei Geraden zeichnen, Anzahl der entstandenen Strecken benennen*
individuell verschieden; z.B.: Es entstehen drei Strecken.

27 *Punkte durch Strecken verbinden; Zusammenhang: Anzahl Punkte - Anzahl Strecken*
Zeichenübung
a) Es ergeben sich 6 Strecken. **b)** 15 bzw. 21 Strecken
c) Der erste Punkt muss mit allen anderen 9 Punkten verbunden werden, der zweite noch mit den verbleibenden 8, der dritte mit den verbleibenden 7 usw. Insgesamt erhält man also $9 + 8 + 7 + 6 + 5 + 4 + 3 + 2 + 1 = 45$ Strecken. Genauso geht man bei 20 Punkten vor und erhält $19 + 18 + 17 + \ldots + 3 + 2 + 1 = 190$ Strecken.

28 *Spirale zeichnen*
Zeichenübung

Nachgedacht
individuelle Ergebnisse

Das Koordinatensystem

Erforschen und Entdecken

Seite 115

1 *Vorübung zum Thema Koordinatensystem in einem Sachzusammenhang*
Die Zahlen sind Entfernungsangaben in Metern. Geht man 2,5 m nach rechts und 7,0 m nach hinten, so gelangt man zum Wasseranschluss.

2 *Vorübung zum Thema Koordinatensystem in einem Sachzusammenhang*
Emilia wird in der 6. Reihe auf Platz 3 sitzen.

3 *Vorübung zum Thema Koordinatensystem in einem Sachzusammenhang*
a) Heinrich-Heine-Platz: C3; Oper: C2; Marktplatz: B3
b) C1, D1, C2 und D2
c) Biege vom Burgplatz links in die Kurze Straße ein, diese wird nach Überqueren der Mertengasse zur Andreasstraße. Laufe diese weiter, biege dann rechts in die Hunsrückenstraße, die zweite Straße links ist die Flingerstraße. Sie führt dich direkt zur U-Bahn.
d) individuell verschieden

Basisaufgaben

Seite 116

1 *Koordinaten von Punkten ablesen*
$A(3|2)$; $B(5|0)$; $C(6|0)$; $D(6|3)$; $E(7|4)$; $O(0|0)$; $P(5|4)$; $Q(3|6)$; $R(1,5|4)$; $S(0|5)$; $T(0|3)$

2 *Koordinaten von Punkten ablesen*
$A(2|2)$; $B(1|5)$; $C(3|5)$; $D(3|7)$; $E(5|7)$; $F(4|8)$; $G(6|8)$; $H(7|7)$; $I(9|7)$; $J(9|5)$; $K(11|5)$; $L(10|2)$

3 *Punkte markieren; Koordinaten ablesen*
$A(4|0)$; $B(10|0)$; $C(10|3)$; $D(7|4)$; $E(4|3)$

Seite 117

4 *Koordinatensystem zeichnen, Punkte übertragen und einzeichnen*
a) Zeichenübung
b) Man erhält zwei verschiedene Punkte.
c) Die Reihenfolge ist wichtig, wie man an den Punkten G und H sieht. Die erste Koordinate bezieht sich auf die x-Achse, die zweite auf die y-Achse.

5 *Figur im Koordinatensystem symmetrisch ergänzen; Punktkoordinaten ablesen*
$A(0|4)$; $B(3|3)$; $C(4|0)$; $D(5|3)$; $E(8|4)$; $F(5|5)$; $G(4|8)$; $H(3|5)$

Seite 117

6 *Koordinatensystem zeichnen, Punkte eintragen und verbinden*

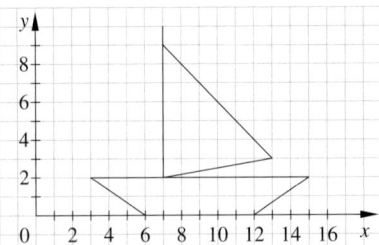

7 *Fehler in Koordinatensystemen erkennen*
a) Auf der *x*-Achse ist der Abstand zwischen 0 und 1 nur ein Kästchen, sonst aber zwei Kästchen.
b) Die Beschriftung der Achsen wurde vertauscht.
c) Die Achsen beginnen nicht bei null.

8 *Koordinatensystem zeichnen, vorgegebene Punkte eintragen und verbinden*

a) 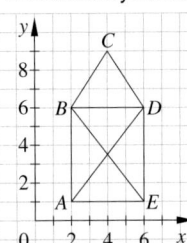   b) 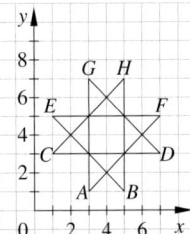   c)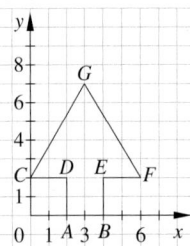

9 *Koordinatensystem zeichnen, Punkte übertragen und verbinden*
Zeichenübung; $A(2|8)$; $B(10|2)$; $C(19|2)$; $D(21|12)$; $E(10|16)$

Nachgedacht
individuelle Ergebnisse

Weiterführende Aufgaben

Seite 118

10 *Gitternetz beim Go-Spiel mit dem Koordinatensystem vergleichen*
a) Wie beim Koordinatensystem gibt es zwei beschriftete Achsen. Die Beschriftung der waagerechten Achse erfolgt aber mit Buchstaben statt mit Zahlen. Die Beschriftung der senkrechten Achse beginnt bei eins und nicht bei null.
b) a4; a5; b1; b2; b3; b5; c5 (a3; b4; c1; c2; c3; c4)

11 *Gitternetz eines Stadtplanes mit dem Koordinatensystem vergleichen*
In einem Koordinatensystem werden nur Zahlen verwendet und (1|1) bezeichnet einen Punkt, im Stadtplan verwendet man Zahlen und Buchstaben; die Angabe A1 bezeichnet eine Fläche.

12 *zueinander senkrechte Strecken ermitteln*
Zeichenübung: $\overline{AB} \perp \overline{BC}$ $[B(7|1)]$; $\overline{DE} \perp \overline{EF}$ $[E(16|8)]$; $\overline{LM} \perp \overline{MN}$ $[M(4|15)]$; $\overline{NO} \perp \overline{AO}$ $[O(4|8)]$

13 *Parallelen durch gegebene Punkte zeichnen*
zwei Punkte auf *g*: individuell verschieden,
z. B. $A(2|3)$ und $B(8,5|4)$
zwei Punkte auf *h*: individuell verschieden,
z. B. $C(5|9)$ und $B(8,5|4)$

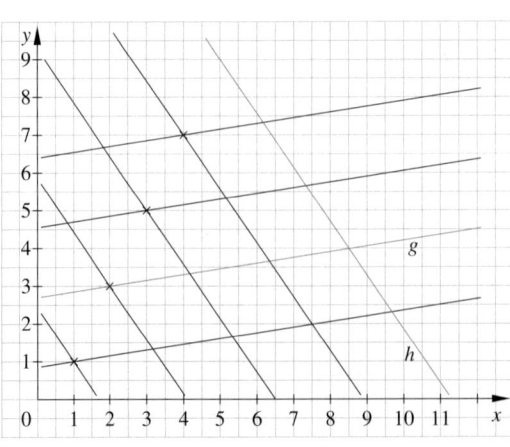

Seite 118

14 *Parallelen durch einen gegebenen Punkt zeichnen*

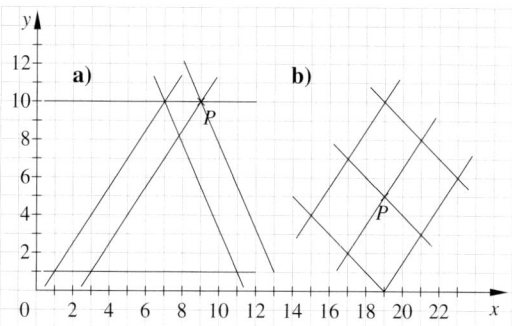

15 *Punkte in ein Koordinatensystem eintragen und verbinden; Lage der Punkte beschreiben*
a) Beschreibung individuell verschieden; wesentliche Punkte: Zeichnen zweier zueinander senkrechter Koordinatenachsen, Einteilung der Achsen, Beschriftung der Achsen
b) Vom Ursprung aus geht man eine Einheit nach rechts und eine Einheit nach oben. Dort markiert man den Punkt P.
c) Die Punkte $P(1|1)$, ..., $T(5|5)$ liegen alle auf einer Geraden (der Winkelhalbierenden).

16 *Auswirkungen von Veränderungen des Koordinatensystems*
a) Die Figur hat nur die halbe Höhe und Breite.
b) Die Figur erscheint gespiegelt an der Winkelhalbierenden $y = x$.

Flächen erkennen und beschreiben

Erforschen und Entdecken

Seite 119

1 *geometrische Formen in Künstlerbildern entdecken*
Bill: Dreieck, Quadrat, Rechteck; Klee: Dreieck, Quadrat, Rechteck, Trapez, Raute, Kreis (nicht exakt)

2 *Künstlerbilder aus geometrischen Formen beschreiben und vergleichen; geometrisches Bild malen und präsentieren*
a) Präsentationsaufgabe
b) Diskussionsaufgabe
   Gemeinsamkeiten: ausschließliche Verwendung geometrischer Formen
   Unterschiede: Auswahl der geometrischen Formen, Farben, Exaktheit
c) Kreativaufgabe; individuell verschieden

3 *Kreise ohne Zirkel zeichnen*
a) Man kann einen Pflock in die Mitte stecken. An diesem ist ein Seil mit einem Stock befestigt. Läuft man bei gespanntem Seil einmal um den Pflock, kann man mit dem Stock das Beet markieren.
b) Das Ergebnis wird nur näherungsweise ein Kreis. Je nach Präzision bei der Ausführung kann man aber gute bis sehr gute Ergebnisse erhalten.

Basisaufgaben

Seite 121

1 *Flächen erkennen und benennen*
a) Dreieck, Viereck, Fünfeck, Sechseck, Achteck, Kreis
b) im linken Fenster:
   zwei große hellgrüne Dreiecke, zwei kleine gelbe Dreiecke,
   vier gelbe Vierecke rechts und links vom roten Sechseck,
   zwei gelbe Vierecke ganz rechts,
   zwei weiße Fünfecke rechts und links vom roten Achteck
   im rechten Fenster: der gelbe und der grüne Kreis
c) Viele unterschiedliche Kombinationen sind möglich, z.B.:
   Unteres gelbes Viereck zusammen mit den gelben Dreiecken ergibt ein Viereck.
   Rotes Achteck plus weiße Fünfecke rechts und links davon plus gelbes kleines Viereck darunter ergeben ein Viereck.
   Die gelben Vierecke ganz rechts ergeben ein Fünfeck.

2 *aus Vielecken zusammengesetzte Figur finden*
zeichnerische Kreativaufgabe; individuell verschieden

Geometrische Figuren zeichnen

Seite 121

3 *mit mathematischen Fachbegriffen argumentieren*
Ein Kreis hat keine Ecken und keine geraden Seiten.

4 *Flächen in Alltagssituation erkennen und benennen*
<u>Vorfahrt gewähren</u>: Dreiecke; <u>Vorfahrtsstraße</u>: Vierecke; <u>Stopp</u>: Achteck;
<u>Bake auf der Autobahn (Auffahrt in 200 m)</u>: Vierecke

5 *Flächen in Alltagssituation erkennen und benennen*
individuell verschieden;
mögliche Antworten: Räder, CDs, DVDs, Muster auf Kleidungsstücken, Herdplatten, Teller, Schüsseln, Firmenlogos, Bienenwabe, Parkettmuster, Fliesenornamente, durch Holzbalken entstehende Formen an Fachwerkhäusern …

6 *Flächen erkennen und benennen*
Zeichenübung; Die Beschriftung der Punkte kann individuell verschieden sein, jedoch ist darauf zu achten, dass im mathematisch positiven Sinn beschriftet wird.
a) Dreieck **b)** Viereck **c)** Viereck **d)** Fünfeck **e)** Fünfeck **f)** Viereck **g)** Viereck **h)** Achteck

7 *Anwendung: Flächen in Flaggen erkennen und benennen; Flaggen ihrem Staat zuordnen*
a) Griechenland, Großbritannien, Tschechien, Schweden, Bosnien-Herzegowina, Portugal
b) Dreiecke, Vierecke, Kreis, Zehnecke (Sterne), Zwölfecke (Kreuze)
c) individuell verschieden

8 *Kreise mit geeigneten Hilfsmitteln zeichnen*
Zeichenübung; Hilfsmittel: z.B. Gläser, Tassen, Teller, Geldstücke, Blumentöpfe, Konservendosen, Armreifen etc.

9 *Kreise mit gegebenem Radius zeichnen*
Zeichenübung

10 *Durchmesser von Kreisen messen*
2,6 cm; 1,8 cm

11 *Durchmesser bei gegebenem Radius (und umgekehrt) bestimmen*
a) $d = 5$ cm **b)** $r = 7$ cm **c)** $d = 13$ cm **d)** $r = 4,5$ cm

Seite 122

12 *Punkte in ein Koordinatensystem einzeichnen, verbinden, Fläche benennen*

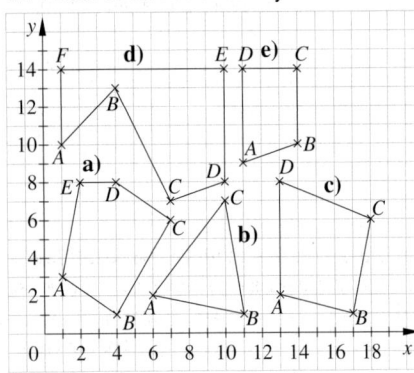

a) Fünfeck
b) Dreieck
c) Viereck
d) Sechseck
e) Viereck
f) Ja, denn die Anzahl der Punkte legt fest, um welche Fläche es sich handelt, und hier liegen nie drei Punkte auf einer Geraden.

13 *gegebene Punkte zu Vielecken verbinden*

a)

b) z.B.: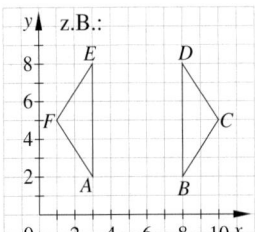

c) z.B.: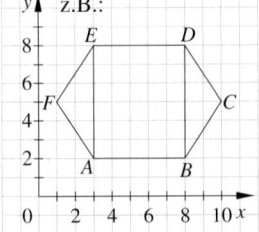

14 *Muster abzeichnen und erfinden*
kreative Zeichenübung; individuell verschieden

Weiterführende Aufgaben

Seite 122

15 *Flächenformen bei Parkettierungen erkennen*
links: Rauten und Parallelogramme, rechts: Zwölfecke

16 *Parkettierungen zeichnen und erfinden*
kreative Zeichenübung

17 *Kreise mit bestimmten Merkmalen zeichnen*
Zeichenübung

18 *Gesetzmäßigkeiten in sich schneidenden Kreisen entdecken*
Zeichenübung; individuell verschieden, z.B.: 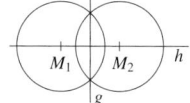 Die beiden Geraden verlaufen senkrecht zueinander.

19 *Kreismuster maßstabsgerecht übertragen*
Zeichenübung

Besondere Vierecke

Erforschen und Entdecken

Seite 123

1 *Vierecke auf dem Geobrett spannen*
a) individuell verschieden
b)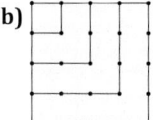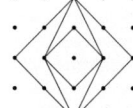
Es lassen sich insgesamt neun verschiedene Vierecke mit gleich langen Seiten spannen.
c) Bei allen Vierecken aus Teilaufgabe b) sind die gegenüberliegenden Seiten zueinander parallel, auch bei den folgenden 20 Vierecken (mit je zwei Paaren gleich langer Seiten):
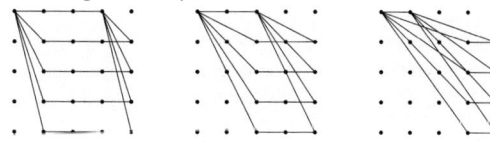
d)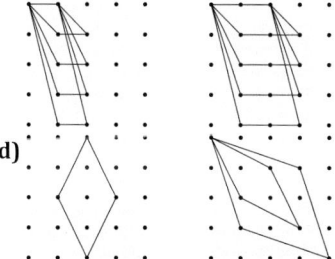

2 *Bastelübung: ein Parallelogramm durch zwei übereinander gelegte Rechtecke aus Transparentpapier erzeugen*
a) Entstehen kann ein Viereck mit vier rechten Winkeln der Höhe 6 cm und der Breite 4 cm (Rechteck) oder viele Vierecke mit gegenüberliegenden parallelen Seiten (Parallelogramme).
b) Präsentationsaufgabe

3 *Vierecke nach ihren Eigenschaften sortieren*
Eigenschaften z.B.
2 Paare gegenüberliegender gleich langer Seiten: A, B, D, E, F, H, K
2 Paare gleich langer Seiten: A, B, D, E, F, G, H, I, J, K
2 Paare benachbarter gleich langer Seiten: A, D, F, G, I
4 gleich lange Seiten: A, D, F; 4 rechte Winkel: D, F, H, K
4 rechte Winkel und 4 gleich lange Seiten: D, F
2 Paare gegenüberliegender gleich langer Seiten und 4 rechte Winkel: D, F, H, K
1 Paar gegenüberliegender paralleler Seiten: A, B, C, D, E, F, H, J, K
Verwandtschaftsbeziehungen: z.B. zwischen allen Vierecken mit 4 rechten Winkeln (D, F, H, K) und denen mit 4 rechten Winkel und 4 gleich langen Seiten (D, F).

Basisaufgaben

Seite 125

1 *Rechtecke erkennen*
Figuren ①, ⑤ und ⑥ sind Rechtecke, da alle vier Seiten senkrecht aufeinander stehen.

2 *Rechtecke erkennen*
Insgesamt sind 9 Rechtecke zu erkennen, und zwar kleine Rechtecke, wovon jeweils zwei eines der vier größeren Rechtecke ergeben, und schließlich das große Quadrat, was auch ein Rechteck ist.

3 *mit den Rechteckeigenschaften argumentieren*
a) Benachbarte Seiten sind nicht senkrecht zueinander.
b) Nicht alle benachbarten Seiten sind senkrecht zueinander; 1 Paar gegenüberliegender Seiten ist nicht gleich lang und parallel.
c) Benachbarte Seiten sind nicht senkrecht zueinander.
d) Keine der Eigenschaften ist erfüllt.

4 *Rechtecke zeichnen*
Zeichenübung

5 *Quadrate zeichnen*
Zeichenübung

6 *Vierecke und Diagonalen zeichnen*
Zeichenübung; Im Quadrat sind die Diagonalen gleich lang, im Rechteck nicht. Bei beiden Vierecken stehen die Diagonalen senkrecht zueinander.

7 *schräg liegende Rechtecke zeichnen*
Zeichenübung

8 *schräg liegende Quadrate zeichnen*
Zeichenübung

9 *Vierecke abzeichnen und benennen*
Zeichenübung; mit Begründungen: ① Rechteck; ② Quadrat; ③ Parallelogramm; ④ Parallelogramm; ⑤ Raute; ⑥ Rechteck; ⑦ Quadrat

10 *Vierecksarten identifizieren*
Aufgabe 1: ① Rechteck; ② Raute; ③ Drachen; ④ Parallelogramm; ⑤ Quadrat; ⑥ Rechteck
Aufgabe 3: a) Parallelogramm b) Trapez c) Raute d) Drachen

Seite 126

11 *Viereckssarten finden, dynamische Darstellung*
a) Wenn die Abstände benachbarter Nägel gleich sind, entstehen Rauten, sogar ein Quadrat.
b) Die Diagonalen stehen senkrecht aufeinander. Im Quadrat sind sie gleich lang, im Rechteck nicht.
c) Wenn die Abstände gegenüberliegender Nägel gleich sind, entstehen Parallelogramme, sogar ein Rechteck.

12 *Viereckformen am Geobrett spannen*
Raute: 2 Möglichkeiten: Entweder wird der untere oder der obere Eckpunkt eins nach oben verlegt.
Parallelogramm: 4 Möglichkeiten: Zusätzlich zu den 2 Möglichkeiten, eine Raute zu erzeugen, kann noch der linke oder rechte Eckpunkt eins nach unten verlegt werden.
Trapez: 6 Möglichkeiten: Zusätzlich zu den 4 Möglichkeiten ein Parallelogramm zu erzeugen, kann noch der linke Eckpunkt eins nach links oder der rechte Eckpunkt eins nach rechts verlegt werden.

13 *Viereckssarten im Koordinatensystem erkennen und Koordinaten ermitteln*
a) Raute; $A(1|3)$; $B(5|1)$; $C(9|3)$; $D(5|5)$
b) Parallelogramm; $A(2|3)$; $B(8|1)$; $C(8|4)$; $D(2|6)$
c) Trapez; $A(0|1)$; $B(7|1)$; $C(6|6)$; $D(2|6)$
d) allgemeines Viereck; $A(0|2)$; $B(4|1)$; $C(8|6)$; $D(2|5)$

14 *Rechtecke aus Streichhölzern legen*

	Anzahl der Streichhölzer	
	Seite a	Seite b
Rechteck 1	1	7
Rechteck 2	2	6
Rechteck 3	3	5
Rechteck 4	4	4

Weiterführende Aufgaben

Seite 126

15 *Figuren zu Parallelogramm ergänzen*
Zeichenübung   **a)** $C(13|8)$ **b)** $D(3|13)$

16 *Figuren zu einem Parallelogramm ergänzen*

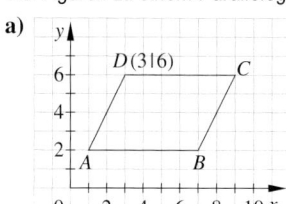

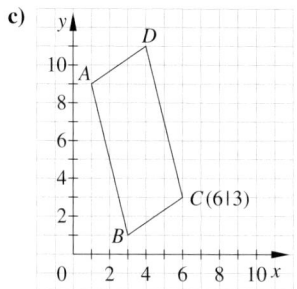

17 *Diagonalen in Vierecken untersuchen*
a) Rechteck und Quadrat
b) Raute und Quadrat
c) Präsentationsaufgabe; Es bietet sich eine mengendiagrammartige Darstellung an.

18 *Diagonalen im „Haus vom Nikolaus" benennen, Figur nachzeichnen*

Seite 127

19 *Die Beziehungen der Vierecke im Haus der Vierecke*
a) Ja, die Pfeile stimmen.
b) Wenn man mehreren Pfeilen nacheinander folgen kann, fehlen keine Pfeile.
c) Das stimmt. Wenn jedes Quadrat eine Raute ist und jede Raute ein Drachen, dann ist auch jedes Quadrat als Raute ein Drachen.
Weitere Sätze sind z.B.: Jedes Quadrat ist auch ein Parallelogramm. Jedes Rechteck ist auch ein Trapez.

20 *Dreiecke zu besonderen Vierecken ergänzen*

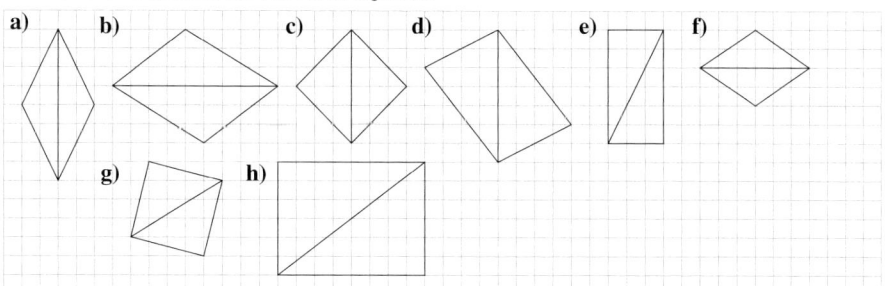

a) Raute	**b)** Parallelogramm	**c)** Quadrat	**d)** Parallelogramm
e) Rechteck	**f)** Raute	**g)** Quadrat	**h)** Rechteck

Seite 127

21 *Vierecke nach Beschreibung identifizieren und zeichnen*
a) allgemeines Viereck   b) z.B. gleichschenkliges Trapez   c) Rechteck oder Parallelogramm
d) z.B. gleichschenkliges Trapez

22 *Trapeze von einem Punkt aus zeichnen*
mögliche Lösungen: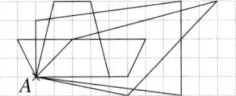

23 *Falt- und Schneideübung: Viereckformen herstellen*
a) Bastelübung; individuell verschieden
b) Es entstehen Rauten.
c) Bei zweimaligem Falten kann mit einem Schnitt ein Viereck entstehen.
Bei dreimaligem Falten können mit einem Schnitt 2 (= 2 · 1) Vierecke entstehen.
Bei viermaligem Falten können mit einem Schnitt 4 (= 2 · 2) Vierecke entstehen.
Bei fünfmaligem Falten können mit einem Schnitt 8 (= 2 · 4) Vierecke entstehen.
usw.
d) individuell verschieden

Methode: Quadrate und Rechtecke zeichnen

Seite 128

Mit dieser Seite wird in einer übersichtlichen Darstellung das Zeichnen von Rechtecken und Quadraten mit Hilfe des Geodreiecks und gegebenenfalls des Zirkels vorgestellt. So kann es den Schülerinnen und Schülern als Nachschlagemöglichkeit dienen, wenn sie solche Zeichnungen anfertigen müssen.

Methode: Argumentieren und Begründen

Seite 129

Das Überprüfen von mathematischen Behauptungen bereitet vielen Schülerinnen und Schülern Schwierigkeiten. Meist sehen sie die Behauptung, jedes Quadrat ist auch ein Rechteck, als falsch an, da sie meinen, bei Rechtecken müssten stets zwei Seiten länger als die anderen beiden Seiten sein. Mit Hilfe der Aussagen soll erarbeitet werden, welche Begründungen für diese Behauptung sinnvoll und ausreichend sind. Anschließend soll durch ein Gegenbeispiel die umgekehrte Behauptung widerlegt werden.

24 *eine Behauptung über Vierecke beurteilen; geeignet begründen*
a) Die Aussagen oben rechts und unten links sind begründete Aussagen.
b) Lediglich die Aussage oben rechts liefert eine ausreichende Begründung.
c) Zeichne ein Rechteck mit unterschiedlichen Seitenlängen.

25 *eine Behauptung über Vierecke beurteilen; geeignet begründen*
a) falsch; Gegenbeispiel Parallelogramm   b) falsch; Gegenbeispiel Parallelogramm
c) wahr; das ist die Definition eines Rechtecks.

26 *eine Behauptung widerlegen*
Lena könnte Nikos Behauptung z.B. mit
diesem Gegenbeispiel widerlegen: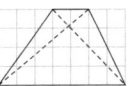

Methode: Zeichnen mit einem Geometrieprogramm

Seite 130

Dynamische Geometrie-Software ist zu einem Standard-Werkzeug des Geometrieunterrichts geworden.
Anhand einfacher Beispiele erfolgt hier eine erste praktische Einführung in das Programm GeoGebra. Es werden Punkte gesetzt, benannt, gelöscht und verschoben, die im Kapitel kennengelernten Objekte wie Strecke, Strahl und Geraden werden gezeichnet. Zusammen mit Kreisen und Vielecken entstehen daraus die ersten Zeichnungen.

1
Lösungswort: PRIMA; $P(2|3)$; $R(3|3)$; $I(4|3)$; $M(5|3)$; $A(6|3)$

2
Es gibt mehrere Lösungen, z.B.:
M 3 Einheiten nach links
U eine Einheit nach unten
S 2 Kästchendiagonalen nach rechts unten

Seite 131

3
Man erhält den Buchstaben V.

4, 5
Zeichenübung mit GeoGebra

6
Der Schnittpunkt hat die Koordinaten $S(6|7)$.

7
Zeichenübung mit GeoGebra

Vermischte Übungen

Seite 132

1 *Streckenlängen schätzen*
a) $\overline{CD} = 20$ mm   b) $\overline{GH}$ c) $\overline{EF} = \overline{LM} = 25$ mm

2 *Strecken mit vorgegebener Länge zeichnen*
Zeichenübung

3 *Strahlen zeichnen*

a) 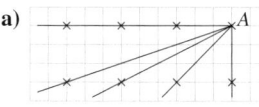 b) 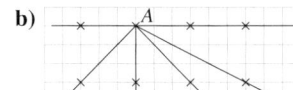   a) 5 Strahlen
   b) 6 Strahlen

4 *Geraden durch vorgegebene Punkte zeichnen*

a) 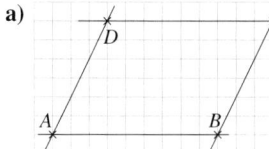 b)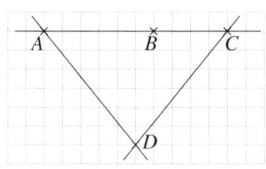

5 *zueinander parallele Geraden erkennen*

‖	g_1	g_2	g_3	g_4	g_5	g_6	g_7
g_3		×	×				
g_4	×			×			
g_5				×			
g_6						×	×

6 *Gerade und Strahl unterscheiden*
Ein Strahl hat einen Anfang, eine Gerade nicht.

7 *zueinander senkrechte Geraden zeichnen, Punkte in gegebenem Abstand bestimmen*
Zeichenübung

8 *Streckenlängen schätzen (optische Täuschung)*
Es handelt sich um eine optische Täuschung, beide Strecken sind 2,5 cm lang.

9 *Punkte mit gegebenem Abstand markieren*
Zeichenübung; individuell verschieden
Bei Aufgabenteil d) kann folgendermaßen vorgegangen werden:
Zunächst zeichnet man eine Parallele zu g im Abstand 4 cm. Diese muss auf der gleichen Seite wie R liegen. Anschließend bestimmt man mit dem Geodreieck oder besser durch das Zeichnen eines Kreisbogens um R mit dem Radius 2 cm die beiden Punkte dieser Geraden, die von R den Abstand 2 cm haben.

Seite 133

10 *Abstände Punkt - Gerade messen*
a) 12 mm   b) 12 mm   c) 12 mm   d) 15 mm   e) 27 mm   f) 15 mm

11 *zu gegebenen Geraden parallele Geraden zeichnen*
Zeichenübung; individuell verschieden

Geometrische Figuren zeichnen

Seite 133

12 *Koordinaten ablesen; Zeichenübung im Koordinatensystem*
$A(1|2)$; $B(5|2)$; $C(6|1)$; $D(8|1)$; $E(9|2)$; $F(9|3)$; $G(8|4)$; $H(8|3)$; $I(8|2)$; $J(7|2)$; $K(7|4)$; $L(7|5)$; $M(11|5)$; $N(3|5)$; $O(6|4)$; $P(5|3)$; $Q(2|3)$; $R(1|4)$

13 *Punkte im Koordinatensystem markieren, Verdopplung von Koordinatenwerten untersuchen*
Die Strecken liegen parallel zueinander. Das gilt immer, wenn man die Koordinaten beider Punkte verdoppelt (oder mit einem anderen, beliebigen, aber konstanten Faktor multipliziert).

14 *Abstand Punkt – Gerade bestimmen*
Zeichen- und Messübung; individuell verschieden

15 *zueinander parallele und senkrechte Geraden zeichnen*
Zeichenübung; Durch die vier Geraden entsteht ein Rechteck mit den Seitenlängen 3,2 cm und 2,6 cm.

16 *Kreisradien messen und Durchmesser berechnen*
$r_1 = 2{,}3$ cm; $d_1 = 4{,}6$ cm; $r_2 = 1{,}6$ cm; $d_2 = 3{,}2$ cm; $r_3 = 0{,}9$ cm; $d_3 = 1{,}8$ cm

17 *Kreise zeichnen*
Zeichenübung

18 *Aussagen zu parallelen und senkrechten Geraden bewerten*
a) Nein, A und B können den Abstand 5 cm haben, wenn sie entweder auf verschiedenen Seiten der Gerade liegen oder die Gerade durch A und B senkrecht auf g steht. Ansonsten lässt sich über den Abstand von A und B nur sagen, dass er mindestens 1 cm betragen muss.
b) Die Aussage ist richtig. Alle vier Geraden bilden ein Rechteck

Seite 134

19 *Anwendung: mathematische Fachbegriffe verwenden*
a) Basketball
b) Das Spielfeld wird begrenzt durch zwei Paare paralleler Strecken mit den Längen 28 m und 15 m. Diese stehen paarweise senkrecht aufeinander.
Genau zwischen der hinteren und vorderen Begrenzung befindet sich parallel dazu die Mittellinie, die ebenfalls 15 m lang ist.
Um den Mittelpunkt dieser Linie befindet sich der Anwurfkreis mit einem Radius von 1,80 m.
b) Die 3-Punkte-Linie besteht aus einem Halbkreis mit dem Radius 6,25 m und dem Korb als Mittelpunkt, an dessen Enden sich zwei Strecken der Länge 1,60 m anschließen, die die Grundlinie senkrecht schneiden.
Im Abstand von 5,80 m zur Grundlinie befindet sich parallel (und mittig) eine 3,60 m lange Strecke, die Freiwurflinie.
Die Angriffszone wird begrenzt durch zwei Strecken, die als Startpunkte jeweils die Punkte der Grundlinie haben, die 3 m von deren Mittelpunkt entfernt liegen und als Endpunkte die Endpunkte der Freiwurflinie haben. Die Enden dieser beiden Strecken werden durch einen Halbkreis um den Mittelpunkt der Freiwurflinie mit dem Radius 1,80 m verbunden.

20 *Muster aus Quadraten zeichnen und ergänzen*
Zeichenübung; die Quadrate können entweder innen (in dem weißen Quadrat) oder außen um das blaue Quadrat herum ergänzt werden.

21 *Viereckformen erkennen und benennen*

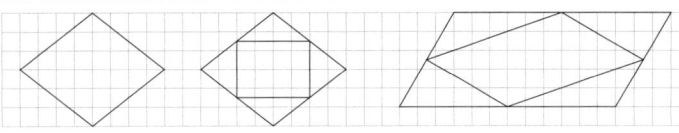

Es entstehen eine Raute, ein Rechteck und ein Parallelogramm.

22 *Vieleckformen zeichnen und benennen*
Zeichenübung
a) Dreieck **b)** Fünfeck **c)** Viereck **d)** Sechseck

Seite 134

23 *Merkmale verschiedener Viereckformen zuordnen*

	□	▭	▱	◇	▽	▱
gegenüberliegende Seiten sind gleich lang	×	×	×	×		
benachbarte Seiten sind gleich lang			×		×	
benachbarte Seiten sind senkrecht zueinander	×	×				
alle Seiten sind gleich lang	×		×			
zwei Seiten sind parallel zueinander	×	×	×	×		×
zwei Paare benachbarter Seiten sind gleich lang	×		×	×		

24 *Aussagen über Vierecke beurteilen*
a) wahr, denn in jedem Rechteck sind die gegenüberliegenden Seiten gleich lang (Eigenschaft eines Parallelogramms)
b) falsch; Gegenbeispiel: ein Drachen (in dem zwei Seiten unterschiedlich lang sind)
c) wahr, denn in jedem Quadrat sind alle Seiten gleich lang, und somit auch zwei Paare von benachbarten Seiten (Eigenschaft eines Drachens)
d) wahr, denn in jeder Raute sind die gegenüberliegenden Seiten parallel, also auch ein Paar von ihnen (Eigenschaft eines Trapezes)
e) falsch; Gegenbeispiel: ein Rechteck (in dem nicht alle Seiten gleich lang sind)

25 *Punkte zu einer Raute oder einem Parallelogramm ergänzen*
Bei den Aufgaben a) und b) ist eine Raute nicht möglich, da die drei gegebenen Punkte kein gleichseitiges Dreieck ergeben.
Bei den Aufgaben c) und d) werden als Parallelogrammpunkte nur diejenigen angegeben, bei denen nicht als Parallelogramm eine Raute entsteht.

	Parallelogramm	Raute	Drachen	Trapez
a)	$D(7|11)$; $D'(19|5)$			
b)	$D(6|19)$; $D'(0|11)$			
c)	$D(2|7)$; $D'(14|7)$	$D(2|7)$	z.B. $D(0|9)$; $D_1(1|8)$; $D_2(2|7)$; ...	z.B. $D(0|7)$; $D_1(1|7)$; $D_3(2|3)$; ...
d)	$D(14|17)$; $D'(22|7)$	$D(14|17)$	z.B. $D(14|8)$; $D_1(14|13)$; $D_2(14|17)$; ...	z.B. $D(14|17)$; $D_1(10|22)$; $D_2(18|22)$; ...

Seite 135

26 *Vierecke mit bestimmten Eigenschaften zeichnen*
dringend gesucht: Quadrat; wanted: Rechteck

27 *Parallelogramme mit gleich langen Seiten zeichnen*
Zeichenübung; Es ergeben sich Rauten oder ein Quadrat mit der Seitenlänge 4 cm.

28 *mit den Eigenschaften von Vierecken argumentieren*
Sarah hat Recht. Alle Figuren sind Parallelogramme, B, D, E sind Rechtecke, B, E, F sind Rauten, B, E, F sind Drachen, alle Vierecke sind Trapeze und B, E sind Quadrate.

29 *Figuren am Geobrett spannen, Eigenschaften von Vierecken nutzen*
Unterschieden werden nur unterschiedliche Formen, nicht jedoch unterschiedliche Lagen oder Orientierungen auf dem Geobrett.
a) Trapeze mit Seitenlängen   2 und 1: $3 \cdot 4 = 12$
                                     3 und 1: $3 \cdot 4 = 12$
                                     4 und 1: $2 \cdot 4 = 8$
                                     3 und 2: $2 \cdot 4 = 8$
                                     4 und 2: $2 \cdot 4 = 8$
                                     4 und 3: $1 \cdot 4 = 4$;   insgesamt 52

Alle Trapeze mit den Seitenlängen 2 und 1 sind z.B.:

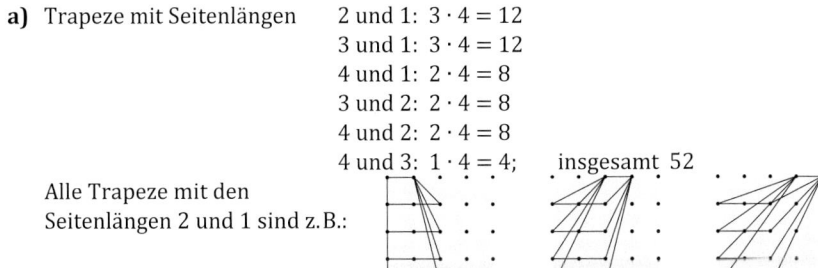

b) Es handelt sich um folgende insgesamt 19 Drachenvierecke:
9 Rauten (siehe Seite 123, Nr. 1 b); 10 echte Drachenvierecke (siehe Darstellung)

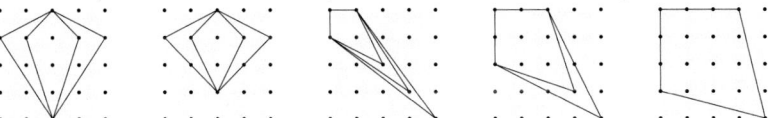

Weggelassen wurden hier die konkaven Drachenvierecke (bei denen eine Diagonale außerhalb liegt).

Seite 135

29 (Fortsetzung)

c) Beispiel für ein konkaves Viereck:

konkave Vierecke auf einem   3 · 3-Brett: 4
zusätzlich auf einem   3 · 4-Brett: 28
zusätzlich auf einem   4 · 4-Brett: 36
zusätzlich auf einem   5 · 3-Brett: 47
zusätzlich auf einem   5 · 4-Brett: 91
zusätzlich auf einem   5 · 5-Brett: 180   insgesamt 298

d) Es handelt sich um Quadrate, also 6. (siehe auch Seite 123, Nr. 1 b)

30 *Aussagen über Kreise bewerten*

a) falsch; C hat von den Punkten auf dem Kreis einen unterschiedlichen Abstand.
b) falsch; der Durchmesser beträgt 3 Einheiten, der Radius beträgt 1,5 Einheiten.
c) wahr; die Aussage kann durch Einzeichnen des Punktes bestätigt werden.
d) wahr; der Durchmesser d eines Kreises besteht aus zwei Mal dem Radius r. Also gilt die Behauptung.

31 *Vierecke aufgrund ihrer Eigenschaften zuordnen*

Alle abgebildeten Vierecke sind Parallelogramme und gehören zu Clara.
Folgende Vierecke sind Rauten und gehören somit auch zu Jonas: das lilafarbene Viereck oben in der Mitte, das grüne Viereck unten links und das Quadrat oben rechts.
Ratlos sind die beiden grünen Vierecke: Beide gehören eigentlich zu Clara *und* Jonas.
Zu früh freut sich das lilafarbene Viereck oben in der Mitte: Es gehört ebenfalls zu beiden, hat das Problem aber offenbar noch nicht erkannt.

32 *Vielecke in Parkettierungen erkennen; Parkettierung entwerfen*

a) Die Parkettierung wird aus sich überschneidenden Achtecken erzeugt.
Die entstehenden Vielecke sind Vierecke (Rechtecke), Sechsecke, Achtecke, Zwölfecke, Vierzehnecke und Sechzehnecke.
b) kreative Zeichenübung; individuell verschieden

Seite 136

Wo sind die Geschenke vom Weihnachtsmann?

a) Kirche im Weihnachtsdorf: (12|5); Rentierwiese: (4|3); Weihnachtswerkstatt: (9|9)
b) Fenster vom Christkind
c) Haus der Nachbarn: (15|12)
Wegbeschreibung individuell, z.B.: 1 Kästchen nach links, 1 Kästchen nach oben, 6 Kästchen nach links, 1 Kästchen nach unten, 2 Kästchen nach links, 1 Kästchen nach unten, 2 Kästchen nach links, 1 Kästchen nach unten
d) Weihnachtsberg: (7|20)
e) Versteck: (3|14)
f), g) individuell

Brüche und Verhältnisse

Noch fit?

Seite 140

1 *im Kopf dividieren*
a) 8   b) 9   c) 10   d) 11   e) 6   f) 6   g) 60   h) 60

2 *schriftlich dividieren mit Überschlagsrechnung und Probe*
a) 123   b) 234   c) 567   d) 975   e) 1357   f) 3030   g) 10203   h) 7410

3 *Größenangaben (Zeit, Länge) umrechnen*
a) 12 h   b) 45 min   c) 150 cm

Seite 140

4 *Textaufgabe zum Aufteilen*
Till darf noch vier Stücke essen, Sandra zwölf.

5 *im Kopf und schriftlich dividieren mit und ohne Rest*
a) (8) Rest 4 b) (12) kein Rest c) (7) kein Rest d) (7) Rest 1
e) (12) Rest 3 f) (8952) kein Rest g) (657) kein Rest h) (999) Rest 8
i) (1111) Rest 1 j) (200) Rest 5 k) (1010) Rest 1 l) (12 345) kein Rest

6 *Zeichenübung; Flächen (Kreis, Quadrat, Rechteck) zeichnen*

7 *Größenangaben umrechnen*
a) 50 mm b) 70 cm c) 800 cm d) 10 km e) 3000 g f) 5000 kg
g) 6,5 kg h) 0,5 t i) 235 ct j) 200 ct k) 20 € l) 123,45 €
m) 180 min n) 48 h o) 0,5 h p) 36 h

Bunt gemischt
1. Jedes Kind erhält 1,25 €.
2. Die Regel Punkt- vor Strichrechnung wurde missachtet, das richtige Ergebnis ist 17.
3. individuell verschieden; Bei einem 10-jährigen Kind: 120 Monate (3652 Tage, 87 648 Stunden). Dabei wurden 2 Schaltjahre berücksichtigt.
4. Die Fahrzeit beträgt 51 min.
5. 35 000; 34 500; 34 510

Nachgedacht
0; 1; 0; 0; ☺

Brüche als Teil eines Ganzen

Erforschen und Entdecken

Seite 141

1 *Brüche im Alltag, aus der Lebenswelt der Schülerinnen und Schüler gegriffen*
$\frac{1}{2}$; $\frac{1}{4}$; $\frac{1}{2}$; $\frac{3}{4}$; $\frac{1}{2}$. Mögliche Zusammenhänge sind Uhrzeiten, Mengenangaben und viele andere.
individuelle Geschichten zu den weiteren Beispielen

2 *Teilen eines DIN-A4-Blattes (Handlungsorientierung)*
a) Offensichtliche Lösungen sind die Faltungen entlang der Symmetrieachsen (Mittellinien) und der Diagonalen. Daneben ist auch jede Faltung entlang einer Linie durch den Mittelpunkt möglich.
b) Es reichen zwei Faltungen entlang der Symmetrieachsen.
c) Je nachdem wie gefaltet wird, entstehen bis zu 16 Teilflächen.

3 *Betonung auf Zerlegung eines Ganzen in gleich große Teile, führt auf die Bedeutung des Nenners*
① Die Pizza wird gerecht aufgeteilt.
② Die Aufteilung ist ungerecht, weil das Mittelstück größer ist als die beiden Randstücke.
③ Die Aufteilung ist ungerecht, da die Teilstücke unterschiedlich groß sind.
④ Die Aufteilung ist gerecht: Jeder erhält ein großes und eine kleines Stück.
⑤ Die Aufteilung ist gerecht: Jeder erhält zwei Stücke.

4 *Darstellung von Brüchen, Bedeutung von Nenner und Zähler*
a) Gemeinsamkeiten: Alle haben das Quadrat zunächst in gleich große Teilflächen unterteilt.
Unterschiede: Die Formen der Teilflächen sind unterschiedlich, Lucia hat zwei der Teilflächen weiter unterteilt.
b) Zeichenübung mit individuell verschiedenen Ergebnissen. Als Teilflächen bieten sich unterschiedliche Rechtecke (mit den Seitenlängen 0,5 cm und 4 cm oder 1 cm und 2 cm) oder auch Dreiecke (z.B. durch Halbierung der Teilflächen von Moritz und Mika durch Diagonalen) an. Ferner ist auch eine feinere Unterteilung wie bei Lucia möglich.
c) Zeichenübung mit individuell verschiedenen Ergebnissen. Als Anteile bieten sich Drittel, Viertel, Zwölftel, bei Unterteilung auf Karoebene auch Sechstel, Achtel, Sechzehntel, Vierundzwanzigstel und Achtundvierzigstel an.

Basisaufgaben

Seite 143

1 *Brüche benennen (Stammbrüche)*
a) $\frac{1}{6}$ b) $\frac{1}{12}$ c) $\frac{1}{8}$ d) $\frac{1}{16}$

Brüche und Verhältnisse

Seite 143

2 *Definition von Brüchen, Versprachlichung*

a)	$\frac{1}{3}$	ein Drittel	eins von drei Teilen
b)	$\frac{1}{5}$	ein Fünftel	**eins von fünf Teilen**
c)	$\frac{1}{2}$	**ein Halbes**	eins von zwei Teilen
d)	$\frac{2}{3}$	**zwei Drittel**	zwei von drei Teilen
e)	$\frac{3}{4}$	**drei Viertel**	drei von vier Teilen
f)	$\frac{7}{8}$	**sieben Achtel**	sieben von acht Teilen
g)	$\frac{4}{9}$	vier Neuntel	**vier von neun Teilen**
h)	$\frac{3}{45}$	**drei Fünftel**	drei von fünf Teilen

3 *Lückentext (Fachbegriffe, Verständnis)*
4; 3; Bruch; $\frac{3}{4}$; unter; Ganze; über; Zähler; Teile

4 *Begriffsverständnis, Begriffe und Beispiele zuordnen*
$\frac{1}{10}$ Stammbruch; $\frac{3}{10}$ echter Bruch; $\frac{10}{10}$ Ganzes

5 *Anteile benennen (Stammbrüche)*
a) $\frac{1}{2}\left(\frac{1}{2}\right)$ b) $\frac{1}{5}\left(\frac{4}{5}\right)$ c) $\frac{1}{4}\left(\frac{3}{4}\right)$ d) $\frac{1}{9}\left(\frac{8}{9}\right)$ e) $\frac{1}{8}\left(\frac{7}{8}\right)$ f) $\frac{1}{18}\left(\frac{17}{18}\right)$

6 *Anteile benennen (Stammbrüche)*
a) rot $\frac{1}{2}$; blau $\frac{1}{2}$ b) rot $\frac{1}{4}$; blau $\frac{3}{4}$ c) rot $\frac{1}{4}$; blau $\frac{3}{4}$ d) rot $\frac{1}{9}$; blau $\frac{8}{9}$
e) rot $\frac{1}{8}$; blau $\frac{7}{8}$ f) rot $\frac{1}{18}$; blau $\frac{17}{18}$ g) rot $\frac{1}{4}$; blau $\frac{3}{4}$ h) rot $\frac{1}{16}$; blau $\frac{15}{16}$
i) rot $\frac{1}{12}$; blau $\frac{11}{12}$

Seite 144

7 *Anwendung: Anteile benennen (steigender Schwierigkeitsgrad)*
a) $\frac{1}{3}$ b) $\frac{1}{2}$ c) $\frac{1}{6}$ d) jeweils $\frac{1}{3}$

8 *Brüche darstellen mit Hilfe eines Kreises, handlungsorientiert*
a) Kreis falten wie auf den Fotos, ein Teil einfärben
b) Kreis falten wie auf dem dritten Foto, dann noch einmal halbieren, auffalten, drei Teile einfärben
c) nicht möglich, weil man durch Falten nur Anteile mit den Nennern 2, 4, 8, 16, 32, ... erhält

9 *Brüche darstellen mit Hilfe eines DIN-A4-Blatts, handlungsorientiert*
Die Ergebnisse können individuell verschieden ausfallen.
In der Regel reichen bei Aufgabenteil **a)** drei Faltungen, bei **b)** vier.

10 *Anteile und Darstellungen am Kreis zuordnen*
a) ③ b) ① c) ⑤ d) ⑥ e) ④ f) ②

11 *Anteile darstellen*
Zeichnungen auf ein Viertel verkleinert; verschiedene Lösungen möglich, z.B.:

a)  b)  c)  d)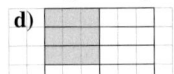

e) 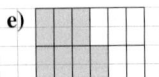 f)

12 *Anteile benennen*
a) $\frac{8}{24}\left(\text{oder }\frac{1}{3}\right)$ b) $\frac{8}{36}$ c) $\frac{8}{18}$

Brüche und Verhältnisse

Weiterführende Aufgaben

Seite 145

13 *(falsche) Darstellung von Brüchen finden und Fehler beschreiben*
①, ②, ⑤, ⑦ und ⑨ sind korrekt.
③: Es hätte eine senkrechte Reihe eingefärbt werden müssen.
④: Die Figur ist ungeeignet, um ein Drittel einzufärben, da sie aus 16 Quadraten besteht.
⑥: Es hätte die mittlere Zeile (oder andere drei Kästchen) eingefärbt werden müssen.
⑧: Die Figur ist ungeeignet, um ein Drittel einzufärben, da sie aus 16 Quadraten besteht.
⑩: Es wurden zwei Kästchen zu viel eingefärbt.

14 *Brüche in Figuren darstellen (höherer Schwierigkeitsgrad, da die Einteilung gefunden werden muss und nicht unmittelbar aus der Figur hervorgeht)*
verschiedene Lösungen möglich, z.B.:

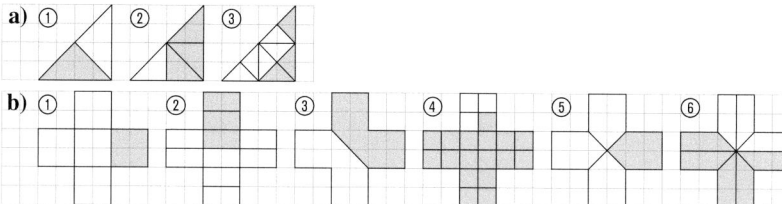

15 *Umkehrung (vom Teil zum Ganzen)*

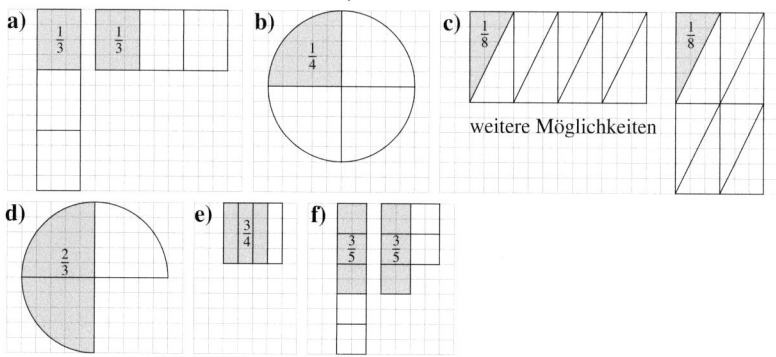

16 *Anteile in Körpern (dreidimensionale Darstellungen) bestimmen*
a) $\frac{2}{3}$ b) $\frac{3}{4}$ c) $\frac{3}{16}$

17 *Anteile in Flaggen: Anteile von Farben bestimmen, eigene Flagge nach Vorgaben zeichnen*
a) Belgien: $\frac{1}{3}$ schwarz, $\frac{1}{3}$ gelb, $\frac{1}{3}$ rot; Österreich: $\frac{2}{3}$ rot, $\frac{1}{3}$ weiß;
Griechenland: ca. $\frac{5}{9}$ blau, $\frac{4}{9}$ weiß; Schweden: ca. $\frac{2}{7}$ gelb, $\frac{5}{7}$ blau;
Grönland: $\frac{1}{2}$ rot, $\frac{1}{2}$ weiß; Spanien: $\frac{1}{2}$ rot, $\frac{1}{2}$ gelb
Tschechien: $\frac{3}{8}$ rot, $\frac{3}{8}$ weiß, $\frac{1}{4}$ blau
b) individuell verschieden; Viele europäische Flaggen bestehen zu jeweils einem Drittel aus einer Farbe.
c) Gestaltung der Flagge individuell unterschiedlich. Der Anteil der gelben Fläche beträgt $\frac{1}{2}$.

18 *„Teile" mit Hilfe einer Parallelenschar herstellen*
a) $\frac{3}{5}$
b) Mit Hilfe der parallelen Geraden wird die orangefarbene Pappe in fünf gleich große Streifen geteilt, die parallel zur kürzeren Seite der Pappe verlaufen. Die Streifen sind gleich groß, weil die Geraden immer den gleichen Abstand haben. Die obere Ecke muss auf der Geraden mit der Null liegen, die linke Ecke muss auf der Geraden liegen, die die Zahl des Nenners als Nummer hat.
c) $\frac{1}{6}$: linke Ecke auf Gerade mit Nummer 6, einen Streifen einfärben
$\frac{3}{4}$: linke Ecke auf Gerade mit Nummer 4, drei Streifen einfärben
$\frac{3}{8}$: linke Ecke auf Gerade mit Nummer 8, drei Streifen einfärben

Methode: Brüche auf dem Geobrett darstellen

Seite 146

Das Geobrett bietet eine zusätzliche Möglichkeit, Brüche handelnd darzustellen. Die Begriffe „Zähler" und „Nenner" lassen sich durch den Einsatz verschiedenfarbiger Gummis visualisieren. Falls keine Geobretter vorhanden sind, kann Geobrettpapier zur Erleichterung der Arbeit unter dem in der Randspalte angegebenen Webcode herunter geladen werden.

19, 20
individuell verschiedene Darstellungen am Geobrett

21
kleines Dreieck $\frac{1}{32}$; das „Gegenstück" $\frac{31}{32}$

22
Das Geobrett lässt sich maximal in 32 gleich große Teilflächen unterteilen. Da 32 eine Zweierpotenz ist, lassen sich nur Stammbrüche mit einer Zweierpotenz bis 32 im Nenner mit dem Geobrett darstellen, also nur: $\frac{1}{2}$; $\frac{1}{4}$; $\frac{1}{8}$; $\frac{1}{16}$; $\frac{1}{32}$

23
a) $\frac{1}{2}$ b) $\frac{3}{16}$ c) $\frac{1}{2}$ d) $\frac{3}{4}$ e) $\frac{3}{4}$ f) $\frac{1}{6}$

24
Kreativaufgabe mit individuell verschiedenen Ergebnissen

25
Es sind individuell verschiedene Lösungen möglich.

Bruchteile von Größen

Erforschen und Entdecken

Seite 147

1 *Grundvorstellung eines Bruchteils als relativer Anteil, Zugang anhand von bekannten Größen (Wassermengen in Liter) aus der Lebenswelt der Schülerinnen und Schüler*

a)
Liter (l)	$\frac{1}{4}$	$\frac{1}{2}$	$\frac{3}{4}$	1
Milliliter (ml)	250	500	750	1000

b)
c) 5000 ml; 2500 ml; 3250 ml; 4800 ml
d) 10 l; 7,5 l; 1,25 l; 8,4 l; 1,325 l

2 *Grundvorstellung eines Bruchteils als relativer Anteil, Zugang anhand von bekannten Größen (Zeitspannen)*
a) 15 min; 30 min; 45 min
b) $\frac{1}{3}$ (oder $\frac{4}{12}$ bei Einteilung in 5-Minuten-Einheiten oder $\frac{20}{60}$ bei Einteilung in Minuten)
c) „… Gesucht sind sieben Zwölftel, also müssen die 5 Minuten (= ein Zwölftel) mit sieben multipliziert werden. Somit entsprechen sieben Zwölftel 35 Minuten."
d) 25 min; 40 min; 36 min; 44 min

3 *Grundvorstellung eines Bruchteils als relativer Anteil; handelnder Zugang*
a) 15 b) 5 c) 20 d) 12 e) 3 f) 18

Basisaufgaben

Seite 148

1 *Anteile von Größenangaben (Masse) im Kopf berechnen*
a) 12 kg b) 8 kg c) 6 kg d) 16 kg e) 18 kg f) 20 kg g) 21 kg h) 10 kg

2 *Anteile von Größenangaben (Länge) zuordnen*
a) 5 m b) 3 m c) 9 m d) 6 m

Seite 149

3 *Anteile von Größenangaben (vermischte Einheiten) berechnen*
a) 318 kg b) 98 g c) 2268 m d) 556 km e) 70 mg f) 68 m g) 112 h h) 216 €

Brüche und Verhältnisse

Seite 149

4 einfache Anwendung: Anteile von Größenangaben bei einer Befragung bestimmen
a) Anzahlen: 9; 8; 6; 5; 1   b) Es sind nur 29 Schüler, die geantwortet haben.

5 Anteile von Größenangaben (vermischte Einheiten) berechnen
a) 10 m Schnur   b) 15 kg Kartoffeln   c) 30 l Wasser   d) 294 €

6 in kleinere Einheit umwandeln, mit gemischten Zahlen
a) 75 min   b) 150 min   c) 35 mm   d) 320 ct   e) 4375 g   f) 45 Monate
g) 1600 kg   h) 975 cm

7 Größenangaben mit Brüchen in nächstkleinere Einheit umwandeln
a) 400 g   b) 6 dm   c) 40 min   d) 625 kg   e) 75 ct   f) 5 mm
g) 7 cm   h) 375 m   i) 350 g   j) 275 mg   k) 32 s   l) 25 d

8 Größenangaben mit Brüchen in kleinere Einheit umwandeln
a) 75 cm   b) 45 mm   c) 68 cm   d) 3875 mm   e) 1350 s   f) 640 min
g) 2 187 500 g   h) 500 280 cm

9 Größenangaben in kleinere Einheit umwandeln, dann Anteil bestimmen
a) 1750 m   b) 1625 m   c) 7200 g   d) 12500 g   e) 38 750 kg   f) 18 200 kg
g) 6750 mg   h) 21 750 mg

10 Anteile bestimmen; Umwandlung selbst entscheiden
a) 75 mm   b) 4500 m   c) 16 kg   d) 375 dm   e) 65 t   f) 91 €   g) 38 min   h) 224 mm

11 einfache Anwendung: in kleinere Einheit umrechnen (kg in g; l in ml)
300 g Puderzucker, 200 g Mehl, 100 g geriebene Nüsse, 125 ml kaltes Wasser, 125 ml Öl

12 Anwendung: verschiedene Sprechweisen für Anteile
a) Es sind 14 Jungen.
b) 21 Schülerinnen und Schüler besitzen einen Computer.
c) 7 Schülerinnen und Schüler kommen mit dem Bus zur Schule.
d) 16 Schülerinnen und Schüler lieben Pizza.

Weiterführende Aufgaben

Seite 150

13 Anteile bestimmen mit Umwandeln in kleinere Einheit; Ganze berücksichtigen
a) 1875 ct (= 18,75 €)   b) 279 mm   c) 11,50 €   d) 38 400 g
e) 3375 kg   f) 1625 dm   g) 720 mm + 432 mm = 1152 mm   h) 17 000 mg + 2720 mg = 19 720 mg
Lösungswort: LISSABON   Das ist die Hauptstadt von Portugal.

14 in größere und kleinere Einheiten umwandeln
a) 5 dm   b) 200 kg   c) 15 min   d) 375 g   e) 240 m   f) 80 ct   g) $\frac{3}{4}$ m
h) $\frac{1}{8}$ kg   i) $\frac{1}{3}$ h   j) $\frac{1}{2}$ €   k) $\frac{3}{20}$ km   l) $\frac{2}{15}$ min   m) $\frac{4}{5}$ kg   n) $\frac{7}{15}$ h

15 Anwendung: Anteile und Anzahlen berechnen; Gesamtzahl bestimmen

Fach	Anteil	Anzahl
Sport	$\frac{1}{4}$	7
Mathe	$\frac{8}{28}$	8
Biologie	$\frac{1}{7}$	4
Englisch	$\frac{1}{28}$	1
Erdkunde	$\frac{3}{14}$	6
Kunst	$\frac{2}{28}$	2

16 Anwendung: Anteile berechnen, Rückschluss auf Gesamtzahl ziehen
Man prüft jeweils, ob die Gesamtzahl der Schülerinnen und Schüler, also 30 bzw. 28, durch den Nenner des Bruches teilbar ist.
a) 5d (16 S.)   b) 5c (18 S.)   c) 5c (10 S.)   d) 5d (10 S.)

Seite 150

17 *Veranschaulichung zur Berechnen von Bruchteilen von Größen nachvollziehen und erläutern*
a) Zuerst wird die Länge des Stabes verdoppelt, weil der Zähler des Bruches 2 ist. Dann wird das verlängerte Stück in drei Teile geteilt, weil 3 der Nenner des Bruches ist.
Die Länge eines roten Stückes ist $\frac{2}{3}$-mal so lang wie der ursprünglich eingesetzte Stab.
b) Die Maschinen dürfen getauscht werden, da beide Maschinen „Punktrechnung" symbolisieren.

18 *vom Teil zum Ganzen, teilweise mit Umrechnen in kleinere Einheit*
a) 80 €   b) 20 kg   c) 1 h   d) 1 Jahr   e) 27 m   f) 15 g

19 *zwei Größenangaben vergleichen*
a) $\frac{1}{3}$ von 30 kg ist mehr, da die Anteile gleich, 30 kg aber mehr als 21 kg ist.
b) Ein Vergleich der Nenner ergibt, dass $\frac{3}{5}$ mehr ist, da das Teilen durch 5 mehr ergibt als das Teilen durch 10.
c) Ein Vergleich der Zähler ergibt, dass $\frac{2}{3}$ mehr ist, da nach Division durch 3 noch mit 2 multipliziert wird.
d) $\frac{7}{8}$ ist mehr, da $\frac{3}{4} = \frac{6}{8}$ und Multiplikation mit 7 zu einem größeren Ergebnis führt als Multiplikation mit 6.

20 *Anwendung: Anteile bestimmen; Größen berechnen*
a) Miete: $\frac{2}{5}$; Lebensmittel: $\frac{1}{5}$; Sparen: $\frac{1}{10}$; Sonstiges: $\frac{3}{10}$
b) Miete: 600 €; Lebensmittel: 300 €; Sparen: 150 €; Sonstiges: 450 €

Brüche kürzen und erweitern

Erforschen und Entdecken

Seite 151

1 *Papier falten, um verschiedene Anteile zu erzeugen*
a) $\frac{2}{8}$ b) $\frac{4}{16}$; $\frac{8}{32}$; $\frac{16}{24}$; $\frac{32}{128}$ usw. (z.T. nicht mehr gut zu falten)

2 *Einführung in das Kürzen und Erweitern durch Vergröberung und Verfeinerung von Einteilungen*
a) Conny: $\frac{2}{4}$ Paul: $\frac{4}{8}$ Mona: $\frac{6}{12}$ Das ist jeweils die Hälfte der Pizza.
b) Conny: $\frac{1}{4}$ Paul: $\frac{2}{8}$ Mona: $\frac{3}{12}$ Das ist jeweils ein Viertel der Pizza.
c) Zeichen- und Schneideübung;
Die Anteile der mit Salami, Pilzen und Paprika belegten Pizzen sind jeweils gleich und entsprechen bei Salami $\frac{1}{2}$ und bei Pilzen und Paprika jeweils $\frac{1}{4}$.
d) Jedes Kind kann insgesamt $\frac{1}{2}$ Pizza essen.
e) Von dem Salamibelag kann jeder $\frac{1}{4}$ Blech bekommen (2 mal $\frac{1}{4}$ von Connys Pizza, 2 mal $\frac{1}{8}$ von Pauls Pizza und 2 mal $\frac{3}{12}$ von Monas Pizza).
Bei dem Paprika- und dem Pilzbelag muss jedes Kind jeweils $\frac{1}{8}$ bekommen.
Die beiden Stücke auf Connys Pizza müssen halbiert werden.
Die Stücke auf Pauls Pizza haben bereits die richtige Größe.
Auf Monas Pizza müssen die Zwölftel halbiert werden. Zwei Kinder bekommen von diesem Blech je $\frac{3}{24}$, entsprechend $\frac{1}{8}$.

3 *einen Anteil in verschiedenen Figuren markieren*
Lösungsbeispiele:
Vorgehensweise:
Jede Figur muss in vier Teile eingeteilt werden, davon müssen drei eingefärbt werden.

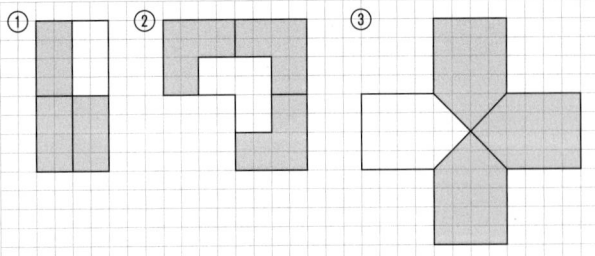

Basisaufgaben

Seite 152

1 *Vergrößerungen und Verfeinerungen von Anteilen in Figuren erkennen*
a) $\frac{1}{3} \to \frac{2}{6}$ (erw.)   b) $\frac{9}{12} \to \frac{3}{4}$ (gek.)   c) $\frac{1}{2} \to \frac{4}{8}$ (erw.)   d) $\frac{8}{10} \to \frac{4}{5}$ (gek.)

Brüche und Verhältnisse

Seite 152

2 *Anteile in Figuren verfeinern oder vergröbern*

a) $\frac{3}{4} \to \frac{6}{8}$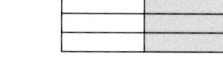

b) $\frac{1}{3} \to \frac{4}{12}$

c) $\frac{1}{2} \to \frac{3}{6}$

3 *Vergröberung/Verfeinerung zeichnerisch darstellen*

a) b) c)

d) e) f)

4 *Lückentext zum Erweitern*

erweitert; verfeinert; $\frac{1}{2}$; $\frac{3}{6}$; 3; Wert; Fläche

5 *anhand einer Abbildung erklären, was beim Kürzen geschieht*

z.B.: Die Abbildung zeigt, wie ein Bruch gekürzt wird. Die Einteilung des Ganzen in Zwölftel wird vergröbert zu einer Einteilung in Viertel. So wird der Bruch $\frac{3}{12}$ zum Bruch $\frac{1}{4}$. Zähler und Nenner des Bruchs werden durch den Faktor 3 dividiert. Der Wert des Bruchs ändert sich dadurch nicht, denn die markierte Fläche bleibt gleich groß.

6 *Abbildungen und Brüche einander zuordnen*

a) $\frac{1}{3}; \frac{2}{6}; \frac{3}{9}; \frac{4}{12}$ b) $\frac{3}{4}; \frac{6}{8}; \frac{12}{16}; \frac{15}{20}$

7 *Brüche mit 5 kürzen*

a) $\frac{3}{5}$ b) $\frac{8}{20}$ c) $\frac{7}{9}$ d) $\frac{6}{10}$ e) $\frac{2}{11}$ f) $\frac{13}{15}$ g) $\frac{4}{6}$ h) $\frac{9}{12}$ i) $\frac{16}{19}$ j) $\frac{21}{25}$

8 *Brüche mit 3 erweitern*

a) $\frac{6}{15}$ b) $\frac{9}{12}$ c) $\frac{18}{33}$ d) $\frac{15}{21}$ e) $\frac{12}{27}$ f) $\frac{3}{9}$ g) $\frac{15}{18}$ h) $\frac{21}{24}$ i) $\frac{36}{69}$ j) $\frac{75}{93}$

9 *angeben, mit welcher Zahl erweitert bzw. gekürzt wurde*

a) mit 2 gekürzt   b) mit 6 gekürzt   c) mit 12 gekürzt
d) mit 3 erweitert   e) mit 2 erweitert   f) mit 4 erweitert
g) mit 24 gekürzt   h) mit 7 gekürzt   i) mit 4 erweitert

Seite 153

10 *fehlende Zahlen beim Erweitern und Kürzen finden*

a) 20   b) 24   c) 20   d) 28   e) 18   f) 56

11 *Brüche mit 3, 5 und 7 erweitern*

Bruch	erweitert mit		
	3	5	7
$\frac{2}{3}$	$\frac{6}{9}$	$\frac{10}{15}$	$\frac{14}{21}$
$\frac{4}{5}$	$\frac{12}{15}$	$\frac{20}{25}$	$\frac{28}{35}$
$\frac{3}{8}$	$\frac{9}{24}$	$\frac{15}{40}$	$\frac{21}{56}$
$\frac{5}{7}$	$\frac{15}{21}$	$\frac{25}{35}$	$\frac{35}{49}$
$\frac{6}{11}$	$\frac{18}{33}$	$\frac{30}{55}$	$\frac{42}{77}$
$\frac{12}{13}$	$\frac{36}{39}$	$\frac{60}{65}$	$\frac{84}{91}$

12 *Argumentation zum Erweitern und Kürzen von Brüchen*

z.B.: Es fehlen $\frac{2}{8}$ der Käseecken, denn insgesamt passen 8 Ecken in die Packung, es sind aber nur 6 darin. $\frac{2}{8}$ der Packung ist jedoch genauso viel Käse wie $\frac{1}{4}$ der Packung. Beide Angaben sind richtig.

13 *fehlende Zahlen beim Kürzen oder Erweitern bestimmen*

a) 3   b) 5   c) 3   d) 5   e) 1   f) 7
Lösungswort: DUBLIN (Hauptstadt von Irland)

Brüche und Verhältnisse

Seite 153

14 *fehlende Zahlen beim Kürzen oder Erweitern bestimmen, Schreibweise mit Variable*
a) 7 b) 9 c) 5 d) 10 e) 24 f) 11

15 *Brüche auf gegebenen Nenner 24 erweitern*
a) $\frac{16}{24}$ b) $\frac{14}{24}$ c) $\frac{9}{24}$ d) $\frac{12}{24}$ e) $\frac{20}{24}$

16 *Brüche auf gegebenen Nenner 48 erweitern*
a) $\frac{24}{48}$ b) $\frac{40}{48}$ c) $\frac{28}{48}$ d) $\frac{46}{48}$ e) $\frac{112}{48}$

17 *prüfen, ob richtig erweitert bzw. gekürzt wurde*
a) ja; erweitert mit 12
b) nein; Zähler wurde mit 9, Nenner mit 8 multipliziert
c) nein; Nenner 9 nicht erweiterbar auf 95
d) ja; gekürzt mit 8
e) nein; Zähler 154 nicht kürzbar auf 15
f) nein; Zähler 105 nicht kürzbar auf 34

18 *gleichwertige Brüche erkennen*
$\frac{2}{7} = \frac{6}{21} = \frac{20}{70}$ $\frac{1}{3} = \frac{9}{27} = \frac{7}{21}$ $\frac{5}{6} = \frac{15}{18} = \frac{25}{30}$ $\frac{3}{5} = \frac{9}{15} = \frac{21}{35}$ $\frac{1}{9} = \frac{4}{36} = \frac{10}{90}$

19 *Bruchdomino erstellen*
individuell verschiedene Ergebnisse

Weiterführende Aufgaben

Seite 154

20 *mehrere fehlende Zahlen beim Kürzen oder Erweitern bestimmen*
a) $\frac{60}{180} = \frac{30}{90} = \frac{6}{18} = \frac{2}{6} = \frac{1}{3}$ b) $\frac{72}{270} = \frac{36}{135} = \frac{12}{45} = \frac{4}{15}$ c) $\frac{240}{360} = \frac{48}{72} = \frac{12}{18} = \frac{4}{6} = \frac{2}{3}$
d) $\frac{240}{288} = \frac{60}{72} = \frac{20}{24} = \frac{10}{12} = \frac{5}{6}$ e) $\frac{90}{630} = \frac{45}{315} = \frac{15}{105} = \frac{5}{35} = \frac{1}{7}$ f) $\frac{144}{360} = \frac{72}{180} = \frac{24}{60} = \frac{6}{15} = \frac{2}{5}$

21 *so weit wie möglich kürzen*
a) $\frac{4}{5}$ b) $\frac{5}{6}$ c) $\frac{6}{7}$ d) $\frac{7}{8}$ e) $\frac{2}{5}$ f) $\frac{2}{3}$ g) $\frac{4}{5}$ h) $\frac{3}{7}$
i) $\frac{5}{7}$ j) $\frac{2}{3}$ k) $\frac{5}{6}$ l) $\frac{3}{5}$ m) $\frac{7}{8}$ n) $\frac{5}{9}$ o) $\frac{17}{36}$ p) $\frac{18}{23}$

22 *so weit wie möglich kürzen*
a) $\frac{4}{5}$ b) $\frac{1}{3}$ c) $\frac{5}{12}$ d) $\frac{3}{8}$ e) $\frac{16}{27}$ f) $\frac{1}{3}$ g) $\frac{5}{7}$ h) $\frac{3}{4}$

Vorteil des schrittweisen Kürzens: Eine kleinere Kürzungszahl ist oft leichter zu erkennen. Nachteil: Es sind oft viele Einzelschritte erforderlich, wodurch sich leicht Fehler einschleichen können. Das Kürzen in einem Schritt ist weniger aufwändig.

23 *auf gegebene Nenner erweitern; begründen, warum dies ggf. nicht möglich ist*

	Bruch	erweitern auf einen Bruch mit dem Nenner		
		100	108	420
a)	$\frac{1}{2}$	$\frac{50}{100}$	$\frac{54}{108}$	$\frac{210}{420}$
b)	$\frac{2}{3}$	Nenner teilerfremd	$\frac{72}{108}$	$\frac{280}{420}$
c)	$\frac{3}{4}$	$\frac{75}{100}$	$\frac{81}{108}$	$\frac{315}{420}$
d)	$\frac{4}{5}$	$\frac{80}{100}$	Nenner teilerfremd	$\frac{336}{420}$
e)	$\frac{1}{6}$	Nenner teilerfremd	$\frac{18}{108}$	$\frac{70}{420}$
f)	$\frac{7}{8}$	Nenner teilerfremd	Nenner teilerfremd	Nenner teilerfremd
g)	$\frac{4}{9}$	Nenner teilerfremd	$\frac{48}{108}$	Nenner teilerfremd
h)	$\frac{3}{10}$	$\frac{30}{100}$	Nenner teilerfremd	$\frac{126}{420}$

24 *zwei Brüche gleichnamig machen*
a) $\frac{3}{6}$ und $\frac{4}{6}$ b) $\frac{24}{42}$ und $\frac{7}{42}$ c) $\frac{24}{60}$ und $\frac{35}{60}$ d) $\frac{22}{36}$ und $\frac{21}{36}$

Seite 154

25 *Argumentationsübung zum Kürzen und Erweitern*
Jakob hat Recht. Beim Erweitern werden Zähler und Nenner mit der gleichen Zahl multipliziert. Beim Kürzen wird durch diese Zahl wieder dividiert und man erhält den Ausgangsbruch.

26 *Überlegungen zum Kürzen und Erweitern anstellen*
a) z.B. $\frac{252}{378} = \frac{126}{189} = \frac{42}{63} = \frac{14}{21} = \frac{2}{3}$
b) 126
c) 126, gleiche Zahl wie in b)
d) Ja, denn die Differenz 378 − 252 beträgt 126.
e) $\frac{252}{336} = \frac{3}{4}$ $\quad$ $\frac{576}{720} = \frac{4}{5}$ $\quad$ $\frac{840}{960} = \frac{7}{8}$ $\quad$ $\frac{720}{1080} = \frac{2}{3}$
f) Bei allen Brüchen fehlt in der gekürzten Form jeweils ein Teil des Ganzen. Dadurch entspricht die Differenz aus Nenner und Zähler beim ungekürzten Bruch der Kürzungszahl.

27 *Anwendungsaufgabe: Gewinnanteile bei einer Lotterie*
a) 3750 $\quad$ b) 32 $\quad$ c) 255

28 *Fehler beim schrittweisen Erweitern/Kürzen erkennen*
Korrigierte Gleichungen:
a) $\frac{54}{60} = \frac{27}{30} = \frac{9}{10}$ $\quad$ b) $\frac{4}{7} = \frac{48}{84} = \frac{96}{168}$ $\quad$ c) $\frac{48}{60} = \frac{12}{15} = \frac{4}{5}$ $\quad$ d) $\frac{2}{5} = \frac{4}{10} = \frac{12}{30} = \frac{132}{330}$

29 *Aussagen über Kürzen und Erweitern von Brüchen beurteilen*
a) Richtig; denn 1 im Zähler lässt sich nicht weiter teilen.
b) Falsch; Gegenbeispiel: $\frac{5}{10} = \frac{1}{2}$
c) Falsch; Gegenbeispiel: $\frac{10}{15} = \frac{2}{3}$
d) Richtig; denn zwei Primzahlen sind teilerfremd.

Brüche vergleichen und ordnen

Erforschen und Entdecken

Seite 155

1 *Zusammenhänge erkunden: Was geschieht beim Teilen von Ganzen?*
a) ① Wird ein Ganzes in vier Teile geteilt, so erhält man ein Viertel.
② Werden zwei Ganze in vier Teile geteilt, so erhält man zwei Viertel, also ein Halbes.

b)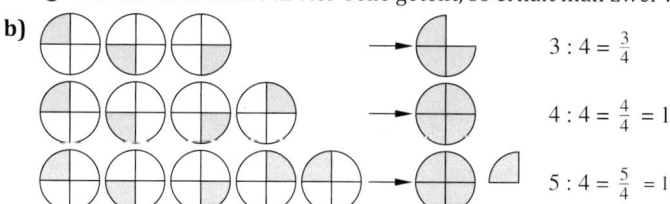

c) Alle Ergebnisse sind richtig:
$\frac{6}{4} = \frac{3}{2}$ (gekürzt) $= 1\frac{1}{2}$ (als gemischte Zahl) $= 1\frac{2}{4}$ (Bruch erweitert)

2 *Darstellung von Brüchen am Zahlenstrahl kennenlernen*
a) Die Einheit 1 ist 6 cm lang. Deshalb liegt $\frac{1}{6}$ bei 1 cm und $\frac{3}{6}$ bei 3 cm.

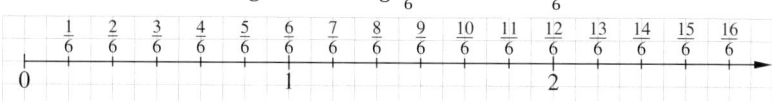

b) Oleg hat Recht, da $\frac{3}{6}$ gekürzt $\frac{1}{2}$ ist, also: $\frac{3}{6} = \frac{1}{2}$.
c) $\frac{2}{6} = \frac{1}{3}$; $\frac{3}{6} = \frac{1}{2}$; $\frac{4}{6} = \frac{2}{3}$; $\frac{8}{6} = \frac{4}{3}$; $\frac{9}{6} = \frac{3}{2}$; $\frac{10}{6} = \frac{5}{3}$; $\frac{14}{6} = \frac{7}{3}$; $\frac{15}{6} = \frac{5}{2}$; $\frac{16}{6} = \frac{8}{3}$ $\quad$ Zeichenübung
d) $\frac{6}{6}$ ist ein Ganzes, denn $\frac{6}{6} = \frac{1}{1} = 1$ oder: $\frac{6}{6}$ bedeutet, dass ein Ganzes in 6 Teile geteilt wurde und davon 6 Teile, also alles, genommen wurde.
e) $\frac{1}{4}$ liegt bei 1,5 cm, $\frac{3}{4}$ bei 4,5 cm.
f) $\frac{7}{12}$
g) $\frac{7}{6}$ liegt $\frac{1}{6}$ nach 1 auf dem Zahlenstrahl. Es ist eine Schreibform für $1 + \frac{1}{6}$.

Brüche und Verhältnisse

Seite 155

3 *Überlegungen zum Vergleichen von Brüchen anstellen, verknüpft mit Anwendung Pizzaessen*

a) $\frac{2}{5}$ $\frac{2}{7}$ $\frac{4}{5}$ $\frac{4}{7}$

b) $\frac{2}{7}$ ist am kleinsten: Wird ein Ganzes in sieben Teile geteilt, so sind zwei dieser Teile weniger als vier dieser Teile, also ist $\frac{2}{7}$ kleiner als $\frac{4}{7}$. Wird dagegen das Ganze in fünf Teile geteilt, so ist jedes dieser Teile größer, als wenn in sieben Teile geteilt wird. Also ist $\frac{2}{5}$ (und erst recht $\frac{4}{5}$) größer als $\frac{2}{7}$.
Fürs Pizzaessen bedeutet das, dass hier jede Person am wenigsten Pizza erhält.

c) $\frac{4}{5}$ ist am größten; Argumentation umgekehrt wie in b).
Fürs Pizzaessen bedeutet das, dass hier jede Person am meisten Pizza erhält.

d) Die Brüche können verglichen werden, indem man sie gleichnamig macht: $\frac{2}{5} = \frac{14}{35}$ und $\frac{4}{7} = \frac{20}{35}$; also ist $\frac{4}{7}$ größer als $\frac{2}{5}$.

Basisaufgaben

Seite 156

1 *Brüche mit 1 und mit 2 vergleichen*
größer als 1: $\frac{3}{2}$; $\frac{7}{3}$; $\frac{14}{11}$; $\frac{15}{14}$; $\frac{15}{7}$ größer als 2: $\frac{7}{3}$; $\frac{15}{7}$

2 *Legeübung zu gemischten Zahlen (mit Viertelkreisen)*
a) $1\frac{3}{4}$; $2\frac{1}{4}$; $3\frac{2}{4}$; $1\frac{0}{4}$; $3\frac{3}{4}$; $3\frac{0}{4}$; $0\frac{2}{4}$ b) $\frac{1}{4}$; $\frac{11}{4}$; $\frac{16}{4}$; $\frac{10}{4}$; $\frac{15}{4}$; $\frac{8}{4}$

Seite 157

3 *Brüche und gemischte Zahlen an Abbildungen ablesen*
a) $\frac{11}{4} = 2\frac{3}{4}$ b) $\frac{54}{16} = \frac{27}{8} = 3\frac{6}{16} = 3\frac{3}{8}$

4 *gemischte Zahlen als Bild darstellen*
individuell verschieden; z.B.:

a)    b)    c)   d)

5 *unechte Brüche als gemischte Zahlen schreiben*
a) $5\frac{1}{3}$ b) $12\frac{1}{5}$ c) $6\frac{1}{4}$ d) $8\frac{2}{3}$ e) $6\frac{1}{6}$

6 *gemischte Zahlen als unechte Brüche schreiben*
a) $\frac{7}{4}$ b) $\frac{19}{8}$ c) $\frac{29}{11}$ d) $\frac{5}{3}$ e) $\frac{53}{9}$

7 *Divisionsaufgaben als Bruch und als gemischte Zahl schreiben*
a) $\frac{7}{6} = 1\frac{1}{6}$ b) $\frac{5}{3} = 1\frac{2}{3}$ c) $\frac{12}{5} = 2\frac{2}{5}$ d) $\frac{18}{10} = 1\frac{8}{10} = 1\frac{4}{5}$ e) $\frac{17}{5} = 3\frac{2}{5}$ f) $\frac{13}{2} = 6\frac{1}{2}$
g) $\frac{22}{4} = 5\frac{1}{4}$ h) $\frac{34}{3} = 11\frac{1}{3}$ i) $\frac{74}{14} = 5\frac{4}{14} = 5\frac{2}{7}$

8 *Brüche vom Zahlenstrahl ablesen, kürzen*
a) $\frac{3}{8}$; $\frac{5}{8}$; $\frac{7}{8}$ b) $\frac{2}{6} = \frac{1}{3}$; $\frac{3}{6} = \frac{1}{2}$; $\frac{4}{6} = \frac{2}{3}$; $\frac{11}{12}$ c) $\frac{2}{8} = \frac{1}{4}$; $\frac{7}{8}$; $1\frac{3}{8}$; $1\frac{6}{8} = 1\frac{3}{4}$

9 *Brüche vom Zahlenstrahl ablesen, kürzen*
a) $\frac{4}{20} = \frac{1}{5}$; $\frac{10}{20} = \frac{1}{2}$; $\frac{12}{20} = \frac{3}{5}$ b) $\frac{2}{20} = \frac{1}{18}$; $\frac{5}{20} = \frac{1}{4}$; $\frac{8}{20} = \frac{2}{5}$; $\frac{15}{20} = \frac{3}{4}$ c) $\frac{6}{20} = \frac{3}{10}$; $\frac{11}{20}$; $\frac{16}{20} = \frac{4}{5}$; $\frac{19}{20}$

10 *Brüche an vorgegebenem Zahlenstrahl markieren*

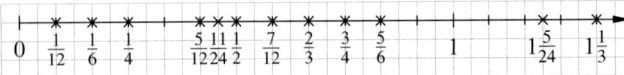

11 *Zahlenstrahl mit gegebener Einteilung zeichnen; Brüche markieren*

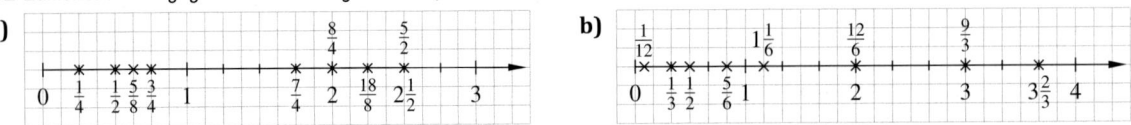

Brüche und Verhältnisse

Seite 157

11 (Fortsetzung)

c)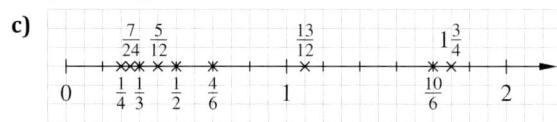

12 *je zwei Brüche der Größe nach vergleichen, mit Anschauung Schokoladentafel*
a) $\frac{11}{24}$, denn $11 > 5$
b) $\frac{7}{12}$, denn $7 > 5$
c) $\frac{9}{12}$, denn $9 > 4$
d) $\frac{1}{2}$, denn $\frac{2}{4} > \frac{1}{4}$
e) $\frac{5}{6}$, denn $8 > 6$
f) $\frac{1}{6}$, denn $8 > 6$
g) $\frac{3}{4} = \frac{9}{12}$
h) $\frac{3}{4}$, denn $\frac{9}{12} > \frac{8}{12}$

13 *Brüche mit gleichem Nenner vergleichen*
a) $>$ b) $>$ c) $<$ d) $<$ e) $>$ f) $<$

14 *Brüche mit gleichem Zähler vergleichen*
a) $>$ b) $>$ c) $>$ d) $>$ e) $<$ f) $<$

15 *Sätze zum Vergleich von Brüchen ergänzen*
a) ... den größeren Zähler hat.   b) ... den kleineren Nenner hat.

16 *Brüche gleichnamig machen und der Größe nach vergleichen*
a) $\frac{4}{6} > \frac{3}{6}$
b) $\frac{8}{20} < \frac{15}{20}$
c) $\frac{8}{10} > \frac{7}{10}$
d) $\frac{8}{12} > \frac{7}{12}$
e) $\frac{45}{72} < \frac{56}{72}$
f) $\frac{35}{60} < \frac{48}{60}$

Weiterführende Aufgaben

Seite 158

17 *Brüche am Zahlenstrahl ablesen, kürzen*
a) $\frac{1}{8}$; $\frac{6}{8} = \frac{3}{4}$; $\frac{10}{8} = \frac{5}{4}$; $\frac{12}{8} = \frac{3}{2}$; $\frac{19}{8}$; $\frac{21}{8}$
b) $\frac{2}{10} = \frac{1}{5}$; $\frac{5}{10} = \frac{1}{2}$; $\frac{6}{10} = \frac{3}{5}$
c) $\frac{3}{10}$; $\frac{11}{20}$; $\frac{8}{10} = \frac{4}{5}$; $\frac{19}{20}$

18 *Zeichenübung; geeigneten Zahlenstrahl zeichnen, Brüche markieren*
a) z.B.: Einheit 5 cm; Markierungen bei 1 cm, 3 cm, 4 cm
b) z.B.: Einheit 6 cm; Markierungen bei 1 cm, 5 cm, 3 cm
c) z.B.: Einheit 9 cm; Markierungen bei 1 cm, 5 cm, 6 cm
d) z.B.: Einheit 12 cm; Markierungen bei 5 cm, 6 cm, 9 cm

19 *ganze und gemischte Zahlen als Brüche schreiben und umgekehrt*
a) 4   b) 12   c) 4   d) 2 und 2   e) 8 und 1   f) 8 und 5

20 *Argumentationsübung: Aussagen über Brüche beurteilen*
a) richtig; Man nimmt die natürliche Zahl als Zähler und die 1 als Nenner.
b) falsch; z.B.: $\frac{2}{4}$ ist keine natürliche Zahl, aber 2 ein Teiler von 4.
c) richtig; siehe „Lesen und Verstehen"
d) richtig; Der Bruch mit dem größeren Nenner ergibt den kleineren Bruchteil.

21 *Spiel: Brüche vergleichen*
Spielablauf je nach Wahl der Brüche individuell verschieden

22 *Hauptnenner von Brüchen bestimmen, gleichnamig machen und vergleichen*
a) $\frac{5}{6} = \frac{20}{24}$; $\frac{3}{8} = \frac{9}{24}$; $\frac{5}{6} > \frac{3}{8}$
b) $\frac{3}{10} = \frac{9}{30}$; $\frac{4}{15} = \frac{8}{30}$; $\frac{3}{10} > \frac{4}{15}$
c) $\frac{7}{8} = \frac{21}{24}$; $\frac{11}{12} = \frac{22}{24}$; $\frac{7}{8} < \frac{11}{12}$
d) $\frac{5}{12} = \frac{15}{36}$; $\frac{7}{9} = \frac{28}{36}$; $\frac{5}{12} < \frac{7}{9}$
e) $\frac{3}{16} = \frac{9}{48}$; $\frac{5}{24} = \frac{10}{48}$; $\frac{3}{16} < \frac{5}{24}$
f) $\frac{5}{14} = \frac{15}{42}$; $\frac{10}{21} = \frac{20}{42}$; $\frac{5}{14} < \frac{10}{21}$
g) $\frac{14}{27} = \frac{28}{54}$; $\frac{11}{18} = \frac{33}{54}$; $\frac{14}{27} < \frac{11}{28}$
h) $\frac{11}{20} = \frac{55}{100}$; $\frac{13}{25} = \frac{52}{100}$; $\frac{11}{20} > \frac{13}{25}$

23 *Brüche auf dem Zahlenstrahl nennen, die möglichst nahe an der 1 liegen*
z.B.: a) $\frac{9999}{10\,000}$ b) $\frac{10\,000}{9999}$

Es gibt nicht „den" Bruch, der möglichst nah an der Eins liegt. Zu jedem Bruch nah an der Eins kann immer noch ein näher gelegener Bruch genannt werden.

24 *Bruch in der Mitte zwischen zwei Brüchen finden*
a) $\frac{3}{7}$ b) $\frac{2}{18}$ c) $\frac{11}{14}$ d) $\frac{5}{8}$ e) $\frac{21}{52}$

Brüche und Verhältnisse

Seite 158

25 *Brüche der Größe nach ordnen*
a) $\frac{5}{8} < \frac{2}{3} < \frac{3}{4}$
b) $\frac{7}{6} < \frac{3}{2} < \frac{11}{7}$
c) $\frac{2}{5} < \frac{1}{2} < \frac{4}{7}$
d) $\frac{3}{5} < \frac{13}{20} < \frac{11}{15}$
e) $\frac{9}{4} < \frac{15}{6} < \frac{8}{3}$
f) $\frac{5}{12} < \frac{11}{9} < \frac{5}{3}$

26 *Brüche vergleichen; zuvor kürzen*
a) $\frac{5}{7} = \frac{15}{21} < \frac{16}{21}$
b) $\frac{1}{5} = \frac{6}{30} < \frac{7}{30}$
c) $\frac{1}{2} = \frac{1}{2}$
d) $\frac{9}{64} > \frac{8}{64} = \frac{1}{8} = \frac{15}{120}$
e) $\frac{4}{9} > \frac{3}{9} = \frac{1}{3}$
f) $3 = \frac{45}{15} > \frac{14}{15}$

27 *Brüche vergleichen; begründen*
a) $\frac{4}{12} = \frac{3}{9}$, weil $\frac{1}{3} = \frac{1}{3}$
b) $\frac{2}{5} = \frac{18}{45}$, weil $\frac{2}{5} = \frac{2}{5}$
c) $\frac{7}{12} < \frac{5}{6}$, weil $\frac{7}{12} < \frac{10}{12}$
d) $\frac{12}{14} < \frac{40}{35}$, weil $\frac{6}{7} < \frac{8}{7}$
e) $\frac{27}{18} = \frac{6}{4}$, weil $\frac{3}{2} = \frac{3}{2}$
f) $\frac{36}{42} > \frac{30}{36}$, weil $\frac{36}{42} > \frac{35}{42}$

28 *Anwendungsaufgabe: Anteile vergleichen*
Gefäß 1: 10 Kugeln   Anteil orangefarbener Kugeln: $\frac{3}{10} = \frac{9}{30}$
Gefäß 2: 5 Kugeln   Anteil orangefarbener Kugeln: $\frac{3}{5} = \frac{18}{30}$
Gefäß 3: 3 Kugeln   Anteil orangefarbener Kugeln: $\frac{2}{3} = \frac{20}{30}$
Die Chance, eine orangefarbene Kugel zu ziehen, ist im 3. Gefäß am höchsten, da $\frac{20}{30} > \frac{18}{30} > \frac{9}{30}$.

29 *Brüche mit gleicher Differenz zwischen Zähler und Nenner vergleichen*
a) Der Zähler ist jeweils um 1 kleiner als der Nenner.
b) $\frac{1}{2} < \frac{2}{3} < \frac{3}{4} < \frac{4}{5}$
Die Anteile, die bis zu einem Ganzen fehlen, werden von links nach rechts immer kleiner, also liegen die Brüche immer näher an der 1 und werden somit immer größer.
c) $\frac{10}{13} < \frac{11}{14} < \frac{12}{15} < \frac{13}{16}$ (Die Differenz zwischen Zähler und Nenner beträgt immer 3, es gilt das Gleiche wie in b).)
d) ... der den größeren Nenner/Zähler hat.

Brüche als Verhältnisse

Erforschen und Entdecken

Seite 159

1 *systematisches Schätzen mit Hilfe einer Vergleichsgröße; Vorbereitung auf Maßstab*
a) mögliche Werte: 7,20 m (Tisch) und 9 m (Lehne)
b) Die Vorgehensweise besteht im Ausmessen der Höhen und einer Vergleichshöhe. Neben dem rechten, vorderen Stuhlbein steht ein Vater mit seinem Kind. Der Vater hat im Bild eine Höhe von 8 mm. Das Stuhlbein, an dem er steht, hat eine Höhe von 3,2 cm, ist also vier Mal so groß. Nimmt man für den Vater eine Körpergröße von 1,80 m an, so ergibt sich für den Tisch 7,20 m. Die Stuhllehne überragt den Tisch im Bild um 8 mm. Da dies gerade die Größe des Vaters im Bild ist, überragt die Lehne den Tisch also um 1,80 m. Somit ergibt sich für die Lehne 9 m.
Die anderen Personen im Bild sind als Maßstab schlecht geeignet, da man kaum erkennen kann, ob es sich um Kinder oder Erwachsene handelt.
c) Diskussionsaufgabe; Mögliche Unterschiede ergeben sich durch unterschiedliche Annahmen über die Körpergröße und unterschiedliche Auswahl der Vergleichsmaßstäbe.

2 *Mischungsverhältnisse in Bruchschreibweise überführen; Schwierigkeit: Doppelpunkt im Verhältnis ist nicht als Divisionszeichen zu verstehen*
a) Alle Rezepte enthalten die gleichen Zutaten in den gleichen Mengenverhältnissen. Die Mengenangaben unterscheiden sich.
b) Zur Herstellung von 2 l Cocktail eignet sich Rezept 2 am besten.
Vorgehen: Zunächst überlegt man sich, dass in dem Rezept insgesamt 4 Teile vorkommen. Um 2 l zu erhalten, muss also jeder Teil 0,5 l entsprechen. Man mischt also 0,5 l Bananensirup mit 0,5 l Sahne und 1 l Grapefruitsaft und gibt Eiswürfel dazu.
c) Rezept 1 und 3 eignen sich.
Vorgehen: Man hält sich an die Beschreibung im Rezept.

3 *Wiederholung bzw. Einführung des Maßstabs; Schwierigkeit: Doppelpunkt in Maßstabsangabe ist nicht als Divisionszeichen zu verstehen, andere Vorgehensweise als bei Mischungsverhältnissen*
a) Die Originallängen werden durch 64 geteilt;   Länge 58 mm = 5,8 cm; Breite 26 mm = 2,6 cm
b) Die Höhe des Modellautos wird mit 64 multipliziert; Höhe 1408 mm, also ca. 1,4 m

Brüche und Verhältnisse

Basisaufgaben

Seite 160

1 *ikonische Darstellung des Mischungsverhältnisses für Farben, Bruchteile bestimmen*
a) $1:1$; $\frac{1}{2}$; $\frac{1}{2}$ b) $3:2$; $\frac{3}{5}$; $\frac{2}{5}$ c) $2:1$; $\frac{2}{3}$; $\frac{1}{3}$
    $(2:2;\ \frac{2}{4},\ \frac{2}{4})$ $(4:2;\ \frac{4}{6},\ \frac{2}{6})$

2 *Anteile aus Mischungsverhältnis bestimmen und umgekehrt*

Mischungs-verhältnis	Anteil rot	Anteil gelb
$1:1$	$\frac{1}{2}$	$\frac{1}{2}$
$2:1$	$\frac{2}{3}$	$\frac{1}{3}$
$1:3$	$\frac{1}{4}$	$\frac{3}{4}$
$7:3$	$\frac{7}{10}$	$\frac{3}{10}$
$3:5$	$\frac{3}{8}$	$\frac{5}{8}$

Seite 161

3 *Mischungsverhältnisse angeben, auch mit Bruchteilen*
① Schorle (Saft : Wasser) $1:2$; $\frac{1}{3}$, $\frac{2}{3}$
② Farbe (rot : weiß) $1:3$; $\frac{1}{4}$, $\frac{3}{4}$
③ Beton (Zement : Sand) $1:4$; $\frac{1}{5}$, $\frac{4}{5}$
④ Zweitaktgemisch (Öl : Benzin) $1:20$; $\frac{1}{21}$, $\frac{20}{21}$

4 *Sprechweisen für Mischungsverhältnisse, Anteile, Mengen, Aussagen zuordnen*
Die Aussagen ①, ②, ④, ⑥ und ⑨ passen zusammen,
ebenso die Aussagen ③, ⑤, ⑦, ⑧ und ⑩.

5 *Anwendung: aus Mischungsverhältnis Anteile und Mengen berechnen*
a) Der Mürbeteig enthält $\frac{3}{6}$ Mehl, $\frac{2}{6}$ Fett und $\frac{1}{6}$ Zucker.
b) Für 3 kg benötigt man 1,5 kg Mehl, 1 kg Fett, 500 g Zucker, 6 Eier und 6 Prisen Salz.

6 *Mischungsverhältnis und Anteile bestimmen*
Gefäß 1 (schwarz : rot) $2:3$; $\frac{2}{5}$, $\frac{3}{5}$
Gefäß 2 (schwarz : rot) $3:3$; $\frac{3}{6}$, $\frac{3}{6}$
Gefäß 3 (schwarz : rot) $4:6$; $\frac{4}{10}$, $\frac{6}{10}$

7 *Anwendung: aus Mischungsverhältnis Anteile und Mengen berechnen*
a) Die Mischung enthält $\frac{2}{5}$ Apfelsaft und $\frac{3}{5}$ Mineralwasser.
b) 400 ml Apfelsaft, 600 ml Mineralwasser

8 *aus Mischungsverhältnis Anteile und Mengen berechnen, grafisch veranschaulichen*
a)

	Kaffee	Milch	Milchschaum	Schokolade
Cappuccino	$\frac{1}{3}$	$\frac{1}{3}$	$\frac{1}{3}$	
Latte	$\frac{1}{5}$	$\frac{3}{5}$	$\frac{1}{5}$	
Mocha	$\frac{1}{4}$		$\frac{1}{4}$	$\frac{2}{4}$
Café au lait	$\frac{1}{2}$	$\frac{1}{2}$		

b) Zeichenübung; individuell verschieden

	Kaffee	Milch	Milchschaum	Schokolade
Cappuccino	2 cm	2 cm	2 cm	
Latte	1,2 cm	3,6 cm	1,2 cm	
Mocha	1,5 cm		1,5 cm	3 cm
Café au lait	3 cm	3 cm		

Seite 161

8 (Fortsetzung)

c)
	Kaffee	Milch	Milchschaum	Schokolade
Cappuccino	40 ml	40 ml	40 ml	
Latte	24 ml	72 ml	24 ml	
Mocha	30 ml		30 ml	60 ml
Café au lait	60 ml	60 ml		

9 *Anwendungsbezug eines Mischungsverhältnisses*
a) Die Antwort von „Mofaking" ist falsch. Auf 1 l Benzin muss $\frac{1}{25}$ l = 0,04 l Öl eingefüllt werden.
b) Getankt werden können z. B. 5 l Benzin und 0,2 l = 200 ml Öl (wenn der Tank groß genug ist) oder 4 l Benzin und 0,16 l = 160 ml Öl oder 4,8 l Benzin und 0,192 l Öl.

Seite 162

10 *Anwendung: Mischungsverhältnis, Anteile, Mengen berechnen*
a) Roadrunner: $\frac{4}{9}$ Kirsch-Nektar, $\frac{3}{9}$ Grapefruitsaft, $\frac{1}{9}$ Sahne, $\frac{1}{9}$ Zuckersirup

Rabbit: $\frac{6}{9}$ Karottensaft, $\frac{2}{9}$ Ananassaft, $\frac{1}{9}$ Limettensirup

Tutti-Frutti: Je $\frac{1}{5}$ Maracujasaft, Pfirsichnektar, Ananassaft, Kirschnektar und Sahne

Amazonas: $\frac{2}{9}$ Zitronensaft, $\frac{2}{9}$ Maracujasirup, $\frac{2}{9}$ Ananassaft, $\frac{3}{9}$ Orangensaft

b) Roadrunner: 200 ml Kirschnektar; 150 ml Grapefruitsaft; je 50 ml Sahne und Zuckersirup
Rabbit: 300 ml Karottensaft; 100 ml Ananassaft; 50 ml Limettensirup
Tutti-Frutti: je 90 ml Maracujasaft, Pfirsichnektar, Ananassaft, Kirschnektar und Sahne
Amazonas: je 100 ml Zitronensaft, Maracujasirup und Ananassaft; 150 ml Orangensaft

11 *Maßstabsberechnungen*

	Länge in der Karte	Länge in der Wirklichkeit
A – B	5 cm	1250 m = 1,25 km
B – C	3 cm	750 m
A – C	4 cm	1000 m = 1 km

12 *Maßstabsberechnungen*

Maßstab	Größe des Modells	reale Größe
1 : 3	**40 cm**	120 cm
1 : 6	13 mm	**78 mm**
1 : 32	**5 cm**	1,6 m
1 : 120	12 mm	**144 cm**
1 : 12	16 mm	**192 mm**

13 *Maßstabsberechnungen*
a) Schule – Rathaus 1750 m = 1,75 km   b) Köln – Madrid   1440 km
   Schule – Sportplatz 1250 m = 1,25 m   Köln – Warschau 960 km
   Schule – Kirche   1125 m = 1,125 km   Köln – Rom   1120 km

14 *Maßstabsangaben erläutern und zuordnen*
a) 1 cm entspricht 4 000 000 cm = 40 km   (Deutschlandkarte)
b) 1 cm entspricht 250 000 cm = 2,5 km
c) 1 cm entspricht 12 500 cm = 125 m   (Stadtplan)
d) 1 cm entspricht 140 000 000 cm = 1400 km (Weltkarte)
e) 1 cm entspricht 90 000 000 cm = 900 km   (Weltkarte)
f) 1 cm entspricht 75 000 cm = 750 m

Weiterführende Aufgaben

Seite 163

15 *Streckenverhältnisse ablesen*
a) 1 : 1   b) 3 : 1   c) 1 : 4   d) 2 : 3   e) 9 : 1

16 *Strecke in vorgegebene Verhältnisse teilen*
Zeichenübung   a) 6 cm | 6 cm   b) 4 cm | 8 cm   c) 3 cm | 9 cm   d) 2 cm | 10 cm
               e) 5 cm | 7 cm   f) 3,5 cm | 8,5 cm

Seite 163

17 *Maßstab einer Messstrecke angeben*
a) 1 : 25 000   **b)** 1 : 100 000   **c)** 1 : 1 000 000   **d)** 1 : 250 000

18 *aus vorgegebenem Verhältnis Anteile und mögliche Mengen bestimmen*
a) Die Klasse hat $\frac{3}{5}$ Jungen und $\frac{2}{5}$ Mädchen.
b) Die Klasse könnte 5, 10, 15, 20, 25, 30, ... Schülerinnen und Schüler haben.
Am wahrscheinlichsten sind 25 oder 30.

19 *Anwendung: Körperproportionen bestimmen*
a) ① 1:1; ② 1:3; ③ 3:3 (1:1); ④ 3:1
b) handlungsorientierte Aufgabe
c) Gesicht: (Schädeldecke : Haaransatz) : (Haaransatz-Augenbraue) : (Augenbraue-Nasenspitze) : (Nasenspitze-Kinn) : (Augenabstand) : (Breite) = 1 : 1 : 1 : 1 : 1 : 2
Arme: Oberarm : Unterarm : Hand = 10 : 9 : 6
Oft findet man auch, dass (Unterarm + Hand) : Unterarm den goldenen Schnitt ergibt.
d) Zeichenübung unter Beachtung der Proportionen

Unterwegs in der Fußball-Bundesliga

Seite 164

Die Themenseite ist sehr geeignet und empfohlen für eine arbeitsteilige Bearbeitung in Kleingruppen. Als Vereinfachung werden die Entfernungen als Luftlinie gemessen. Die Ergebnisse können sich durch unterschiedliche Messergebnisse leicht unterscheiden.
Gemessen wurde immer von Kreismittelpunkt zu Kreismittelpunkt

1

von Dortmund nach ...	Entfernung in der Karte	Entfernung in der Wirklichkeit
Leverkusen	**2,6 cm**	65 km
Köln	**2,9 cm**	72,5 km
Schalke	0,9 cm	**22,5 km**

2

von Berlin nach ...	Entfernung in der Karte	Entfernung in der Wirklichkeit
Leverkusen	**11,4 cm**	456 km
Köln	**11,6 cm**	464 km
Schalke	10,6 cm	**424 km**

3

von Dortmund nach ...	Entfernung in der Karte	Entfernung in der Wirklichkeit
Hamburg	**6,8 cm**	272 km
München	**11,5 cm**	460 km

4

von Berlin nach ...	Entfernung in der Karte	Entfernung in der Wirklichkeit
Hamburg	**6,2 cm**	248 km
Dortmund	**10,1 cm**	404 km

5
Beim Vergleich der Fahrtstrecken zwischen den ausgewählten Mannschaften erkennt man bereits, dass die Mannschaft aus Berlin deutlich längere Entfernungen zurücklegen muss als die Mannschaft aus Dortmund. Das legt die Vermutung nahe, dass eine zentrale Lage innerhalb der Bundesrepublik Deutschland und die Nachbarschaft zu vielen anderen Bundesligaclubs geringere Entfernungen zu den Auswärtsspielen (siehe Dortmund) bewirken. Randlagen (siehe Berlin) bewirken längere Anreisen.

Brüche und Verhältnisse

Seite 164

6

Alle gemessenen Entfernungen in cm beziehen sich auf die beiden Karten im Buch.
(Für die Städte werden Autokennzeichen verwendet, außer bei Hoffenheim = HOF.)

	A	B	HB	DO	F	FR	HH	H	HOF.	K	LEV	MZ	MG	M	PB	GE	S	WOB
A	—	12,1	13,4	10,5	6,3	5,6	14,1	11,1	4,7	9,6	9,7	6,5	10,3	1,4	10,1	10,6	3,2	10,7
B	12,1	—	7,7	10,1	10,5	15,7	6,2	6,2	11,9	11,6	11,4	11,2	12,1	12,3	7,9	10,6	12,4	4,2
HB	13,4	7,7	—	4,8	8,2	14,1	2,3	2,5	10,3	6,7	6,4	8,6	6,6	14,3	3,5	5,1	11,8	3,7
DO	10,5	10,1	4,8	—	4,1	9,6	6,8	4,2	6,2	1,9	1,6	4,3	2,1	11,5	2,2	0,6	7,9	5,9
F	6,3	10,5	8,2	4,1	—	6	9,6	6,4	2,2	3,4	3,5	0,8	4,4	7,6	4,7	4,4	3,8	7,4
FR	5,6	15,7	14,1	9,6	6	—	15,6	12,4	3,9	8,1	8,4	5,5	8,9	6,8	10,6	9,7	3,3	13,2
HH	14,1	6,2	2,3	6,8	9,6	15,6	—	3,2	11,7	8,7	8,4	10,1	8,7	14,8	5,1	7,2	13	3,2
H	11,1	6,2	2,5	4,2	6,4	12,4	3,2	—	8,5	6	5,7	7	6,3	11,9	2,1	4,7	9,7	1,8
HOF.	4,7	11,9	10,3	6,2	2,2	3,9	11,7	8,5	—	5,1	5,3	2	6,1	6,1	6,8	6,5	1,7	9,3
K	9,6	11,6	6,7	1,9	3,4	8,1	8,7	6	5,1	—	0,3	3,2	1,1	11	4	1,7	6,9	7,6
LEV	9,7	11,4	6,4	1,6	3,5	8,4	8,4	5,7	5,3	0,3	—	3,3	1	11,1	3,7	1,4	7	7,3
MZ	6,5	11,2	8,6	4,3	0,8	5,5	10,1	7	2	3,2	3,3	—	4,2	7,8	5,1	4,5	3,7	8,1
MG	10,3	12,1	6,6	2,1	4,4	8,9	8,7	6,3	6,1	1,1	1	4,2	—	12	4,3	1,6	7,9	8
M	1,4	12,3	14,3	11,5	7,6	6,8	14,8	11,9	6,1	11	11,1	7,8	12	—	11,1	11,8	4,6	11,8
PB	10,1	7,9	3,5	2,2	4,7	10,6	5,1	2,1	6,8	4	3,7	5,1	4,3	11,1	—	2,7	8,3	3,7
GE	10,6	10,6	5,1	0,6	4,4	9,7	7,2	4,7	6,5	1,7	1,4	4,5	1,6	11,8	2,7	—	8,1	6,4
S	3,2	12,4	11,8	7,9	3,8	3,3	13	9,7	1,7	6,9	7	3,7	7,9	4,6	8,3	8,1	—	10,3
WOB	10,7	4,2	3,7	5,9	7,4	13,2	3,2	1,8	9,3	7,6	7,3	8,1	8	11,8	3,7	6,4	10,3	—

Alle umgerechneten Längen in km beziehen sich auf die beiden Karten im Buch.
(Für die Städte werden Autokennzeichen verwendet, außer bei Hoffenheim = HOF.)

	A	B	HB	DO	F	FR	HH	H	HOF.	K	LEV	MZ	MG	M	PB	GE	S	WOB
A	—	484	536	420	252	224	564	444	188	384	388	260	412	56	404	424	128	428
B	484	—	308	404	420	628	248	248	476	464	456	448	484	492	316	424	496	168
HB	536	308	—	192	328	564	92	100	412	268	256	344	264	572	140	204	472	148
DO	420	404	192	—	164	384	272	168	248	76	64	172	84	460	88	24	316	236
F	252	420	328	164	—	240	384	256	88	136	140	32	176	304	188	176	152	296
FR	224	628	564	384	240	—	624	496	156	324	336	220	356	272	424	388	132	528
HH	564	248	92	272	384	624	—	128	468	348	336	404	348	592	204	288	520	128
H	444	248	100	168	256	496	128	—	340	240	228	280	252	476	84	188	388	72
HOF.	188	476	412	248	88	156	468	340	—	204	212	80	244	244	272	260	68	372
K	384	464	268	76	136	324	348	240	204	—	12	128	44	440	160	68	276	304
LEV	388	456	256	64	140	336	336	228	212	12	—	132	40	444	148	56	280	292
MZ	260	448	344	172	32	220	404	280	80	128	132	—	168	312	204	180	148	324
MG	412	484	264	84	176	356	348	252	244	44	40	168	—	480	172	64	316	320
M	56	492	572	460	304	272	592	476	244	440	444	312	480	—	444	472	184	472
PB	404	316	140	88	188	424	204	84	272	160	148	204	172	444	—	108	332	148
GE	424	424	204	24	176	388	288	188	260	68	56	180	64	472	108	—	324	256
S	128	496	472	316	152	132	520	388	68	276	280	148	316	184	332	324	—	412
WOB	428	168	148	236	296	528	128	72	372	304	292	324	320	472	148	256	412	—

Seite 165

7

Gesamtentfernungen

A	B	HB	DO	F	FR	HH	H	HOF.	K	LEV	MZ	MG	M	PB	GE	S	WOB
5996	6964	5200	3772	3732	6296	5948	4388	4332	3876	3820	3836	4224	6716	3836	3904	4944	4904

Für die Darstellung im Säulendiagramm ist es hilfreich, das Diagrammtool eines Tabellenkalkulationsprogramms zu nutzen.

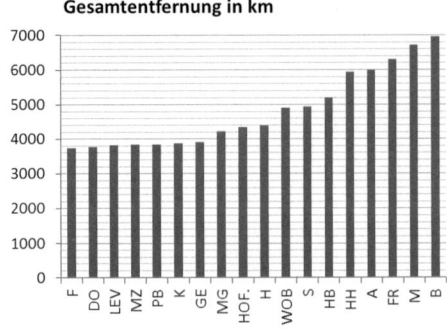

Gesamtentfernung in km

8

Die Entfernungen sind abhängig von
- der Lage innerhalb der Bundesrepublik Deutschland (zentral oder Randlage).
- der Nachbarschaft zu vielen anderen Bundesligaclubs.

Vermischte Übungen

Seite 166

1 *Anteile aus grafischer Darstellung bestimmen (Stammbrüche)*
a) $\frac{1}{6}$ b) $\frac{1}{4}$ c) $\frac{1}{5}$ d) $\frac{1}{16}$ e) $\frac{1}{11}$ f) $\frac{1}{12}$

2 *Anteile aus grafischer Darstellung bestimmen*
a) $\frac{7}{16}\left(\frac{9}{16}\right)$ b) $\frac{4}{12}\left(\frac{8}{12}\right)$ c) $\frac{4}{14}\left(\frac{10}{14}\right)$ d) $\frac{9}{12}\left(\frac{3}{12}\right)$ e) $\frac{3}{8}\left(\frac{5}{8}\right)$
f) $\frac{2}{8}\left(\frac{6}{8}\right)$ g) $\frac{2}{3}\left(\frac{1}{3}\right)$

3 *grafische Darstellungen für Stammbrüche überprüfen*
a), c) nein; Die Teile sind nicht gleich groß.
b) ja; Es sind 4 Teile, die gleich groß sind.
d) ja; Es sind 5 Teile, die gleich groß sind.

4 *Anteile veranschaulichen (als Streckenteile)*
Zeichenübung; einzuteilen sind:
a) 4 cm b) 2 cm c) 5 cm d) 3,5 cm

5 *Anteile darstellen (als Teile eines Rechtecks)*

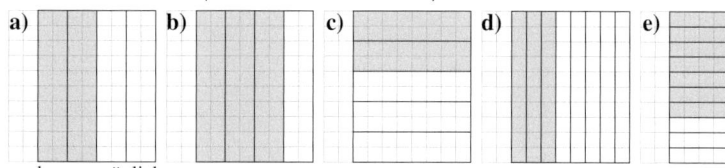

auch quer möglich

6 *verschiedene Anteile in einer Figur darstellen*
Anteil der nicht eingefärbten Fläche $\frac{1}{20}$; individuelle Lösungen z.B.:

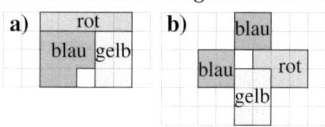

7 *Anteile von Größen berechnen (auch gemischte Zahlen)*
a) 80 € b) 32 m c) 275 kg d) 110 h e) 546 cm f) 160 t

8 *Anteile, Anteile von Größen und Gesamtheit berechnen*
a) 24 € b) 90 € c) 24 € d) $\frac{1}{3}$ e) $\frac{2}{3}$

9 *Bruchteile von Größen berechnen (auch gemischte Zahlen)*
a) 30 min b) 45 min c) 10 min d) 50 min e) 16 h f) 14 h g) 60 cm
h) 27 cm i) 125 kg j) 1625 g
Lösungswort: BRATISLAVA   Das ist die Hauptstadt der Slowakei.

10 *Bruchteile von Größen in der nächstkleineren Einheit (auch gemischte Zahlen)*
a) 25 ct b) 5 mm c) 375 kg d) 7 cm e) 4600 m f) 1875 g

Seite 167

11 *Größen als Bruchteile angeben*
a) $\frac{1}{2}$ kg b) $\frac{1}{4}$ t c) $\frac{3}{4}$ km d) $\frac{1}{8}$ km e) $\frac{1}{3}$ h f) $\frac{5}{6}$ h g) $\frac{3}{10}$ cm h) $\frac{4}{10}$ dm

12 *Anwendung: Anzahlen und Anteil berechnen*
a) 400 Schüler kommen mit dem Fahrrad zur Schule, 200 werden mit dem Auto gebracht und 480 kommen mit Bus oder Bahn.
b) 120 Schüler kommen zu Fuß zur Schule. Das ist $\frac{1}{10}$ der Schülerschaft.

13 *Bruchteile von Größen vergleichen*
a) $\frac{1}{5}$ von 18 kg = 16 kg > 14 kg = 14 000 g = $\frac{2}{5}$ von 35 000 g b) $\frac{1}{8}$ von 168 € = 21 € < 24 € = 2400 ct = $\frac{3}{8}$ von 6400 ct
c) $\frac{1}{9}$ von 6 m ≈ 67 cm < 600 cm = $\frac{5}{7}$ von 840 cm d) $\frac{3}{4}$ von 2 h = 1 h 30 min > 1 h 20 min = $\frac{1}{3}$ von 4 h

Brüche und Verhältnisse

Seite 167

14 *Bruchteile von Größen angeben*
a) $\frac{5}{6}$ von 720 € = 600 €   b) $\frac{2}{5}$ von 60 € = 24 €   c) 180 € = $\frac{3}{4}$ von 240 €

15 *Darstellungen von Bruchteilen untersuchen und erläutern*
a) $\frac{3}{4} = \frac{6}{8} = \frac{12}{16}$; Die Abbildungen werden feiner unterteilt. Dadurch ändern sich die Anteile nicht. Dies entspricht erweitern.
b) $\frac{8}{12} = \frac{4}{6} = \frac{2}{3}$; Die Abbildungen werden zusammengefasst. Dadurch ändern sich die Anteile nicht. Dies entspricht kürzen.

16 *Bruchteile in Figuren angeben*
a) $\frac{4}{8} = \frac{1}{2}$; $\frac{8}{12} = \frac{2}{3}$ b) $\frac{4}{6} = \frac{2}{3}$; $\frac{16}{24} = \frac{2}{3}$

17 *Brüche kürzen*
a) $\frac{1}{2}$ b) $\frac{6}{7}$ c) $\frac{3}{13}$; kürzen nicht möglich   d) $\frac{2}{3}$
e) $\frac{1}{3}$ f) $\frac{9}{38}$; kürzen nicht möglich   g) $\frac{2}{3}$ h) $\frac{42}{55}$; kürzen nicht möglich

18 *Brüche erweitern auf den Nenner 100*
$\frac{50}{100}$; nicht möglich; $\frac{75}{100}$; $\frac{60}{100}$; $\frac{50}{100}$; nicht möglich; $\frac{25}{100}$; nicht möglich; $\frac{70}{100}$; nicht möglich; $\frac{75}{100}$; nicht möglich; $\frac{200}{100}$
Der Nenner lässt sich nicht auf 100 bringen, wenn er in gekürzter Form teilerfremd zu 100 ist.

19 *Brüche kürzen*
a) $\frac{3}{4}$ b) $\frac{2}{3}$ c) $\frac{1}{7}$ d) $\frac{7}{9}$ e) $\frac{1}{24}$ f) $\frac{1}{8}$ g) $\frac{3}{5}$ h) $\frac{7}{6}$

20 *Brüche kürzen*
a) $\frac{3}{5}$ b) $\frac{2}{3}$ c) $\frac{3}{8}$ d) $\frac{3}{4}$ e) $\frac{3}{5}$ f) $\frac{6}{7}$ g) $\frac{2}{17}$ h) $\frac{1}{6}$ i) $\frac{1}{12}$ j) $\frac{5}{11}$ k) $\frac{1}{5}$ l) $\frac{2}{7}$

21 *Gleichwertigkeit von Brüchen durch Kürzen überprüfen*
a) $\frac{3}{4} = \frac{3}{4}$ b) $\frac{2}{3} \neq \frac{3}{4}$ c) $\frac{1}{4} \neq \frac{7}{24}$ d) $\frac{1}{3} \neq \frac{1}{4}$ e) 5 = 5   f) 1 = 1   g) $\frac{6}{5} = \frac{6}{5}$ h) $\frac{7}{8} \neq \frac{8}{9}$ i) $\frac{4}{7} = \frac{4}{7}$

Seite 168

22 *Gleichwertigkeit von Brüchen durch Kürzen oder Erweitern überprüfen*
a) $\frac{10}{20} \neq \frac{12}{20}$ b) $\frac{8}{5} = \frac{8}{5}$ c) $\frac{5}{6} \neq \frac{7}{6}$ d) $\frac{27}{72} \neq \frac{28}{72}$ e) $\frac{4}{9} = \frac{4}{9}$ f) $\frac{21}{77} \neq \frac{22}{77}$

23 *Brüche vergleichen*
$\frac{6}{3000} < \frac{12}{3000} < \frac{24}{3000} < \frac{50}{3000}$; Er muss $\frac{1}{500}$ s einstellen, um den Film möglichst kurz zu belichten.

24 *Brüche gleichnamig machen und vergleichen*
a) $\frac{21}{28} > \frac{20}{28}$ b) $\frac{35}{15} > \frac{6}{15}$ c) $\frac{14}{21} > \frac{12}{21}$ d) $\frac{45}{72} < \frac{56}{72}$ e) $\frac{55}{66} > \frac{18}{66}$ f) $\frac{27}{24} < \frac{28}{24}$ g) $\frac{8}{6} < \frac{27}{6}$
h) $\frac{35}{60} < \frac{48}{60}$ i) $\frac{45}{240} > \frac{32}{240}$

25 *Gleiche Brüche finden*
$\frac{4}{24} = \frac{2}{12} = \frac{1}{6} = \frac{3}{18} = \frac{40}{240}$; $\frac{1}{3} = \frac{2}{6} = \frac{3}{9} = \frac{4}{12} = \frac{20}{60} = \frac{10}{30}$

26 *Gleichheit von Brüchen untersuchen*
a) wahr, denn $2\frac{1}{3} = \frac{7}{3}$ b) falsch, denn $3\frac{2}{5} = \frac{17}{5}$ c) falsch, denn $5\frac{1}{11} = \frac{56}{11}$
d) wahr, denn $51\frac{1}{2} = \frac{103}{2}$ e) falsch, denn $6\frac{1}{19} = \frac{115}{19}$ f) wahr, denn $1\frac{1}{14} = \frac{15}{14} = \frac{30}{28}$
g) falsch, denn $23\frac{2}{3} = \frac{71}{3} = \frac{142}{6}$ h) falsch, denn $87\frac{6}{4} = 87\frac{3}{2} = \frac{177}{2} \neq \frac{197}{2} = 98\frac{1}{2}$
i) falsch, denn $26\frac{6}{3} = \frac{84}{3} = 28 \neq 29$

27 *Brüche am Zahlenstrahl ablesen*
a) $\frac{1}{10}$; $\frac{1}{5}$; $\frac{2}{5}$; $\frac{1}{2}$; $\frac{3}{4}$; $\frac{19}{20}$ b) $4\frac{1}{4}$; $4\frac{1}{2}$; $4\frac{5}{8}$; $4\frac{13}{16}$; $5\frac{1}{16}$ c) $7\frac{1}{2}$; $7\frac{2}{3}$; $7\frac{5}{6}$; $7\frac{11}{12}$; $8\frac{1}{4}$

28 *Brüche ordnen*
a) $\frac{2}{97} < \frac{2}{11} < \frac{2}{9} < \frac{2}{7} < \frac{2}{3}$ b) $\frac{12}{18}\left(=\frac{2}{3}\right) < \frac{13}{18} < \frac{14}{18}\left(=\frac{7}{9}\right) < \frac{15}{18}\left(=\frac{5}{6}\right) < \frac{16}{18}\left(=\frac{8}{9}\right)$
c) $\frac{32}{72}\left(=\frac{4}{9}\right) < \frac{36}{72}\left(=\frac{1}{2}\right) < \frac{54}{72}\left(=\frac{3}{4}\right) < \frac{60}{72}\left(=\frac{5}{6}\right) < \frac{63}{72}\left(=\frac{7}{8}\right)$

Brüche und Verhältnisse

Seite 168

29 *Brüche zwischen Brüchen finden*
individuelle Lösung; gleichnamig machen $\left(\frac{7}{8} = \frac{91}{104}; \frac{12}{13} = \frac{96}{104}\right)$, Brüche zwischen $\frac{91}{104}$ und $\frac{96}{104}$ angeben (auch weiteres Erweitern möglich)

30 *Aussagen zu Brüchen untersuchen*
a) wahr; Man kann einen Bruch mit jeder natürlichen Zahl erweitern und er behält immer seinen Wert.
b) wahr; Man kann die Brüche soweit erweitern, bis die Nenner gleich sind und die Zähler um mindestens 2 auseinander liegen.
c) wahr; Zu jedem Bruch kann man den Zähler gleich lassen und den Nenner um 1 erhöhen. Dadurch wird er noch kleiner und näher 0.

31 *Gleichwertige Brüche finden*
$\frac{4}{9}, \frac{8}{18}$ oder $\frac{12}{27}$

32 *Aussage zu Brüchen untersuchen*
Mika hat unrecht, z.B. ist $\frac{1}{2} \neq \frac{2}{3}$, da $\frac{1}{2} = \frac{3}{6}$ und $\frac{2}{3} = \frac{4}{6}$. Die Aussage stimmt nur, wenn, wie in Mikas Beispiel, Zähler und Nenner gleich sind.

33 *Mischungsverhältnisse angeben*
a) $2:1$; $\frac{2}{3}, \frac{1}{3}$ b) $3:1$; $\frac{3}{4}, \frac{1}{4}$ c) $3:2$; $\frac{3}{5}, \frac{2}{5}$

34 *typische Fehler bei Streckenverhältnissen finden und begründen*
Anton muss erst überlegen, wie viele Teile es insgesamt gibt. Hier sind es 3.

Seite 169

35 *Strecken im gegebenen Verhältnis teilen*
a) 12 cm; 8 cm | 4 cm   b) 12 cm; 9 cm | 3 cm   c) 10 cm; 6 cm | 4 cm
d) 10 cm; 2 cm | 8 cm   e) 12 cm; 10 cm | 2 cm   f) 10 cm; 3 cm | 7 cm

36 *Anwendung: Verhältnis umrechnen in Anteile und als Größe*
a) Beklagter $\frac{3}{5}$; Kläger $\frac{2}{5}$ b) Beklagter 900 €; Kläger 600 €

37 *Maßstabsberechnungen*

Karte	Wirklichkeit
3 cm	**150 m**
7 cm	**350 m**
2 cm	100 m
3,5 cm	175 m
1 mm	**5 m**
$\frac{1}{2}$ cm	**25 m**
$1\frac{1}{2}$ cm	**75 m**
10,1 m	50,5 km

38 *Maßstabsberechnungen*
a) 1 cm in der Zeichnung entspricht 2 m in der Wirklichkeit.
b) 4,4 m; 4,4 m; 7,8 m
c) Bad: 2,6 m × 2,8 m; Arbeitszimmer: 4 m × 2,8 m; Kinderzimmer: 5,4 m × 4,4 m; Schlafzimmer: 5,4 m × 2,8 m; Diele: 6,8 m × 4,4 m

39 *Zeichenübung zum Maßstab*
individuelle Lösungen

40 *Maßstabsberechnungen*
Das Modell ist 12 cm lang, 4 cm breit und 5 cm hoch.

41 *Übersicht über Lernergebnisse erstellen*
individuell verschiedene Mindmap

Brüche und Verhältnisse

Seite 169

42 *Gleiche Anteile für andere Mengen berechnen*
$180:60 = 3:1$; Sie braucht also $\frac{3}{4}$ Milchreis und $\frac{1}{4}$ Apfelmus. $\frac{3}{4} \cdot 300$ g $= 225$ g; $\frac{1}{4} \cdot 300$ g $= 75$ g;
Sie muss 75 g Apfelmus und 225 g Milchreis nehmen.

43 *Längen von Körperteilen den Bruchteilen von Körpergrößen zuordnen*
Ordnen der Brüche von klein nach groß: $\frac{1}{21}\left(=\frac{3}{63}\right) < \frac{8}{63} < \frac{1}{7}\left(=\frac{9}{63}\right) < \frac{20}{126}\left(=\frac{10}{63}\right) < \frac{11}{21}\left(=\frac{33}{63}\right)$
Ordnen der Körperteile von kurz nach lang:
Hals $\left(\frac{1}{21}\right)$, Kopf $\left(\frac{8}{63}\right)$, Brust $\left(\frac{1}{7}\right)$, Bauch und Hüfte $\left(\frac{20}{126}\right)$, Beine $\left(\frac{11}{21}\right)$

44 *Vergrößerungen und Verkleinerungen abschätzen*
Obstfliege: vergrößert mit Maßstab $10:1$ (Körperlänge im Bild: 2 cm, Körperlänge in echt: ca. 2mm)
Igel: verkleinert mit Maßstab $1:6$ (Körperlänge im Bild 3,5 cm; Körperlänge in echt: ca. 21 cm)
Ameise: vergrößert mit Maßstab $5:1$ (Körperlänge im Bild: ca. 3 cm; Körperlänge in echt: ca. 6 mm)
Elefant: verkleinert mit Maßstab $1:60$ (Körperhöhe im Bild: ca. 4,5 cm; Körperhöhe in echt: ca. 2,7 m)
Ich messe die Körperlänge oder Körperhöhe und vergleiche sie mit der durchschnittlichen Körperlänge (-höhe) dieser Tiere. Der Quotient ist ungefähr der Maßstab.

Seite 170

Im Zoo

a) Asien 9 ha; Afrika 12 ha; Polarwelt: 6 ha; dann bleibt für Europa 3 ha, also $\frac{1}{10}$ der Gesamtfläche

b) Umriss der Zoofläche als Rechteck mit den Maßen 10 cm × 12 cm, hier auf die Hälfte verkleinert; individuelle Einteilung, z.B.:

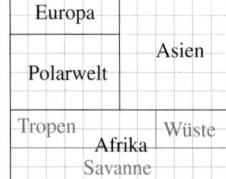

c) In der Erlebniswelt „Europa" sind 120 Tierarten zu Hause.

d) $\frac{2}{9} = \frac{56}{252}$; $\frac{1}{4} = \frac{63}{252}$; $\frac{3}{7} = \frac{108}{252}$
Durch den Südeingang kommen die meisten, durch den Westeingang die wenigsten Besucher.

e) Anteil Tropen $\frac{1}{3}$; Anteil Savanne $\frac{1}{2}$; Anteil Wüste $\frac{1}{6}$; Tropen 4 ha; Savanne 6 ha; Wüste 2 ha

f) siehe Zeichnung in b)

g) Afrika $\frac{1}{3}$; Asien $\frac{1}{4}$; Polarwelt $\frac{1}{5}$; Australien $\frac{7}{60}$; Europa $\frac{1}{10}$

h) Partnerarbeit; individuell verschieden

Flächen und Flächeninhalte

Noch fit?

Seite 174

1 *Umwandlung von Längeneinheiten wiederholen*
a) 1,2 m b) 0,45 m c) 17 cm d) 300 mm e) 1,3 km f) 27,5 cm g) 1850 cm
h) 440 cm i) 307 mm j) 3,5 cm k) 120,4 dm l) 25 m m) 4,2 m n) 125 000 cm
o) 0,8 dm p) 25 m

2 *Längen bei vorgegebenem Maßstab umrechnen*
a) 7000 cm = 70 m = 0,07 km   b) 400 000 cm = 4000 m = 4 km
c) 6 000 000 cm = 60 000 m = 60 km   d) 12 000 cm = 120 m = 0,12 km
e) 75 000 cm = 750 m = 0,75 km   f) 10 000 cm = 100 m = 0,1 km

3 *Grundrisse lesen, Maßstab anwenden*
a) Das Haus ist 10,30 m lang und 6,30 m breit (Außenmaße).
b) Wohnzimmer Breite 4,90 m; Länge 6,10 m
   Küche   Breite 2,40 m; Länge 5,20 m
   WC   Breite 1,20 m; Länge 2 m

Seite 174

4 *maßstabsgerechtes Zeichnen wiederholen*
a) Rechteck   12,2 cm × 9,8 cm
b) Schrankwand   6 cm × 0,8 cm   Sessel   2,1 cm × 1,8 cm
    3er-Sofa   4,8 cm × 1,8 cm   Couchtisch   2,6 cm × 1,5 cm
    2er-Sofa   3,5 cm × 1,8 cm   Fernsehtisch   2 cm × 1,2 cm
c) Alle Möbel passen in das Zimmer.
    Aufstellung individuell verschieden

Bunt gemischt

1. ... mit vier rechten Winkeln.
2. ... Diagonale.
3. ...; 16; 25; 36; 49; 64; 81; ...
4. 1000 km
5. ... Quadrat.
6. 2000 mm + 2200 mm + 2220 mm + 2222 mm = 8642 mm = 8,642 m

Flächen vergleichen

Erforschen und Entdecken

Seite 175

1 *Flächenvergleich durch Abzählen von Kästchen oder Abzählen von vorgegebenen Teilflächen*
① Die erste und die zweite Figur bestehen aus je 6 Kästchen und sind damit gleich groß. Die dritte Figur besteht nur aus 5 Kästchen.
② Die erste Figur besteht aus vier Dreiecken und zwei Rechtecken. Die zweite Figur besteht nur aus zwei Dreiecken und zwei Rechtecken und ist daher kleiner als die erste. Die dritte Figur besteht aus vier Rechtecken. Da man hier je zwei Dreiecke zu einem gleich großen Rechteck zusammenlegen kann, ist die dritte Figur genauso groß wie die erste.

2 *Flächenvergleich am Geobrett*
a) Spannübung am Geobrett
b)

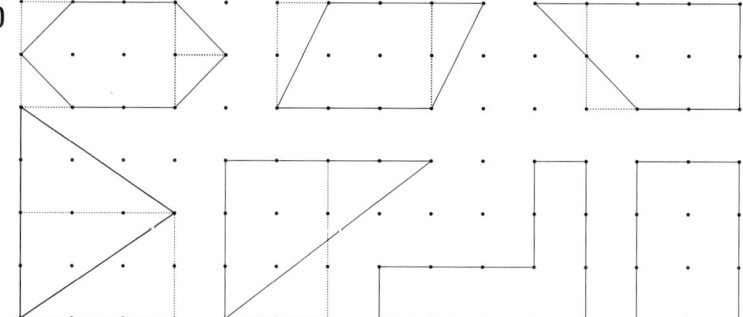

c) Die Figuren des Tangrams haben die folgenden Flächeninhalte:
    großes Dreieck 25 Kästchen;   mittleres Dreieck 12,5 Kästchen;
    kleines Dreieck 6,25 Kästchen;   Quadrat 12,5 Kästchen;
    Parallelogramm 12,5 Kästchen
    Die Summe aller Flächen beträgt 100 Kästchen.
d) individuell verschieden; z.B.:

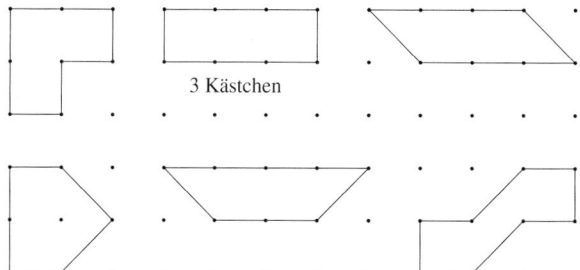

3 Kästchen

e) Nein; es lassen sich zahlreiche Gegenbeispiele finden.
    (siehe auch S. 178, Nr.16)

Flächen und Flächeninhalte

Seite 175

3 *Flächenvergleich, eigene Unterteilung wählen*

Das rechte Beet ist größer, denn wenn man beide Beete z.B. mit 2 m langen und 1 m breiten Rechtecken auslegt, so passen sechs dieser Rechtecke in das erste Beet, im zweiten Beet bleibt aber noch ein Flächenstück offen, wenn man die gleichen sechs Rechtecke dort hineinlegt.

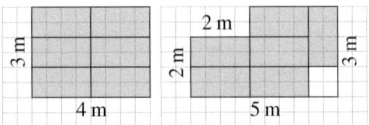

Basisaufgaben

Seite 176

1 *mit den vorgegebenen Teilfiguren aus „Lesen und Verstehen" auslegen*

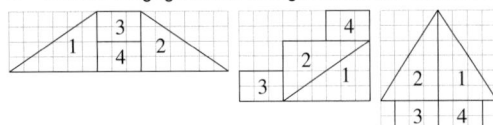

2 *Quadrat und Rechteck mit einfachen Teilflächen auslegen*

a)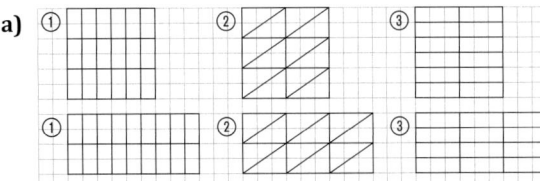

b) Man benötigt 18 Figuren von ① und jeweils 12 Figuren von ② und ③.

c) verschiedene Lösungen möglich, z.B. bei ① ein Rechteck aus 4 × 6 Kästchen;
bei ② ein „Haus" aus einem Rechteck mit 4 × 3 Kästchen und einem gleichschenkligen Dreieck mit einer 8 Kästchen langen Basis als Dach und
bei ③ ein Rechteck aus 3 × 12 Kästchen

3 *Flächen mit vorgegebenen Dreiecken auslegen*

Alle Flächen haben denselben Flächeninhalt, denn sie lassen sich jeweils mit 4 Dreiecken auslegen.

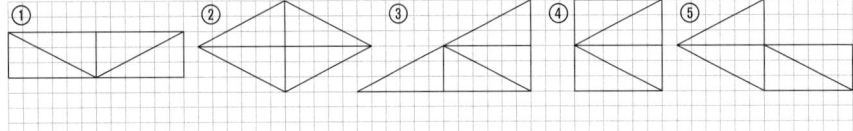

4 *Flächen durch Auszählen von Kästchen vergleichen*

①, ④ und ⑥ sind gleich groß (5 Kästchen). ②, ③ und ⑤ sind gleich groß (6 Kästchen).

Seite 177

5 *Flächen der Größe nach ordnen, Kästchen auszählen*

d) 18 K. < b) 23 K. < a) 24 K. < e) 26 K. < f) 30 K. < c) 33 K.

6 *Größenvergleich durch Auszählen von Kästchen*

Das Quadrat ist größer (64 Kästchen), das Rechteck besteht nur aus 63 Kästchen.
Die Unterteilung durch die Diagonalen ist überflüssig für diese Fragestellung.

7 *Anwendung: Flächenvergleich durch Abzählen*

Die Materialkosten sind bei beiden Terrassen gleich hoch, weil beide gleich groß sind.

8 *Anwendung: Flächenvergleich durch maßstäbliche Zeichnung und Auszählen von Teilfiguren*

a) Zeichenübung: Quadrat mit Seitenlänge 5 cm; Rechteck mit Länge 6 cm und Breite 4 cm
   1. Fliese: 100 Kästchen oder 25 Einheitsquadrate der Größe 1 cm^2
   2. Fliese: 96 Kästchen oder 24 Einheitsquadrate der Größe 1 cm^2
   (1 dm^2 in Wirklichkeit, 1 cm^2 in Zeichnung)

b) Die erste Fliese hat den größeren Flächeninhalt.

Weiterführende Aufgaben

Seite 177

9 *Vergleich durch Auszählen von Kästchen bzw. Zerlegen in Teilfiguren*
a) ①, ②, ⑥ und ⑦ sind gleich groß (32 Kästchen).
③, ④ und ⑤ sind gleich groß (40 Kästchen).
b) Am größten sind die Figuren ③, ④ und ⑤.

10 *Dreieck eigenständig zerlegen*
Aus dem Dreieck lässt sich das Rechteck herstellen.
Daher sind beide Flächen gleich groß.

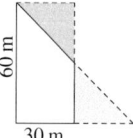

11 *mit verschiedenen vorgegebenen Figuren mit Karoeinteilung auslegen*
a) Alle Figuren enthalten jeweils 2 Dreiecke, 2 Rechtecke und 1 Quadrat.
Also haben sie den gleichen Flächeninhalt.

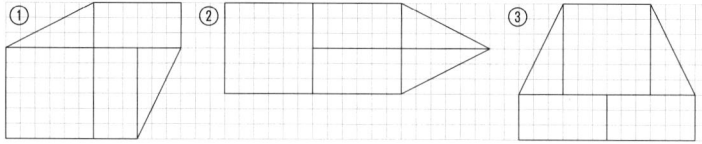

b) individuelle Lösungen; Am einfachsten ist es, die blauen Figuren zu nutzen und aus zwei Dreiecken, zwei Rechtecken und einem Quadrat eine neue Figur zu legen.
c) Partnerarbeit, Vergleich

Nachgedacht

Die linke Figur ist größer, weil sie aus allen Teilflächen der rechten Figur und zusätzlich noch aus einem weiteren kleinen Dreieck besteht.

Seite 178

12 *mit verschiedenen Figuren ohne Karoeinteilung auslegen*
Alle Figuren haben jeweils den gleichen Flächeninhalt, weil sie aus denselben Teilflächen zusammengelegt wurden.

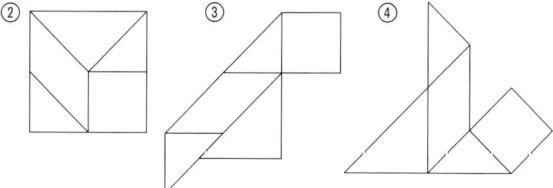

13 *mit verschiedenen vorgegebenen Rechtecken auslegen*

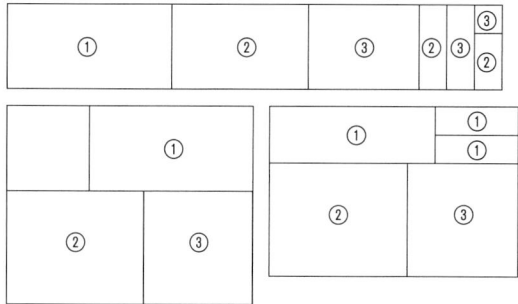

14 *Flächen bei vorgegebenem Flächeninhalt zeichnen*
Rechteck aus 8 × 2 Kästchen oder aus 16 × 1 Kästchen; Quadrat aus 4 × 4 Kästchen; Dreieck: rechtwinklig mit Kathetenlängen 8 und 4 Kästchen oder gleichschenklig mit Basislänge 8 Kästchen und Höhe 4 Kästchen

15 *Flächen in einer maßstabsgerechten Zeichnung vergleichen*
Kinderzimmer 1 ist etwas größer und bietet bessere Stellmöglichkeiten für Möbel.

Seite 178

16 *Figuren mit vorgegebenem Flächeninhalt am Geobrett spannen*
a) individuell verschieden; z.B.:

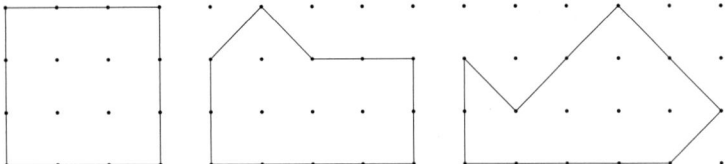

b) Die Summe der Seitenlängen ist beim Quadrat am kleinsten.
c) verschiedene Figuren möglich, den größten Flächeninhalt hat ein Quadrat, beim dem die Seiten jeweils vier Nägel umfassen.

17 *Rechtecke mit gleichem Umfang vergleichen*
a) z.B. 4 × 4, 3 × 5, 2 × 6, 1 × 7
b) Das Quadrat hat den größten Flächeninhalt.
c) Da die Abstände der Nägel jeweils 1 cm betragen, ist ein Umfang von 18 cm nicht möglich. Möglich sind nur 16 cm oder 20 cm.

Flächeneinheiten

Erforschen und Entdecken

Seite 179

1 *Einführung der Einheiten dm^2, cm^2 und m^2 durch Herstellen einer Collage*
a), b) Zeichen-, Mal- und Bastelübung
c) Ein Quadrat mit 1 m Seitenlänge besteht aus 100 Quadrate, das sind 10 000 Viererkästchen.
d) 10 000 Millimeterquadrate für ein Quadrat und 1 000 000 Millimeterquadrate für die große Collage

2 *Einführung der großen Flächeneinheiten km^2 und ha*
a) Im Lexikon wird die Größe mit 640 ha und in der Werbebroschüre mit über 6 km² angegeben, d.h. 1 km² ist 100 ha groß.
b) Borkum (36 km²); Norderney (25 km²); Langeoog (20 km²); Spiekeroog (17 km²); Juist (16,5 km²); Baltrum (6 km²); Wangerooge (5 km²)
c) individuell verschieden

Basisaufgaben

Seite 181

Auf Seite 181 kommen nur die Flächeneinheiten mm², cm², dm² und m² vor.
Auf Seite 182 folgen dann die großen Flächeneinheiten a, ha und km². Kommazahlen treten erst in den Weiterführenden Aufgaben auf.

1 *Anknüpfung an Aufgabe 1 im „Erforschen und Entdecken" (Collage); Abschätzen von Flächengrößen und Überprüfung durch Auslegen*
Hinweis: Die Aufgabe sollte vor der Herstellung der Collage erledigt werden.
individuelle Lösungen

2 *Anknüpfung an Aufgabe 1 im „Erforschen und Entdecken" (Collage); Vorbereitung der Flächenberechnung*
a) 6 × 8 Quadrate: 60 cm × 80 cm (6 dm × 8 dm);
4 × 12 Quadrate : 40 cm × 120 cm (4 dm × 12 dm);
3 × 16 Quadrate: 20 cm × 160 cm (3 dm × 16 dm);
2 × 24 Quadrate: 20 cm × 240 cm (2 dm × 24 dm);
1 × 48 Quadrate: 10 cm × 480 cm (1 dm × 48 dm)
b) Es besteht aus 15 Quadraten. 1500 Viererkästchen wurden ausgemalt.
c) 25 Quadrate
d) Nein, das geht nur mit 16 oder 25 Quadraten.

3 *Grundvorstellung von Flächeneinheiten vermitteln*
a) cm²   b) mm² oder cm²   c) dm² oder cm²   d) cm²   e) dm² oder cm²   f) cm²

4 *Flächengröße schätzen und abmessen*
individuell verschieden

5 *in kleinere Einheit umwandeln (von m^2 in dm^2; zwei Nullen anhängen)*
a) 500 dm²   b) 1200 dm²   c) 2500 dm²   d) 20 000 dm²   e) 4500 dm²   f) 3000 dm²

Flächen und Flächeninhalte

Seite 181

6 *in kleinere Einheit cm² umwandeln bei vermischten Einheiten (dm² und cm²)*
a) 400 cm²   b) 4600 cm²   c) 5200 cm²   d) 27 000 cm²   e) 415 cm²   f) 1015 cm²

7 *Flächengrößen ablesen und umwandeln von cm² in mm²*
① 9 cm² = 900 mm²;   ② 12 cm² = 1200 mm²;   ③ 10 cm² = 1000 mm²

8 *in die nächstgrößere Einheit umwandeln, vermischt*
a) 8 dm²   b) 30 m²   c) 50 m²   d) 55 dm²   e) 4 cm²   f) 2 dm²   g) 4 m²   h) 34 dm²
i) 114 cm²   j) 66 cm²   k) 100 m²   l) 51 cm²

9 *in cm² umwandeln aus größeren und kleineren Einheiten*
a) 7 cm²   b) 36 cm²   c) 205 cm²   d) 2600 cm²   e) 200 cm²   f) 534 cm²

10 *in mm² umwandeln, auch Sprung über zwei Einheiten*
a) 900 mm²   b) 2000 mm²   c) 4900 mm²   d) 120 000 mm²   e) 150 000 mm²   f) 5500 mm²

11 *Grundvorstellungen von Flächeneinheiten vermitteln, Flächen und Flächengrößen zuordnen*
Briefmarke 640 mm²; Schülertisch 72 dm²; CD-Hülle 170 cm²; Mathematikbuch 5 dm²; Plakat 48 dm²;
Handy-Display 9 cm²; Abdeckplane 6 m²

12 *Grundvorstellungen von Flächengrößen vermitteln*
a) ca. vier Schüler   b) das Sechsfache der Antwort aus a), also hier 24 Schülerinnen und Schüler

Seite 182

13 *Veranschaulichung bzw. Einführung von a und ha*
a) 50 a = 5000 m²   b) 1 ha = 100 a = 10 000 m²

14 *in a umwandeln (von ha und m²)*
a) 300 a   b) 1500 a   c) 20 000 a   d) 87 000 a   e) 2900 a   f) 140 000 a
g) 15 a   h) 42 a   i) 3500 a   j) 270 a   k) 25 a   l) 1000 a

15 *in ha umwandeln aus größeren und kleineren Einheiten*
a) 900 ha   b) 2500 ha   c) 16 000 ha   d) 7 ha   e) 38 ha   f) 90 ha   g) 4 ha   h) 11 ha   i) 65 ha

16 *Umwandeln von km² in ha*
a) Berlin 89 200 ha   b) Kremmen 20 800 ha   c) Templin 37 700 ha
d) Neuruppin 30 300 ha   e) Bad Belzig 23 500 ha   f) Nauen 26 700 ha

17 *Grundvorstellungen von großen Flächeneinheiten*
a) m²   b) km²   c) km²   d) ha   e) a oder m²   f) a oder ha

18 *Grundvorstellungen von großen Flächeneinheiten*
Klassenraum 60 m²   Tennisplatz 2 a   Volleyballfeld 162 m²
Fläche der BRD 356 879 km² Fläche von Köln 40 512 ha Kinderzimmer 10,5 m²

19 *in die nächstkleinere Einheit umwandeln*
a) 3600 ha   b) 15 000 ha   c) 80 000 ha   d) 400 a   e) 7200 a
f) 51 000 a   g) 7500 m²   h) 90 000 m²   i) 32 700 m²

20 *in die nächstgrößere Einheit umwandeln*
a) 6250 a   b) 442 km²   c) 103 a   d) 162 a   e) 70 ha   f) 35 km²   g) 75 ha
h) 100 km²   i) 330 ha

21 *große Einheiten bei Angabe von Waldflächengrößen lesen, Aussagen überprüfen*
a) stimmt   b) falsch, es ist weniger als die Hälfte   c) falsch, sie ist 11 000 000 000 m² groß
d) falsch, Buche und Eiche sind mit 4 400 000 a vertreten   e) falsch, sie nehmen 1210 km² ein
f) falsch, Kiefer und andere Nadelbäume nehmen zusammen eine Fläche von 891 000 ha, also 89 100 000 m² ein

Weiterführende Aufgaben

Seite 183

22 *m² in dm² umwandeln und umgekehrt*
a) 400 dm²   b) 700 dm²   c) 1 m²   d) 2200 dm²   e) 3 m²   f) 130 m²

Flächen und Flächeninhalte

Seite 183

23 *in m^2 umwandeln (mit Überspringen von Einheiten), erste einfache Kommazahlen*
a) 5 m² b) 230 000 m² c) 7,5 m² d) 5 000 000 m² e) 301 500 m²
f) 0,5 m² g) 250 m² h) 3 050 000 m² i) 500 000 m²

24 *Flächengrößen in gemischten Einheiten angeben und nach der Größe ordnen*
a) 540 mm² = 5 cm² 40 mm² b) 336 mm² = 3 cm² 36 mm² c) 256 mm² = 2 cm² 56 mm²
d) 608 mm² = 6 cm² 8 mm² e) 105 mm² = 1 cm² 5 mm²
105 mm² < 256 mm² < 336 mm² < 540 mm² < 608 mm²

25 *Flächengrößen in cm^2 umwandeln, mit einfachen Kommazahlen*
a) 450 mm² = 4,5 cm² b) 475 mm² = 4,75 cm² c) 225 mm² = 2,25 cm²

26 *Einführung der Kommaschreibweise durch Einheitentabelle*
4 dm² 13 cm² = 4,13 dm²   2 dm² 4 cm² = 2,04 dm²
1 m² 15 dm² = 1,15 m²   12 m² 4 dm² 50 cm² = 12,045 m²
65 dm² 30 mm² = 65,003 dm²   4 cm² 2 mm² = 4,02 cm²
8 dm² 50 cm² 80 mm² = 8,508 dm²   8 m² 7 dm² 5 cm² = 8,0705 m²

27 *Kommaschreibweise bei gemischten Einheiten anwenden*
a) 5,25 m² b) 3,04 dm² c) 75,12 m² d) 3,12 cm² e) 12,0015 m² f) 5,04 dm²

28 *große Einheiten in drei kleinere Einheiten umwandeln*
a) 15 km² = 1500 ha = 150 000 a = 15 000 000 m²
b) 3 ha = 300 a = 30 000 m² = 3 000 000 dm²
c) 35 a = 3500 m² = 350 000 dm² = 35 000 000 cm²
d) 70 km² = 7000 ha = 700 000 a = 70 000 000 m²
e) 98 ha = 9800 a = 980 000 m² = 98 000 000 dm²
f) 600 a = 60 000 m² = 6 000 000 dm² = 600 000 000 cm²
g) 400 km² = 40 000 ha = 4 000 000 a = 400 000 000 m²
h) 14 a = 1400 m² = 140 000 dm² = 14 000 000 cm²
i) 134 ha = 13 400 a = 1 340 000 m² = 134 000 000 dm²

29 *kleine Einheiten in mehrere große Einheiten umwandeln, mit Kommazahlen*
a) 625 000 m² = 6250 a = 62,5 ha b) 200 a = 2 ha = 0,02 km² c) 10 300 m² = 103 a = 1,03 ha
d) 16 200 m² = 162 a = 1,62 ha e) 7020 a = 70,2 ha = 0,702 km² f) 3705 ha = 37,05 km²
g) 402 600 a = 4026 ha = 40,26 km² h) 10 220 a = 102,2 ha = 1,022 km² i) 52 506 ha = 525,06 km²

30 *in vorgegebene Einheiten umwandeln*
a) 700 ha b) 120 000 a c) 2300 a d) 450 000 m² e) 8700 m²
f) 27 ha g) 52,5 ha h) 51 a i) 63 km² j) 35 000 000 m²

31 *in nächstkleinere Einheit umwandeln*
a) 1000 cm²; 11 500 m²; 6500 cm²; 4400 ha b) 800 ha; 10 000 cm²; 20 200 m²; 2200 a
c) 1500 m²; 8000 ha; 11 000 dm²; 88 000 ha

Seite 184

32 *Flächeneinheiten mit Komma umwandeln (große Einheiten)*
a) 578 ha b) 23 467 m² c) 2205 a d) 10 750 m² e) 3 406 700 m²
f) 97 500 a g) 6500 m² h) 10 040 a

33 *Flächeneinheiten mit Komma umwandeln (kleine Einheiten)*
a) 135 ha b) 1505 ha c) 2050 a d) 11 250 dm² e) 502 cm² f) 1820 m² g) 4460 cm²
h) 68 010 ha i) 1004 mm² j) 940 mm² k) 1020 dm² l) 451 mm²

34 *Flächeneinheiten vergleichen*
a) > b) = c) = d) > e) > f) = g) < h) >

35 *Flächenangaben umwandeln und Grundvorstellungen überprüfen*
a) 12 000 cm²; kann nicht stimmen. b) 15,4 m²; kann stimmen c) 300 m²; kann stimmen
d) 29 483 km²; kann stimmen e) 25 m²; kann nicht stimmen

Flächen und Flächeninhalte

Seite 184

36 *Umwandlungen überprüfen, Fehler erläutern*
a) 24 ha = 2400 a (falsche Umwandlungszahl)
b) 5 m² = 500 dm² (Längeneinheit benutzt)
c) 7 m² = 700 dm² (Einheit dm² übersprungen)
d) 2 km² = 20 000 a (falsche Umwandlungszahl)
e) 800 mm² = 8 cm² (falsche Umwandlungszahl)
f) 1 km² 2 ha = 1,02 ha (eine Stelle vergessen)
g) 80 000 m² = 8 ha (falsche Umwandlungszahl)
h) 5 ha 2 a = 502 a (Zehnerstelle vergessen)
i) 2 ha = 20 000 m² (Längeneinheit benutzt)
j) 300 m² = 3 a (zwei Einheiten übersprungen)

37 *Rechnungen zu Bildern zuordnen*
① c), e); ② a), f); ③ b), d), g), h)

38 *Flächen zu vorgegebenen Rechnungen zeichnen*
Zeichnungen auf ein Viertel verkleinert;, 1 Kästchen entspricht 1 cm²   z.B.: a)  b) c) d)

39 *kleine Flächeneinheiten addieren und subtrahieren*
a) 31 m²   b) 405 cm²   c) 656 cm²   d) 553 dm²

40 *kleine gemischte Flächeneinheiten addieren und subtrahieren*
a) 300 cm² = 3 dm²   b) 64 dm²   c) 785 mm²   d) 2009 cm²
Lösungswort: KIEW   Das ist die ukrainische Hauptstadt.

41 *große Flächeneinheiten addieren und subtrahieren*
a) 306 a   b) 150 370 a   c) 498 ha   d) 21 703 a   e) 2247 a   f) 7112 a

42 *Flächeneinheiten umwandeln und Größen vergleichen*
a) 100 000 000 mm² = 100 m². Man kann die Fläche z.B. mit einem Klassenraum oder einem Volleyballfeld vergleichen.
b) Ein Spielfeld hat eine Länge von 100 m bis 110 m und eine Breite von 64 m bis 75 m , d.h. die Größe liegt zwischen 6400 m² und 8250 m².   Man würde also zwischen 64 und 83 Menschen brauchen.

Flächeninhalt von Rechtecken und Quadraten

Erforschen und Entdecken

Seite 185

1 *Regel „Länge × Breite" durch konkretes Auslegen erkennen*
Es können auch die Quadrate aus der Collage der letzten Lerneinheit benutzt werden.
a) Zeichnung (Maße in cm); 36 × 1; 18 × 2; 12 × 3; 9 × 4; 6 × 6

b)
Länge	Breite	Flächeninhalt des Rechtecks
6 dm	6 dm	A = 36 dm²
4 dm	9 dm	A = 36 dm²
3 dm	12 dm	A = 36 dm²
2 dm	18 dm	A = 36 dm²
1 dm	36 dm	A = 36 dm²

c)
Länge	Breite	Flächeninhalt	Länge	Breite	Flächeninhalt
6 dm	5 dm	A = 30 dm²	3 dm	8 dm	A = 24 dm²
6 dm	4 dm	A = 24 dm²	3 dm	7 dm	A = 21 dm²
6 dm	3 dm	A = 18 dm²	3 dm	2 dm	A = 6 dm²
6 dm	2 dm	A = 12 dm²	3 dm	1 dm	A = 3 dm²
6 dm	1 dm	A = 6 dm²	2 dm	17 dm	A = 34 dm²
5 dm	7 dm	A = 35 dm²	2 dm	16 dm	A = 32 dm²
5 dm	5 dm	A = 25 dm²	2 dm	15 dm	A = 30 dm²
5 dm	4 dm	A = 20 dm²	2 dm	14 dm	A = 28 dm²
5 dm	3 dm	A = 15 dm²	2 dm	13 dm	A = 26 dm²
5 dm	2 dm	A = 10 dm²	2 dm	12 dm	A = 24 dm²
5 dm	1 dm	A = 5 dm²	2 dm	11 dm	A = 22 dm²
4 dm	8 dm	A = 32 dm²	2 dm	10 dm	A = 20 dm²
4 dm	7 dm	A = 28 dm²	2 dm	9 dm	A = 18 dm²
4 dm	3 dm	A = 12 dm²	2 dm	8 dm	A = 16 dm²
4 dm	2 dm	A = 8 dm²	2 dm	7 dm	A = 14 dm²
4 dm	1 dm	A = 4 dm²	2 dm	1 dm	A = 2 dm²
3 dm	11 dm	A = 33 dm²	1 dm	35 dm	A = 35 dm²
3 dm	10 dm	A = 30 dm²	...		
3 dm	9 dm	A = 27 dm²	1 dm	1 dm	A = 1 dm²

d) Man multipliziert die Länge mit der Breite.
e) Für eine quadratische Fläche benötigt man 1, 4, 9, 16, 25 oder 36 Kacheln.

Flächen und Flächeninhalte

Seite 185

2 *freiere Aufgabe zur Hinführung zur Flächeninhaltsberechnung, bietet sich für Ich-Du-Wir-Prinzip an*
a) Der Reiterhof Wiesental hat eine größere Reithalle (1250 m²) als die Reitanlage Walter (1200 m²), auch der Reitplatz ist größer (2000 m² > 1000 m²).
Die Pferde haben in Wiesental eine 16 m² große Box, während sie in der Reitanlage Walter nur 15 m² groß ist.
b) Diskussion zu zweit
c) individuell verschieden, z.B.: Lage und Entfernung vom Wohnort, Betreuung der Pferde

3 *Herstellung eines Anwendungsbezugs für Flächenberechnung, mehrschrittige Aufgabe (für leistungsstärkere Gruppen)*
a) $A = 8\text{ m} \times 2{,}5\text{ m} = 800\text{ cm} \times 250\text{ cm} = 200\,000\text{ cm}^2 = 20\text{ m}^2$
$2 \times 20\text{ m}^2 = 40\text{ m}^2$
$40\text{ m}^2 : 7\text{m}^2 = 5\text{ Rest }5$ Es werden fast 6 Liter Farbe benötigt.
b) Es würden ein Farbtopf mit 2,5 l und ein Farbtopf mit 5 l reichen.
Sie kosten zusammen 47€. Ein 10-Liter-Eimer ist daher günstiger.

Basisaufgaben

Seite 186

1 *Flächeninhalte bestimmen durch Auszählen*
a) 12 m²   b) 20 m²

2 *Flächeninhalt berechnen*
a) 56 cm²   b) 162 dm²   c) 315 mm²   d) 95 m²   e) 35 cm²

3 *Rechtecke angeben, Anknüpfung an Aufgabe 1 im „Erforschen und Entdecken"*
Möglichkeiten der Anordnung: 6 × 8; 4 × 12; 3 × 16; 2 × 24; 1 × 48

4 *Quadrat zeichnerisch zerlegen und Flächeninhalt bestimmen*
a) 16cm²   b) 25cm²   c) 9cm²

5 *Flächeninhalte von Quadraten berechnen*
a) 64 cm²   b) 225 dm²   c) 196 m²   d) 484 mm²   e) 256 km²   f) 16 900 m²

6 *Flächeninhalt eines Quadrats berechnen, einfache Anwendung*
a) $A = 7\text{ m} \times 7\text{ m} = 49\text{ m}^2$ b) Man muss 1568 € bezahlen.

Seite 187

7 *einfache Anwendung, Flächeninhalt eines Rechtecks berechnen, Anknüpfung an Aufgabe 2 im „Erforschen und Entdecken"*
Die Reitkoppel hat einen Flächeninhalt von 980 m².

8 *Flächeninhalt eines Rechtecks berechnen, einfache Anwendungen*
a) 540 mm²   b) 9600 cm² = 96 dm²   c) 5928 m²
d) 2400 cm² = 24 dm²   e) 10,5 m²   f) 1980 m²

9 *Flächeninhalte schätzen und durch Berechnung nachprüfen*
individuell verschieden

10 *einfache Anwendung, Flächeninhalt eines Rechtecks berechnen*
a) $A = 4\text{ m} \times 9\text{ m} = 36\text{ m}^2$ b) Man muss 882 € bezahlen.

Weiterführende Aufgaben

11 *Flächeninhalte von Quadraten berechnen, mit Umwandlung*
a) 2,25 cm²   b) 3,24 dm²   c) 12,25 m²   d) 1,44 m²   e) 20,25 cm²   f) 0,81 dm²

12 *Seitenlänge und Flächeninhalt bei Quadraten zuordnen*
121 m² = 11 m × 11 m; 400 dm² = 20 dm × 20 dm; 2,25 cm² = 1,5 cm × 1,5 cm;
324 cm² = 18 cm × 18 cm; 144 m² = 12 m × 12 m; 81 m² = 9 cm × 9 cm;
169 m² = 13 m × 13 m; 3,24 m² = 1,8 m × 1,8 m

13 *Flächeninhalte von Rechtecken berechnen, mit Umwandlung*
a) $A = 1080\text{ mm}^2 = 10{,}8\text{ cm}^2$ b) $A = 900\text{ mm}^2 = 9\text{ cm}^2$
c) $A = 1\,200\,000\text{ m}^2 = 1{,}2\text{ km}^2$ d) $A = 192\text{ cm}^2 = 1{,}92\text{ dm}^2$

Flächen und Flächeninhalte

Seite 187

14 *Umkehrung: Flächeninhalten mögliche Seitenlängen zuordnen*
a) 12 cm × 20 cm; 40 cm × 6 cm   b) 100 m × 10 m; 25 m × 40 m
c) 3 dm × 25 dm; 5 dm × 15 dm   d) 200 m × 1000 m; 400 m × 500 m

15 *Seitenlänge eines Rechtecks berechnen, mit Umwandlungen*
a) 12 m   b) 500 cm   c) 7500 m   d) 340 mm

16 *Seitenlänge eines Rechtecks berechnen*
a) $A = 165$ m²   b) $b = 52$ m   c) $A = 8836$ dm²   d) $b = 158$ m   e) $a = 24$ cm

17 *Anwendung: Flächeninhalt vom Rechteck berechnen*
a) Das Beet ist 63 m² groß.   b) Es werden 2100 Minitulpen benötigt.

18 *Anwendung: Rechteck mit Quadraten auslegen, Seitenlänge eines Quadrats bestimmen*
a) Es werden 160 Fliesen benötigt, denn 400 cm · 250 cm = 100 000 cm² und 100 000 : 625 = 160.
b) Eine Fliese hat eine Seitenlänge von 25 cm, denn 25 cm × 25 cm = 625 cm².

Nachgedacht
Es werden 37 Platten benötigt.

Seite 188

19 *Anwendung: Flächeninhalt eines Rechtecks berechnen und benötigte Farbe*
$A = 33{,}75$ m²   Sie benötigt 3 Dosen Farbe.

20 *flächengleiches Quadrat zum vorgegebenen Rechteck bestimmen*
Das Quadrat hat eine Seitenlänge von 60 cm.

21 *Anwendung: Rechteckseitenlängen bei vorgegebenem Flächeninhalt bestimmen*
$A = 32$ ha $= 320\,000$ m²   Das Schwimmbad könnte z. B. 400 m lang und 800 m breit sein.
So große Schwimmbäder gibt es jedoch nicht.

22 *zusammengesetzte Flächen auf verschiedene Arten zerlegen*
① Zerlegung in ein unten liegendes Rechteck mit den Maßen 3 cm × 10 cm und ein darauf stehendes Rechteck mit den Maßen 4 cm × 5 cm
② Berechnung der Fläche eines großen Rechtecks mit den Maßen 10 cm × 8 cm und Abziehen des Fläche eines kleineren Rechtecks mit den Maßen 6 cm × 5 cm
③ Zerlegung in ein rechts stehendes Rechteck mit den Maßen 4 cm × 8 cm und ein links liegendes Rechteck mit den Maßen 6 cm × 3 cm

23 *Größe von zusammengesetzten Flächen berechnen*
a) 41 120 mm²   b) 32 320 mm²   c) 9908 m²   d) 4400 cm²

24 *Größe einer zusammengesetzten Fläche auf verschiedenen Wegen berechnen*
Der Flächeninhalt der Rasenfläche beträgt 68 m².
$A = 12$ m · 6 m − 2 m · 2 m = 68 m²
$A = 12$ m · 4 m + 10 m · 2 m = 68 m²
$A = 10$ m · 6 m + 2 m · 4 m = 68 m²
$A = 10$ m · 4 m + 2 m · 4 m + 2 m · 10 m = 68 m²

25 *Größen von zusammengesetzten Flächen berechnen*
a) 24 m²   b) 22 m²   c) 475 m²

26 *Funktionaler Aspekt; Veränderung von Flächeninhalten bei Vervielfachung der Seitenlängen betrachten*
a) Die Behauptung stimmt, denn $A = (2 \cdot a) \cdot b = 2 \cdot (a \cdot b)$.
b) Die Behauptung stimmt nicht, der Flächeninhalt versechsfacht sich.
c) Die Behauptung stimmt nicht, der Flächeninhalt vervierfacht sich.

Umfang von Rechtecken und Quadraten

Erforschen und Entdecken
Seite 189

1 *Intuitives Berechnen des Umfangs*
Für das rechteckige Bild benötigt man 3,9 m Leisten, denn
75 cm + 120 cm + 75 cm + 120 cm = 2 · 75 cm + 2 · 120 cm = 150 cm + 240 cm = 390 cm = 3,9 m.
Für das quadratische Bild benötigt man 3,2 m Leisten, denn
80 cm + 80 cm + 80 cm + 80 cm = 4 · 80 cm = 320 cm = 3,2 m.
Man addiert jeweils alle Seitenlängen. Beim Rechteck kann man nutzen, das jede Seitenlänge zweimal auftritt. Beim Quadrat tritt die Seitenlänge viermal auf, deshalb reicht es, die Seitenlänge mit 4 zu multiplizieren.

2 *Drahtbiegeübung*
Durch die Drahtbiegeübung kann deutlich werden, dass verschiedene Rechtecke den gleichen Umfang haben können und dass das Quadrat den maximalen Umfang hat. Die Aufgabe bietet sich für kooperatives Arbeiten an.
a) Wenn man nur ganzzahlige Seitenlängen zulässt, sind folgende Lösungen möglich:
1 cm × 11 cm (11 cm²); 2 cm × 10 cm (20 cm²); 3 cm × 9 cm (27 cm²);
4 cm × 8 cm (32 cm²); 5 cm × 7 cm (35 cm²); 6 cm × 6 cm (36 cm²)
b) Das Quadrat mit $a = 6$ cm hat den größten Flächeninhalt.
c) individuell verschieden
d) z.B.: Man berechnet die Länge des Drahts, indem man alle vier Seitenlängen addiert. Man berechnet die Länge des Drahts, indem man zweimal die Länge und zweimal die Breite addiert.

3 *Erweiterung des Umfangsbegriffs auf andere Figuren, die nicht durch Strecken begrenzt werden*
a) Ein Stammumfang ist die Länge einer Linie rund um den Baum, die in gleicher Höhe über dem Boden liegt.
b) Es sind ca. 5 bis 6 Kinder nötig, um den Stamm zu umschließen. Wenn die Spannweite eines Kindes etwa 1,50 m beträgt, ist der Stammumfang ca. 7,50 m bis 9 m.
c) Man legt ein Maßband um den Stamm.
d) Man kann ein Maßband um den Teich legen oder bei großen Teichen das Ufer abschreiten oder mit dem Kilometerzähler am Fahrrad ausmessen.

Basisaufgaben
Seite 190

1 *Umfang am vorgegebenen Rechteck berechnen*
a) 20 cm   b) 11 cm   c) 56 cm   d) 41 cm

2 *Umfang des Rechtecks berechnen; Anknüpfung an Aufgabe 2 im „Erforschen und Entdecken"*
Man benötigt 76 cm Draht.

3 *Umfangs bei Rechtecken berechnen, mit Umwandlungen*
a) 16 dm   b) 44 cm   c) 106 cm   d) 112 cm   e) 214 cm   f) 398 cm = 39,8 dm

4 *verschiedene Rechtecke zu vorgegebenem Umfang finden und zeichnen*
z.B. $a = 1$ cm, $b = 7$ cm oder $a = 2$ cm, $b = 6$ cm oder $a = 3$ cm, $b = 5$ cm oder $a = 2,5$ cm, $b = 5,5$ cm

5 *Anwendung: Umfang vom Rechteck berechnen*
Sie müssen 110 m Zaun kaufen.

6 *Anwendung: Umfang vom Rechteck berechnen*
Es werden 16,6 m Bordüre benötigt.

7 *Umfang des Quadrats berechnen; Anknüpfung an Aufgabe 2 im „Erforschen und Entdecken"*
Man benötigt 16 cm Draht.

8 *Umfang von Quadraten berechnen, mit Umwandlungen*
a) 36 cm   b) 64 cm   c) 500 cm   d) 3200 cm   e) 640 cm   f) 7200 cm
g) 896 cm   h) 560 cm   i) 31,2 cm

9 *Quadrate mit vorgegebenem Umfang zeichnen*
a) $a = 5$ cm   b) $a = 3$ cm   c) $a = 3,5$ cm   d) $a = 2,5$ cm

Flächen und Flächeninhalte

Seite 190

10 *Seitenlängen von Quadraten bei gegebenem Umfang berechnen*
a) 36 cm   b) 12 mm   c) 6,4 dm   d) 1,1 dm   e) 1,3 m   f) 0,42 m
g) 11,2 dm   h) 8,4 cm   i) 0,64 m
Lösungswort: LJUBLJANA   Das ist die Hauptstadt von Slowenien.

11 *Anwendung: Umfang vom Quadrat berechnen*
Der Umfang des Grundstücks beträgt 380 m.
25 Rollen Maschendraht zu je 15 m reichen aber nur für 375 m.

Weiterführende Aufgaben

Seite 191

12 *Flächeninhalt und Umfang berechnen, mit Zeichnung*
a) $A = 250$ mm²; $u = 70$ mm   b) $A = 350$ mm²; $u = 90$ mm   c) $A = 40$ mm²; $u = 44$ mm
d) $A = 110$ mm²; $u = 54$ mm   e) $A = 100$ mm²; $u = 40$ mm

13 *Flächeninhalt und Umfang berechnen bei vorgegebenen Seitenlängen*
a) $A = 84$ m²; $u = 38$ m   b) $A = 3550$ mm²; $u = 242$ mm   c) $A = 819$ m²; $u = 120$ m
d) $A = 3300$ cm²; $u = 238$ cm   e) $A = 775$ cm²; $u = 112$ cm   f) $A = 6399$ dm²; $u = 320$ dm

14 *Anwendung: Umfang vom Rechteck berechnen*
Der Gesamtumfang beträgt 234 m. Werden zwei Holzstangen übereinander befestigt,
so muss man 468 m bestellen.

15 *Umfang vom Sechseck berechnen*
a) 18 cm   b) 15 cm   c) 90 mm   d) 9 cm

16 *Umfang von zusammengesetzten Figuren berechnen*
a) 16 m   b) 320 mm   c) 21 dm

17 *Anwendung: Umfang und Flächeninhalt vom Rechteck berechnen*
a) Der Garten ist 4698 m² groß.   b) 280 m Maschendraht werden gebraucht.

18 *Anwendung: Umfang und Flächeninhalt vom Rechteck*
a) Es sind 18,72 m² Teppichboden auszulegen.   b) Man benötigt 15,28 m Fußleisten.

19 *Flächeninhalte von Figuren mit vorgegebenem Umfang vergleichen*
24 Streichhölzer: 1×11; 2×10; 3×9; 4×8; 5×7; 6×6
16 Streichhölzer: 1×7; 2×6; 3×5; 4×4
32 Streichhölzer: 1×15; 2×14; 3×13; 4×12; 5×11; 6×10; 7×9; 8×8
Die Quadrate haben jeweils den größten Flächeninhalt.

20 *Aussagen zu Umfang und Flächeninhalt vervollständigen*
a) 37,5 cm   b) 13 cm   c) 14,5 cm   d) z.B. 8 cm und 4 cm (oder 3 cm und 9 cm)

Methode: Problemlösen durch systematisches Abschätzen

Seite 192

Die Themenseite greift die Flächenberechnung bei krummlinig begrenzten Flächen auf. Die Flächen werden auf Transparentpapier oder Folie übertragen und durch bekannte Flächeninhalte (einbeschriebene und umschriebene Vielecke) abgeschätzt. Dieses Verfahren wird im Sinne des Spiralprinzips in den späteren Jahrgängen, z.B. bei der Kreisberechnung oder Integralrechnung, verfeinert. Bei Beispiel 2 wird der Flächeninhalt durch die Auslegung oder das Auszählen von Einheitsquadraten angenähert. Es kommt hierbei nicht auf die möglichst exakte Bestimmung des tatsächlichen Flächeninhaltes an, sondern auf das zugrunde liegende Näherungsverfahren. In Aufgabe 3 sollen die beiden beschriebenen Näherungsverfahren an einfachen Figuren ausprobiert und auf die näherungsweise Berechnung des Umfangs übertragen werden.

1
a) Zeichnung auf Folie
b) individuell verschieden; z.B.: Deutschland ist höchstens 515 625 km² groß. (Rechteck: 12,5 cm × 16,5 cm)
c) Deutschland ist mindestens 180 000 km² groß. (Rechteck: 6 cm × 12 cm)
Je nach Lage des eingezeichneten Rechtecks sind große Abweichungen möglich.
d) Die Abschätzungen sind sehr ungenau, weil bei b) zu viel Fläche berechnet wurde, während bei c) Teile nicht mit berücksichtigt wurden.

Seite 192

1 (Fortsetzung)

e) Der Median bietet eine etwas bessere Abschätzung, aber es wird nicht berücksichtigt, dass die tatsächliche Fläche nicht genau in der Mitte von beiden Abschätzungen liegen muss. (Der Median der beiden oben genannten Ergebnisse ist 347 812,5 km² und ist bereits eine sehr gute Abschätzung der Fläche.)

f) Man kann das Ergebnis z.B. verbessern, indem man mehrere Rechtecke einzeichnet oder die Fläche in kleine Quadrate zerlegt. Auch Zerlegungen in Dreiecke oder andere Flächen sind möglich.

g) Die Fläche Deutschlands beträgt ca. 352 000 km².

2

a) ca. 1200 km · 320 km = 384 000 km²

b) Man kann mit Hilfe der Kästchen abschätzen, wie viele wohl ausgefüllt sind. Dann wird der Flächeninhalt eines Kästchens (bezogen auf das große Bild) aus dem Maßstab bestimmt. Die Anzahl der Kästchen (ca. 11) wird mit dem Flächeninhalt eines Kästchens multipliziert.

Breite des großen Bildes	9 cm	z.B.: Einteilung in 6 Kästchen
Breite eines Kästchens	1,5 cm	
Originalbreite eines Kästchens	172,5 km	
Originalflächeninhalt	29 756,25 km²	
11 Kästchen	327 318,75 km²	

c) Die Genauigkeit lässt sich verbessern, indem man kleinere Kästchen verwendet.

d) Mit Methode 1 (Abschätzung durch ein einbeschriebenes und ein umschriebenes Rechteck) kann man relativ schnell und einfach den Flächeninhalt grob abschätzen.
Methode 2 ist genauer, da die Unregelmäßigkeiten des Randes besser berücksichtigt werden können. Sie ist jedoch auch zeitaufwändiger.

3

a) ① ca. 25 Kästchen; ② ca. 27 Kästchen; ③ ca. 25 Kästchen

b) Man kann den Umfang mit Hilfe eines umschriebenen und eines einbeschriebenen Rechtecks abschätzen. Man kann auch einen Faden um die Fläche legen und dann messen. Mit dem Lineal können einzelne Teilstriche gemessen werden.
① ca. 10 cm; ② ca. 9 cm; ③ ca. 10 cm

Pentominos

Seite 194

Mit Hilfe der Pentominos vertiefen die Schülerinnen und Schüler ihre Kenntnisse über Umfang und Flächeninhalte von Rechtecken und Quadraten. Motivierend wirken die vielen Knobeleien, deren Ergebnisse anschließend durch systematische Untersuchungen begründet werden. Mit verschiedenen Anzahlen von Pentominos werden Rechtecke gelegt und deren Flächeninhalte betrachtet. Die Schülerinnen und Schüler entdecken Zusammenhänge bei den möglichen Umfängen von zusammengesetzten Figuren. Flächenberechnungen werden genutzt, um die Herstellbarkeit von Quadraten aus Pentominos zu untersuchen.

1
Es kann die Kopiervorlage genutzt werden, die im Webcode des Schülerbuchs angegeben wurde.

2

a) Drei Pentominos haben zusammen einen Flächeninhalt von 15 Flächeneinheiten. Die Seitenlängen eines Rechtecks aus drei Pentominos können daher nur 3 × 5 sein. Es gibt sieben mögliche Rechtecke.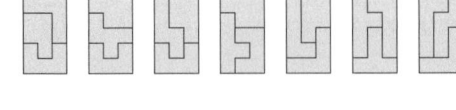

b) Der Flächeninhalt beträgt 20 Flächeneinheiten. z.B.: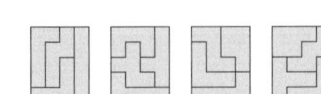
Rechtecke haben die Seitenlängen 5 × 4, da sich keine Rechtecke mit 2 × 10 oder 1 × 20 legen lassen.

c) Legeübung; Zwölf Pentominos haben zusammen einen Flächeninhalt von 60 Flächeneinheiten, d.h. es sind Rechtecke möglich mit den Maßen 6 × 10 (2339 Möglichkeiten, abgesehen von symmetrischen Lagen), 5 × 12 (1010 Möglichkeiten), 4 × 15 (68 Möglichkeiten) und 3 × 20 (zwei Möglichkeiten).

z.B.:
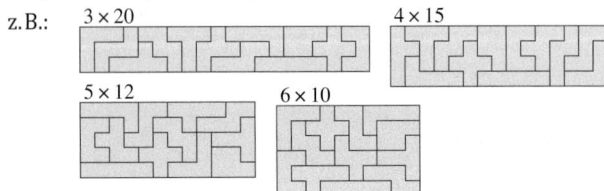

Flächen und Flächeninhalte

Seite 195

3

a) Umfang 10 nur

alle anderen Umfang 12

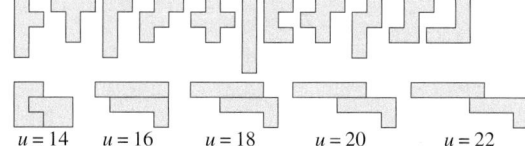

b) Möglich sind die Umfänge 14, 16, 18, 20 oder 22.

c) Möglich sind die Umfänge 16, 18, 20, 22, 24, 26, 28, 30 oder 32. z.B.:

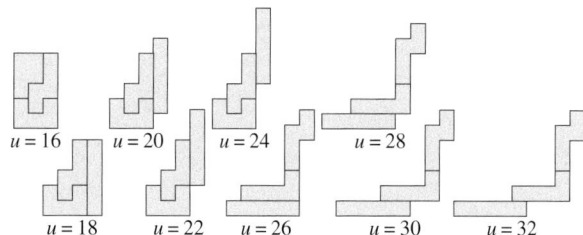

d)
Anzahl Pentominos	möglicher Umfang
1	10, 12
2	14, 16, 18, 20, 22
3	16, 18, 20, 22, 24, 26, 28, 30, 32
4	18, 20, 22, 24, 26, 28, 30, 32, 34, 36, 38, 40, 42

Es treten nur gerade Zahlen als Umfang auf. Der maximal mögliche Umfang erhöht sich von Stufe zu Stufe um 10.

4

a) Umfang 46

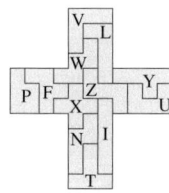

b) Jedes Pentomino hat den Flächeninhalt 5. Unter den Vielfachen von 5 ist nur 25 eine Quadratzahl, d.h. nur mit 5 Pentominos kann man Quadrate herstellen. Es gibt insgesamt 107 verschiedene 5×5-Quadrate.

c) Alle 12 Pentominos zusammen haben einen Flächeninhalt von 60. Damit lässt sich kein vollständig ausgelegtes Quadrat legen, weil 60 keine Quadratzahl ist.

5

Das Quadrat hat eine Seitenlänge von 8, also einen Flächeninhalt von 64.
Da es in der Mitte eine Aussparung hat, beträgt der Flächeninhalt 60.
Es lässt sich mit 12 Pentominos legen.

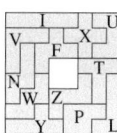

Vermischte Übungen

Seite 196

1 *Flächeninhalt von vorgegebenen Rechtecken bestimmen*

a) ②, ④, ⑦ und ⑧ sind 1 cm² groß.

b) ① 125 mm²; ② 100 mm²; ③ 120 mm²; ④ 100 mm²; ⑤ 105 mm²; ⑥ 110 mm²; ⑦ 100 mm²; ⑧ 100 mm²

2 *Flächen mit angegebenem Flächeninhalt zeichnen*

Die folgenden Seitenmaße von Rechtecken wären z.B. möglich:

a) 3 cm × 4 cm ($u = 14$ cm); 2 cm × 6 cm ($u = 16$ cm); 1 cm × 12 cm ($u = 26$ cm); 1,5 cm × 8 cm ($u = 19$ cm)

b) 4 cm × 5 cm ($u = 18$ cm); 2 cm × 10 cm ($u = 24$ cm); 8 cm × 2,5 cm ($u = 21$ cm); 1 cm × 20 cm ($u = 42$ cm)

c) 48 mm × 10 mm ($u = 116$ cm); 24 mm × 20 mm ($u = 88$ cm); 60 mm × 8 mm ($u = 136$ cm);
80 mm × 6 mm ($u = 172$ cm)

d) 4 cm × 25 cm ($u = 58$ cm); 10 cm × 10 cm ($u = 40$ cm); 5 cm × 20 cm ($u = 50$ cm); 2 cm × 50 cm ($u = 104$ cm)

3 *Flächeninhalt und Umfang von zusammengesetzten Figuren bestimmen*

a) $A = 96$ cm²; $u = 76$ cm

b) $A = 48$ cm²; $u \approx 55{,}2$ cm (Die Seitenlängen des „Kopfes" der Figur müssen gemessen und vervierfacht werden.)

4 *Flächeninhalt und Umfang von zusammengesetzten Figuren bestimmen*

a) $A = 10$ cm²; $u = 18$ cm **b)** $A = 850$ mm²; $u = 190$ mm

Flächen und Flächeninhalte

Seite 196

5 *Flächeninhalte vergleichen*

a) Man sollte zunächst nach der Größe sortieren.

Bremen	419 km²
Hamburg	755 km²
Berlin	888 km²
Saarland	2569 km²
Schleswig-Holstein	15 799 km²
Thüringen	16 173 km²
Sachsen	18 420 km²
Rheinland-Pfalz	19 854 km²
Sachsen-Anhalt	20 450 km²
Hessen	21 115 km²
Mecklenburg-Vorpommern	23 191 km²
Brandenburg	29 483 km²
Nordrhein-Westfalen	34 092 km²
Baden-Württemberg	35 752 km²
Niedersachsen	47 613 km²
Bayern	70 551 km²

b) siehe Liste: alle „oberhalb" von Brandenburg

c) Brandenburg ist etwa doppelt so groß wie Schleswig-Holstein und Thüringen zusammen und etwas größer als Bayern. usw.

6 *Anwendung Flächeninhalt von Quadrat und Rechteck*

a) Es werden 10 m² Fliesen ausgelegt.
b) Für die gleiche Fläche hätte man 250 Fliesen mit einem Flächeninhalt von 400 cm² gebraucht.
c) Sie hat eine Seitenlänge von 20 cm.
d) Es könnte eine Länge von 4 m und eine Breite von 2,5 m haben.

Seite 197

7 *Anwendung: Länge aus vorgegebenem Flächeninhalt berechnen*

Die Küche ist 4 m lang. (Die Angabe der Fliesengröße ist nicht relevant.)

8 *Flächeninhalte berechnen und vergleichen*

a) Der Flächeninhalt einer Buchseite beträgt (19 × 26) 494 cm².
b) individuell verschieden

9 *Vermischte Aufgabe: Größen umwandeln, zeichnen, Flächengrößen berechnen*

a) 20 000 m² = 2 ha
b) Es entstehen 20 Bauplätze.
c) individuell verschieden: Zeichnung 20 cm × 10 cm
   z.B.: 20 Bauplätze mit 50 m × 20 m und Zugang von der Gartenallee und der Schulstraße
d) 10 a = 1000 m²; Die Aussage des Kunden ist richtig.
e) Bei 40 Bauplätzen wäre jedes Grundstück 500 m² = 5 a groß.
   mögliche Abmessungen 20 m × 25 m
   Der Vorschlag ist nicht sinnvoll, da die Grundstücke dann nicht alle von der Schulstraße oder Gartenallee zugänglich wären.

10 *Anwendung: Flächengrößen vergleichen, Massen vergleichen, Verhältnisse bestimmen*

a) 300 cm² < 2 m² < 11,2 m²
b) 300 g < 70 kg < 2000 kg
c) Der Elefant wiegt ca. 179 kg pro m² Hautoberfläche, der Mensch wiegt 35 kg pro m² Hautoberfläche und die Ratte 10 kg pro m² Hautoberfläche, d.h. im Verhältnis zu seiner Masse besitzt ein Elefant nur ca. $\frac{1}{18}$ der Körperoberfläche einer Ratte und $\frac{1}{5}$ der Körperoberfläche eines Menschen. Kleinere Lebewesen können die Wärme besser abgeben als der Elefant, der keine Schweißdrüsen besitzt. Er muss sich durch das Flattern der Ohren abkühlen.

11 *Anwendung: Flächeninhalt einer zusammengesetzten Fläche berechnen*

Die verbleibende Gartenfläche ist 206,7 m² groß. (234 m² − 27,3 m²)

12 *Anwendung: Umfang und Flächeninhalt von zwei Flächen vergleichen*

a) Das Beachvolleyballfeld ist 16 m lang und 8 m breit.
   Es ist also 2 m kürzer und 1 m weniger breit.
b) 162 m² − 128 m² = 34 m²   Die Feldgrößen unterscheiden sich um 34 m².

Flächen und Flächeninhalte

Seite 197

13 *Vermischte Aufgabe: mögliche Seitenlängen und Umfang von Rechtecken bestimmen, Zeichnungen*
a) z.B.: 30 m × 40 m; 25 m × 48 m; 24 m × 50 m
b) z.B.: 140 m; 146 m; 148 m
c) – e) individuell verschieden

Seite 198

14 *Argumentationsaufgabe: Flächeninhalt berechnen, Fläche zerlegen*
Der Flächeninhalt beträgt 24,78 dm².
Marcel behauptet also, dass er 24 Quadrate schneiden kann.
Praktisch lassen sich aber nur $5 \cdot 4 = 20$ vollständige Quadrate ausschneiden.

15 *Flächeninhalt und Umfang von zusammengesetzten Figuren berechnen*
a) 540 m² − 10 m² − 120 m² = 410 m²   Es bleiben 420 m² freie Fläche übrig.
b) 16 m + 28 m + 8 m + 13 m = 65 m   Der Gartenzaun ist 65 m lang.

16 *Vermischte Aufgabe: maßstabsgerecht zeichnen, Flächeninhalt und Umfang berechnen, Richtlinien überprüfen*
a) Zeichnung: $a = 4,5$ cm; $b = 3,6$ cm
b) Der Hühnerkäfig hat eine Fläche von 16,2 m².
   Jedem Huhn stehen ca. 15 dm² = 0,15 m² zur Verfügung.
c) Sie hält sich an die Richtlinien, denn sie darf 7 Hühner pro m²,
   also $7 \cdot 16 = 112$ auf 16 m² halten.
d) Für den frei stehenden Käfig benötigt sie 16,2 m Maschendraht.
e) Für den angrenzenden Käfig benötigt sie 11,7 m Maschendraht.

17 *Anwendung: Längen mit Maßstab berechnen, Flächen berechnen, Richtlinien überprüfen*
a) Die Pausenfläche hat eine Größe von 1662 m². (2278 m² − 616 m²)
b) Auf den Schulhof haben laut Raumprogramm ca. 332 Schülerinnen und Schüler Platz.
c) Für 650 Schülerinnen und Schüler wären 3250 m² erforderlich. Der Schulhof müsste um 1588 m² vergrößert werden.
d) Der Zukauf von 1367 m² würde 287 070 € kosten.
e) Der Schulhof würde dann für ca. 606 Schülerinnen und Schüler ausreichen, aber nicht für 650.

18 *Anwendung: Flächen berechnen, Richtlinien überprüfen*
a) Die Vorschrift ist erfüllt. Der Klassenraum hat eine Größe von 85,05 m² und reicht für ca. 43 Schülerinnen und Schüler.
b) individuell verschiedenen

Seite 199

19 *Anwendungen: Umfang und Flächeninhalt vom Rechteck sowie Preise berechnen*
a) $u = 2 \cdot 2,5$ m $+ 2 \cdot 1,2$ m $= 7,4$ m   Man benötigt mindestens 2,4 m Kreppband.
b) Die Deckenfläche misst 24 m². Für einen Anstrich benötig man also
   $24 \cdot 250$ g $= 6000$ g $= 6$ kg Farbe, für zwei Anstriche 12 kg.
   Herr Johnen muss noch 2 kg Farbe nachkaufen.
c) $u = 4$ m $+ 6$ m $= 10$ m und 10 m : 0,5 m = 20
   Es werden 20 Bahnen mit je 2,5 m Länge benötigt. Eine Rolle enthält etwa 4 Bahnen dieser Länge. Also muss sie mindestens 5 Rollen Tapete einkaufen.
d) Der Teppich wird in zwei Streifen mit je 3 m × 4 m und einen Streifen mit 3 m × 1 m zerschnitten. Genutzt werden nur die beiden breiteren Streifen.
   Der Gesamtpreis für den Restposten beträgt 402,30 €.

20 *Anwendung: Rechteckgrößen bestimmen, Rechtecke mit Quadraten auslegen*
Hilfreich zur Berechnung ist eine Skizze.
Es müssen zwei Rechtecke mit den Maßen 18 m × 1,5 m und zwei Rechtecke mit den Maßen 8 m × 1,5 m ausgelegt werden. Dafür benötigt man 1248 Fliesen.
Oder: Es müssen zwei Rechtecke mit den Maßen 11 m × 1,5 m und zwei Rechtecke mit den Maßen 15 m × 1,5 m ausgelegt werden.

21 *Anwendung: verschiedene Rechtecke mit vorgegebenem Umfang finden; Quadrat als flächengrößtes Rechteck herausfinden*
a) z.B. 1 m × 2 m ($A = 2$ m²) oder 1,5 m × 1,5 m ($A = 2,25$ m²) oder
   1,8 m × 1,2 m ($A = 2,16$ m²)
b) Den größten Flächeninhalt hat ein quadratisches Gehege mit Seitenlänge 2 m
   ($A = 4$ m²).

Seite 199

22 *Anwendung: große Zahlen multiplizieren, Flächeninhalt eines Rechtecks berechnen, Flächeneinheiten umrechnen, Flächenvorstellung*
Pro Schulwoche werden etwa 9600 Kopien gemacht. Rechnet man mit 38 Schulwochen pro Schuljahr, so sind das 364 800 Kopien im Jahr. Diese Kopien bedecken eine Fläche von 22 752,576 m². (Das sind mehr als zwei große Fußballfelder.)

23 *Aussagen überprüfen und begründen (erste funktionale Zusammenhänge)*
a) Richtig, denn $u_{alt} = 4 \cdot a$ und $u_{neu} = 4 \cdot (2\,a) = 8 \cdot a = 2 \cdot u_{alt}$
b) Falsch, der Flächeninhalt bleibt gleich groß, denn das Verdoppeln der Breite und das Halbieren der Länge gleichen sich gegenseitig aus, was die Berechnung des Flächeninhalts betrifft:
$A_{alt} = a \cdot b$ und $A_{neu} = 0{,}5 \cdot a \cdot 2 \cdot b = a \cdot b = A_{alt}$
c) Falsch, der Umfang verdreifacht sich, jedoch der Flächeninhalt verneunfacht sich.
$u_{alt} = 2 \cdot (a + b)$ und $u_{neu} = 2 \cdot (3 \cdot a + 3 \cdot b) = 3 \cdot (2 \cdot (a + b)) = 3 \cdot u_{alt}$
$A_{alt} = a \cdot b$ und $A_{neu} = 3 \cdot a \cdot 3 \cdot b = 9 \cdot a \cdot b = 9 \cdot A_{alt}$

Seite 200

Tennis

a) Die Größe des Aufschlagfelds beträgt
$A = 41$ dm $\cdot$ 64 dm $= 2624$ dm² $= 26{,}246$ m².

b) Die Größe des Einzelfelds beträgt $A = 238$ dm $\cdot$ 82 dm $= 19\,516$ dm² $= 195{,}16$ m² $= 1{,}9516$ a.
Die Größe des Doppelfelds beträgt $A = 110$ dm $\cdot$ 238 dm $= 26\,180$ dm² $= 261{,}8$ m² $= 2{,}618$ a.

c) Der Umfang des Einzelfelds beträgt $u = 4 \cdot 11{,}89$ m $+ 2 \cdot 8{,}23$ m $= 64{,}02$ m.
Der Umfang des Doppelfelds beträgt $u = 4 \cdot 11{,}89$ m $+ 2 \cdot 10{,}97$ m $= 69{,}5$ m.

d) Die Spieler legen dabei eine Strecke von mindestens $20 \cdot 69{,}5$ m $= 1390$ m zurück.

e) Vor dem Rechnen wurde auf volle dm gerundet.
$A = (110$ dm $+ 73$ dm$) \cdot (238$ dm $+ 2 \cdot 64$ dm$) = 183$ dm $\cdot 366$ dm
$A = 66\,978$ dm² $= 669{,}78$ m²

f) Länge der Tennisanlage: $3 \cdot 10{,}97$ m $+ 6 \cdot 3{,}65$ m $= 54{,}81$ m
Breite der Anlage: $2 \cdot 11{,}89$ m $+ 2 \cdot 6{,}4$ m $= 36{,}58$ m
$u = 2 \cdot 54{,}81$ m $+ 2 \cdot 36{,}58$ m $= 182{,}78$ m
Der Zaun ist ca. 183 m lang, wenn die Zwischenräume zwischen zwei Plätzen $2 \cdot 3{,}65$ m betragen.
Bei drei hintereinander liegenden Plätzen wird der Zaun viel länger.

g) Einzelspiel: $2 \cdot 23{,}78$ m $+ 4 \cdot 8{,}23$ m $+ 2 \cdot 6{,}4$ m $= 93{,}28$ m
Doppelspiel: $4 \cdot 23{,}78$ m $+ 2 \cdot 10{,}97$ m $+ 2 \cdot 6{,}4$ m $+ 2 \cdot 8{,}23$ m $= 146{,}32$ m

h) Für jeden Tennisplatz muss man eine Breite von 18,27 m und eine Länge von 36,58 m rechnen. Man könnte auf dem Gelände 8 Tennisplätze einrichten, wenn jeweils 4 Plätze nebeneinander liegen:
Länge: $18{,}27$ m $\cdot 4 = 73{,}08$ m   Breite: $36{,}58$ m $\cdot 2 = 73{,}16$ m

i) individuelle Lösungen,
Fußballfeld zwischen 90 m und 120 m lang und 45 m bis 90 m breit
Volleyballfeld 18 m × 9 m insgesamt (9 m × 9 m pro Mannschaft)
Basketballfeld 28 m × 15 m (kann bis zu 4 m in der Länge und bis zu 2 m in der Breite kürzer sein)

Symmetrie

Noch fit?

Seite 204

1 *Punkte im Koordinatensystem eintragen*
Zeichenübung

2 *Koordinaten aus einem Koordinatensystem ablesen*
a) $A(3|14)$; $B(3|12)$; $C(3|6)$; $D(3|4)$; $E(3|2)$; $F(6|2)$; $G(11|2)$; $H(16|2)$; $I(19|2)$; $J(19|8)$; $K(16|8)$; $L(11|8)$; $M(7|8)$; $P(16|4)$; $Q(16|12)$
b) $A(0|2)$; $B(7|0)$; $C(3|8)$; $D(5|5)$; $E(10|4)$; $F(5|14)$; $G(10|14)$; $H(10|10)$; $I(17|3)$; $J(15|7)$; $K(19|11)$; $L(20|5)$; $M(21|0)$; $N(21|13)$

Symmetrie

Seite 204

3 *Abstand paralleler Geraden bestimmen*
zwischen: g und h 7 mm; m und n 9 mm; s und t 5 mm

4 *Falt- und Schneideübung: symmetrische Figuren erzeugen*
a) b) c) d)

Bunt gemischt

1. individuelle Lösungen; z.B. EBBE, NUN, LAGERREGAL, NEBEN, RADAR, STETS, UHU
2. **a)** richtig **b)** falsch **c)** falsch
3. Zeichenübung; Beschreibung individuell, z.B.: Man zeichnet eine senkrechte Strecke zur Geraden bis zum Punkt und misst die Länge der Strecke.
Oder: Man legt das Geodreieck mit der Mittellinie auf die Gerade und verschiebt es so, dass die Skala durch den Punkt geht. So kann man den Abstand direkt am Punkt ablesen.

Achsensymmetrien erkennen und herstellen

Erforschen und Entdecken

Seite 205

1 *Achsensymmetrien in Fotos erkennen*
Alle Bilder sind „spiegelgleich". Man kann jeweils einen Spiegel aufstellen (bei den Bildern ① und ② horizontal entlang der Uferlinie, in Bild ③ längs entlang der Körpermittellinie).
Der Spiegel zeigt dann (annähernd) die andere Bildhälfte.

2 *Scherenschnitte: Achsensymmetrien mit Hilfe eines Spiegels erkennen*
Die Faltkanten sind jeweils die Symmetrieachsen.
Der Spiegel muss direkt an die Faltkante, senkrecht zum Papier, gehalten werden. Beim Stern gibt es mehrere Möglichkeiten: der Spiegel muss nur durch die Mitte zwischen zwei Zacken und die Spitze der gegenüberliegenden Zacke gehen.

3 *mit „Abklatschbildern" experimentieren*
Man erhält (annähernd) achsensymmetrische Bilder.
Ergebnisse individuell verschieden

4 *mit Symmetrieachsen in Wörtern experimentieren*
a) ① Nicht alle Buchstaben erscheinen gespiegelt richtig.
② Alle Buchstaben erscheinen gespiegelt richtig.
b) Nicht alle Buchstaben sind achsensymmetrisch. Bei ② sind nur achsensymmetrische Buchstaben enthalten.
c) individuell verschieden, z.B.:
AMO (Oma), OOTTAT (Tattoo), OTTOM (Motto)
Die Spiegelachse kann jeweils senkrecht zur Schreibachse rechts oder links neben dem Wort liegen.

Basisaufgaben

Seite 207

1 *symmetrische Figuren erkennen, Symmetrieachsen einzeichnen*
Achsensymmetrisch sind die Figuren 1 (4 Symmetrieachsen), 3 (2 Symmetrieachsen),
5 (1 Symmetrieachse), und 6 (2 Symmetrieachsen).
Zeichenübung

2 *Symmetrieachsen in Verkehrsschildern bestimmen*
Das Stopp-Schild ist wegen des Schriftzuges nicht achsensymmetrisch.
Vorfahrt-Schild   1 Symmetrieachse
Hauptstraße-Schild   4 Symmetrieachsen
Haltverbot-Schild   4 Symmetrieachsen
Sackgasse-Schild   1 Symmetrieachse

3 *Original- und Bildpunkte einander zuordnen*

Originalpunkt	A	B	C	D	E	F	G
Bildpunkt	B	A	G	F	E	D	C

103

Seite 207

4 *Symmetrieachsen in Logos bestimmen; achsensymmetrische Bildsymbole finden*
Zeichenübung

  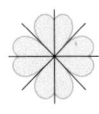 

5 *Großbuchstaben auf Achsensymmetrie untersuchen*
A, M, T, U V; W, Y mit vertikaler Symmetrieachse; B, C, D, E, K mit horizontaler Symmetrieachse; H, I, O, X mit vertikaler und horizontaler Symmetrieachse

6 *Achsensymmetrie in Gesichtern; mit Präsentationsaufgabe*
a) Das erste Foto stellt den Jungen wie in der Wirklichkeit dar.
b) Bei den anderen Bildern wurde jeweils eine Gesichtshälfte gespiegelt.
c) individuelle Ergebnisse

Seite 208

7 *Figuren am Geobrett spiegeln und abzeichnen*
a) 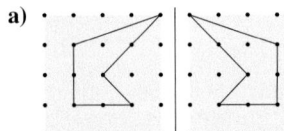 **b)**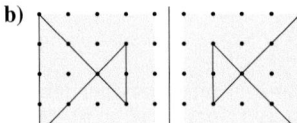

individuelle eigene Figuren

8 *Figuren achsensymmetrisch ergänzen*
a) **b)**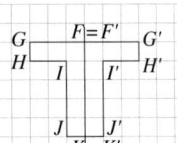

9 *Figuren an einer Achse spiegeln*
a) 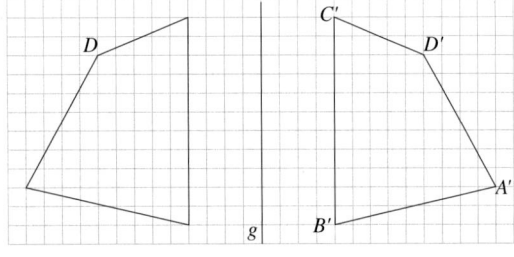 **b)**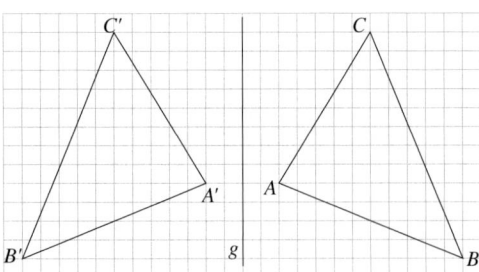

10 *Punkte an einer Achse spiegeln; Koordinaten der Bildpunkte angeben*
Zeichenübung; $A'(5|9)$; $B'(7|8)$; $C'(7|5)$; $D'(4|4)$; $E'(5|0)$; $F'(0|0)$; $G'(8|0)$; $H'(3|6)$
Es ändert sich immer nur die erste Koordinate, weil die Spiegelachse parallel zur y-Achse verläuft. Der Bildpunkt von D ist wieder D selbst, da D auf der Spiegelachse liegt (Fixpunkt). Der Bildpunkt von F ist G und umgekehrt.

11 *Figuren im Koordinatensystem auf Achsensymmetrie prüfen; Punkte spiegeln*
a) Zeichenübung; Es ergibt sich ein Quadrat. Für die Symmetrieachse gibt es vier Möglichkeiten, entweder durch die Seitenmitten von gegenüberliegenden Seiten (durch $(0|2,5)$ und $(5|2,5)$ oder $(2,5|0)$ und $(2,5|5)$) oder diagonal durch zwei gegenüberliegende Punkte.
b) 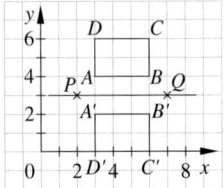 **Koordinaten der Bildpunkte:**
$A'(3|2)$; $B'(6|2)$; $C'(6|0)$; $D'(3|0)$

Symmetrie

Weiterführende Aufgaben

Seite 209

12 *Muster fortsetzen; Symmetrieachsen bestimmen*
a) Zeichenübung
b) Eine Spiegelachse verläuft horizontal in der Mitte des Ornaments. Vertikale Spiegelachsen verlaufen jeweils durch die Mitte der Rauten.
c) Ergebnisse der Überlegungen individuell verschieden

13 *Figuren am Geobrett spiegeln*

a) 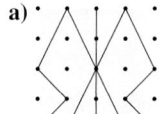 b) 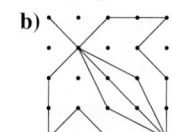 c) 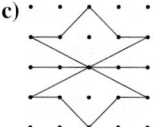 d)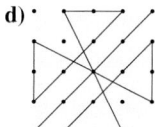

e) Übung am Geobrett; verschiedene Ergebnisse möglich

14 *Symmetrieachsen bestimmen*

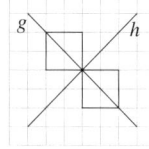

15 *Faltübung: Figur auf Achsensymmetrie prüfen*
Es gibt vier Symmetrieachsen. Diese verlaufen horizontal und vertikal durch die Mitte der Figur sowie diagonal durch die gegenüberliegenden Eckpunkte der Figur.

16 *Symmetrieachsen in komplexen Figuren bestimmen*
Die Symmetrieachsen verlaufen jeweils horizontal und vertikal durch die Mitte der Figur.

17 *Figur achsensymmetrisch ergänzen*
Zeichenübung; Spiegelung mit Hilfe des Geodreiecks; Hier kann nicht anhand der Kästchen gespiegelt werden, denn die gespiegelten Punkte liegen nicht wieder auf den Rastern des Koordinatensystems.

18 *Figur im Koordinatensystem achsensymmetrisch ergänzen*

a) 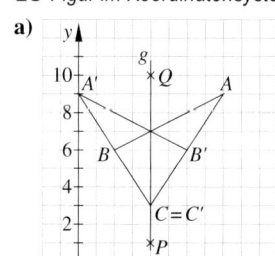 b) 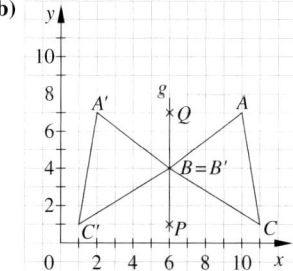 c) 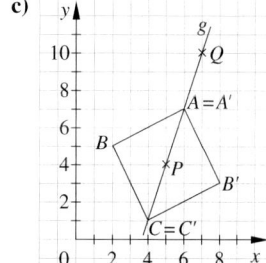 d)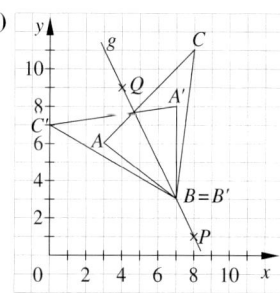

Seite 210

19 *Symmetrieachsen in Figuren bestimmen*
a), b) verschiedene Darstellungen möglich, z.B.:

Anzahl Symmetrieachsen	Pentominos
0	
1	

Anzahl Symmetrieachsen	Pentominos
2	
4	

20 *Symmetrieachsen in komplexen Figuren bestimmen*
Das Mandala hat 6 Symmetrieachsen. Sie verlaufen alle durch die Mitte der Zeichnung. Drei verlaufen zwischen den sechs äußeren Kreisen und drei durch die Mittelpunkte zweier gegenüberliegender Kreise.

Symmetrie

Seite 210

21 *Figuren an einer Achse spiegeln, die durch die Figuren verläuft*

a) 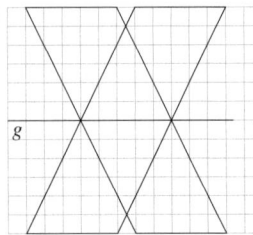   b)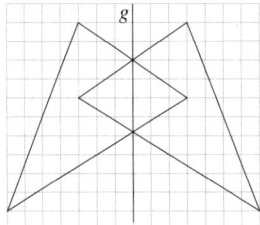

22 *Figuren achsensymmetrisch ergänzen*

a) 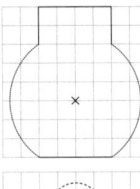   b) 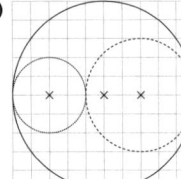   c)    d)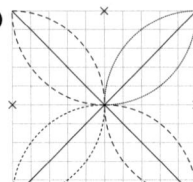

e)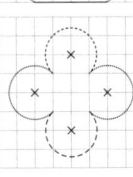

23 *Figuren achsensymmetrisch ergänzen*

a) 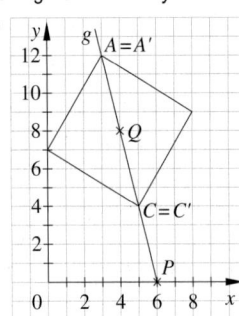   b) 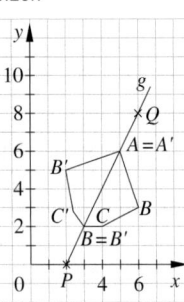   c)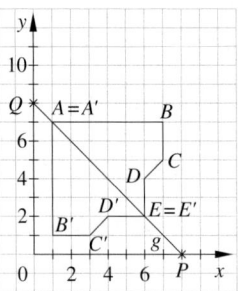

24 *Symmetrieebenen eines Quaders erkennen und skizzieren*
Zeichenübung; Es gibt 3 Symmetrieebenen.

25 *Symmetrieebenen im Würfel ermitteln*
Ein Würfel hat 16 Symmetrieebenen.

26 *Symmetrieebenen einer Kugel ermitteln*
Die Symmetrieebenen einer Kugel müssen immer durch ihren Mittelpunkt verlaufen. Es gibt unendlich viele Symmetrieebenen.

Punktsymmetrien erkennen und herstellen

Erforschen und Entdecken

Seite 211

1 *Symmetrien auf Spielkarten (Skatkarten) erforschen*
a) Nur Karo-8 und Karoass sind achsensymmetrisch.
b) individuelle Ergebnisse
c) Jede Bildkarte besteht aus zwei Hälften. Die eine Hälfte zeigt genau das Bild der anderen Hälfte, nur einmal (um 180°) gedreht. (Das nennt man punktsymmetrisch.)
d) Was für die Bildkarten gilt (zwei Hälften, die eine ist das gedrehte Bild der anderen Hälfte), trifft auch für die beiden achsensymmetrischen Karten Karo-8 und Karoass zu.
e) Zusammenfassung individuell verschieden

2 *Zusammenhang zwischen Achsenspiegelung und Punktspiegelung erforschen*
a) Nowis   b) S, I, O und N bleiben gleich, M wird zu W.   c) Sie sind alle punktsymmetrisch.

Symmetrie

Seite 211

3 *Hinführung zum Thema Punktspiegelung*
a) Jedes Logo kann man beliebig in zwei gleiche Teile teilen; dann entspricht die eine Hälfte der (um 180°) gedrehten anderen Hälfte (im dritten und vierten Logo sind dabei lediglich die Farben vertauscht).
Vom Mittelpunkt der Logos aus betrachtet gibt es für jeden beliebigen Punkt des Logos einen gleich weit entfernten Punkt auf der gegenüberliegenden Seite.
b) Beschreibung individuell; Zeichenübung
c) Robins Behauptung stimmt nur für die ersten beiden Logos. Bei den beiden anderen Logos werden beim Umdrehen die Farben vertauscht.

Basisaufgaben

Seite 213

1 *Punktsymmetrie in Figuren erkennen; Symmetriepunkt einzeichnen*
Die Figuren 1, 2, 3 und 6 sind punktsymmetrisch.

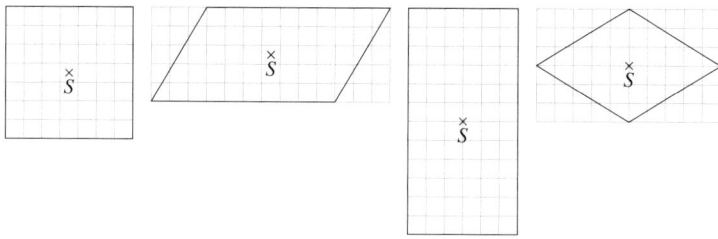

2 *Punktsymmetrie in Buchstaben erkennen*
a) Zeichenübung; Der Buchstabe S punktsymmetrisch, der Symmetriepunkt liegt in der Mitte des Buchstaben.
b) Die Großbuchstaben H, I, N, O, S, X und Z sowie die Kleinbuchstaben l, o, s, x und z sind punktsymmetrisch.
c) individuelle Ergebnisse

3 *Punktsymmetrie in Figuren erkennen; Symmetriepunkt einzeichnen*
Drei der Figuren sind punktsymmetrisch: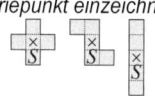

4 *Punktsymmetrie in Figuren erkennen; Symmetriepunkt einzeichnen*
Beide Figuren sind punktsymmetrisch. Der Symmetriepunkt liegt bei a) dort, wo sich die beiden Rechtecke berühren. Bei b) liegt er in der Mitte der Figur.

5 *Figur punktsymmetrisch ergänzen*
a) 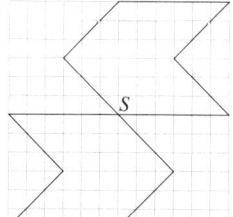   **b)**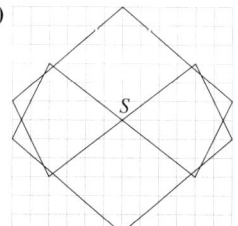

6 *Achsen- und Punktsymmetrie in Figuren erkennen; Figuren punktsymmetrisch ergänzen*
a) Die Figuren ③ und ④ sind achsensymmetrisch. Figur ① ist punktsymmetrisch.
b) individuell verschieden; z.B.: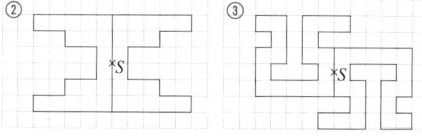

Nachgedacht
Die unterste Kartenhälfte passt, weil nach einer halben Drehung der Blick der Dame nach unten links gerichtet ist, genau wie bei der oben vorgegebenen Hälfte.

Weiterführende Aufgaben

Seite 214

7 *Figuren punktsymmetrisch ergänzen*

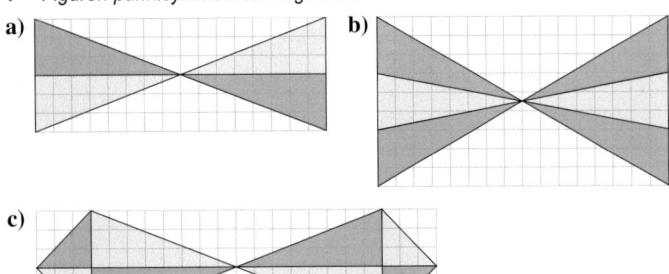

8 *Figuren punktsymmetrisch ergänzen*

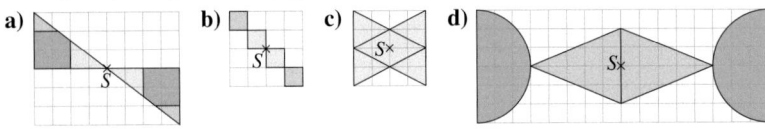

9 *Figuren punktsymmetrisch ergänzen*
Es gibt jeweils verschiedene Lösungsmöglichkeiten, z. B.: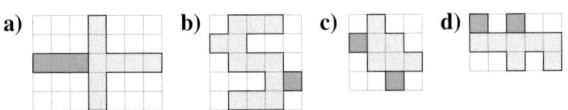

10 *punktsymmetrische Figuren im Alltag finden und zeichnen*
Ergebnisse individuell verschieden

11 *Punktsymmetrie in digitalen Ziffern untersuchen*
a) 0, 1, 3 und 8
b) 0, 1, 2, 5 und 8
c) individuell verschieden; z. B.: 12:21; 10:01; 15:51; 02:20; 00:00; 22:22
d) Alle Uhrzeiten, in denen nur die Ziffern 0, 1, 3 oder 8 vorkommen, sind zu der horizontal durch die Mitte der Ziffern verlaufenden Achse symmetrisch (z. B.: 01:38; 18:10).

12 *Punkt- und Achsenspiegelung von Buchstaben und Wörtern*
a) achsensymmetrisch zur Geraden g: H, A, I
achsensymmetrisch zur horizontal durch die Buchstabenmitte verlaufenden Achse: H, I, C, E; punktsymmetrisch: H, I, S

b) **HALF | ꓭlAH**   c) **HALF | ƎlAS**
   PRICE | ƎƆIЯᕷ   **PRICE | ƎƆIЯᕷ**
   SALE | ƎlAS   **SALE | ꓭlAH**

13 *Figur zu einem Parallelogramm ergänzen und spiegeln*

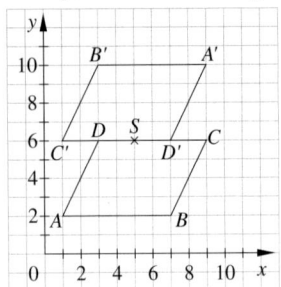

14 *Punktsymmetrie von Quadraten und Rechtecken untersuchen*
individuell verschiedene Zeichnungen
a) Alle Rechtecke und Quadrate sind punktsymmetrisch. Der Symmetriepunkt liegt im Schnittpunkt der Diagonalen.
b) Ein Symmetriepunkt liegt so in der Mitte einer Figur, dass es zu jedem Punkt der Figur einen (vom Symmetriepunkt aus gesehen) gegenüberliegenden Punkt gibt, der die gleiche Entfernung zum Symmetriepunkt hat. In einem Rechteck und einem Quadrat ist solch ein Punkt der Schnittpunkt der Diagonalen.

Symmetrie

Seite 214

15 *Zusammenhang „Punktspiegelung - doppelte Achsenspiegelung" erforschen*
Jede Punktspiegelung lässt sich durch zwei nacheinander ausgeführte
Achsenspiegelungen herstellen. Dabei muss die Achse der zweiten Spiegelung
senkrecht zur Achse der ersten Spiegelung stehen.

z.B.: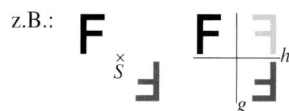

16 *Beispiele für punktsymmetrische Körper finden*
Beispiele für punktsymmetrische Körper: Würfel; Kugel

Verschiebungen

Erforschen und Entdecken

Seite 215

1 *Verschiebungen in Bildern erkunden*
a) individuell; durch wiederholtes Verschieben einer der Figuren und abwechselndes grün und weiß färben
b) 35-mal die 12-eckige Grundfigur, 7-mal die 10-eckige „abgeschnittene" Figur am unteren Rand, 6-mal ein gleichschenkliges Dreieck am linken Rand, 12 kleine rechtwinklige Dreiecke am rechten Rand, 7-mal ein kleines gleichschenkliges Dreieck am oberen Rand (unterschiedliche Zusammenfassung möglich)
c) individuell; z.B. immer eine Grundform aneinander gefügt und jede zweite grün gefärbt

2 *Verschiebungen mit selbst gefertigten Schablonen ausführen*
a) individuelle Zeichenübung   b) individuelle Gestaltungsübung

3 *Ein Bild auf wiederholte Bauelemente untersuchen*
a) individuell, z.B. abgerundete Rechtecke in den Torbögen, Dreiecke über den Fenstern, Säulen (Zylinder, sehen aus wie Rechtecke), gespiegelte Seitenflügel, ...
b) individuelle Zeichenübung
c) Partnerarbeit

Basisaufgaben

Seite 217

1 *Verschiebungen in Bildern erkennen und beschreiben*
a) individuelle Zeichenübung
   ① Raute mit kleinerer Raute und „Blüte"; ② gleichseitige Sechsecke; ③ zwei aneinandergesetzte Parallelogramme
b) ① z.B. Tapete, Stoff, Bezug;   ② Bienenwabe;   ③ z.B. Parkett, Täfelung
c) individuell

2 *Verschiebungen in Bildern erkennen und Kongruenz angeben*
a) ④ und ⑤   b) ①, ④, ⑤, ⑥ und die blaue Figur

3 *Verschiebungen von Dreiecken erkennen und Kongruenz angeben*
a) ③, ⑤, ⑥ sowie ②, ⑧   b) ①, ⑩ sowie ②, ③, ⑤, ⑥, ⑧ sowie ④, ⑦, ⑨

4 *Verschiebungen zeichnen*
a), b) Zeichenübung

5 *Bandornamente zeichnen*

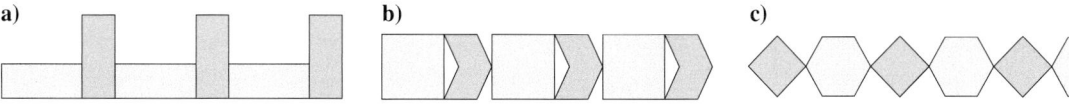

6 *Verschiebung zeichnen und beschreiben*

a), b)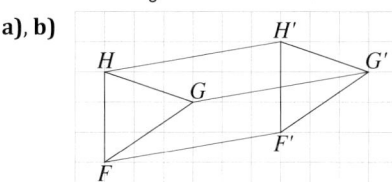

c) Alle Original- und Bildpunkte beider Dreiecke haben diese Entfernung. So auch z.B. die Eckpunkte F und F'.

Symmetrie

Seite 218

7 *Verschiebung zeichnen und beschreiben*

a)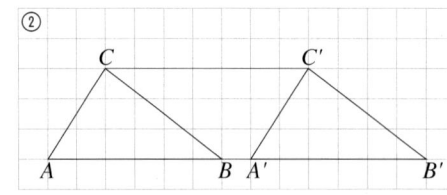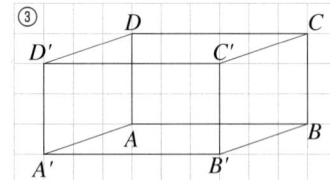

b) Die Lage der Bildfiguren ist so, dass alle entsprechende Seiten zueinander parallel sind. Bei ③ liegt die Bildfigur teilweise auf der Originalfigur.

8 *Verschiebung im Team zeichnen und beschreiben*
individuelle Partnerarbeit

9 *Verschiebung im Koordinatensystem zeichnen und Punktkoordinaten ermitteln*

a)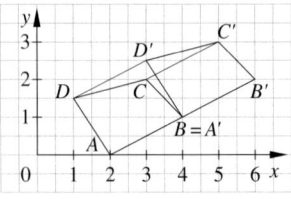

b)
Originalpunkt	$A(2\mid0)$	$B(4\mid1)$	$C(3\mid2)$	$D(1\mid1,5)$
Bildpunkt	$A'(4\mid1)$	$B'(6\mid2)$	$C'(5\mid3)$	$D'(3\mid2,5)$

Weiterführende Aufgaben

10 *Verschiebungseigenschaften erkennen*
Ja, denn alle Strecken zeigen in die Richtung des Verschiebungspfeiles, also sind alle zueinander parallel.

11 *Verschiebung im Koordinatensystem zeichnen*
Fehler im 1. Druck in d); ab 2. Druck geändert auf $P(4\mid4)$; $P'(3\mid3)$ 1. Druck   2. Druck

a) 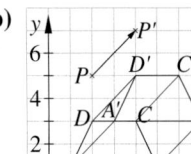 b) c) 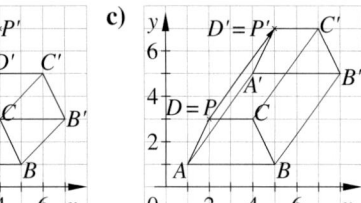 d)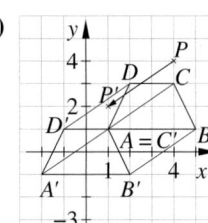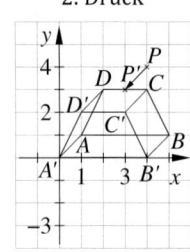

12 *Verschiebung im Koordinatensystem zeichnen*
Partnerarbeit; individuell verschieden

13 *Verschiebung im Koordinatensystem zeichnen und beschreiben*

a) Anlage des Koordinatensystems individuell
b) $A'(3\mid3)$; $B'(4\mid6)$; $C'(1\mid5)$
c) z.B. Jeder Bildpunkt wird nach Vorschrift ermittelt und markiert und dann das Bilddreieck gezeichnet.
d) Ein Verschiebungspfeil kann nach Vorschrift beliebig im Koordinatensystem gezeichnet werden.

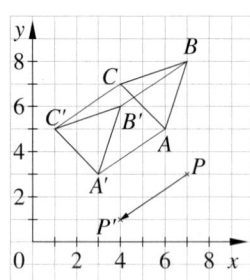

14 *Fehler in Verschiebungen ermitteln*
Er hat den Verschiebungspfeil nur bei C richtig übertragen. Die Verschiebung muss für jeden Punkt 5 Kästchen (2,5 Einheiten) nach rechts und 1 Kästchen (0,5 Einheiten) nach oben gehen.

15 *Kreis verschieben und die Verschiebung erläutern*
individuelle Zeichenübung; Man verschiebt den Mittelpunkt mit dem Verschiebungspfeil und zeichnet um den neuen Mittelpunkt einen Kreis mit demselben Radius.

Symmetrie

Seite 218

16 *Verschiebungen im Koordinatensystem zeichnen und Verschiebungspfeile ermitteln*
Angabe von Verschiebungspfeil-Koordinaten individuell, jedoch stets entsprechend der Einheitenunterschiede in Richtung der *x*-Achse bzw. der *y*-Achse

a) 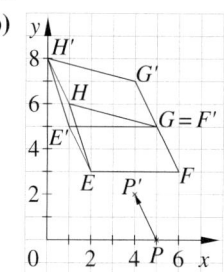 b) 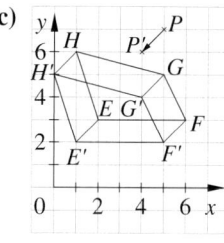 c)

a) $E'(2|0)$; $F'(6|0)$; $G'(5|2)$; $H'(1|3)$
   z.B. $P(7|7)$; $P'(7|4)$

b) $E'(1|5)$; $F'(5|5)$; $G'(4|7)$; $H'(0|8)$
   z.B. $P(5|0)$; $P'(4|2)$

c) $E'(1|2)$; $F'(5|2)$; $G'(4|4)$; $H'(0|5)$
   z.B. $P(5|7)$; $P'(4|6)$

17 *Aussagen zu Eigenschaften von Verschiebungen prüfen*
a) falsch; Der Verschiebungspfeil kann in jede Richtung zeigen.
b) wahr; Bei einer Verschiebung ändert sich die Figur nicht.
c) falsch; Es gibt nur eine Art Pfeil gibt; aber es können unendlich viele solcher Pfeile angegeben werden.

Mandalas

Seite 219

Auf dieser Themenseite entsteht mit Hilfe einfacher Punkt- und Achsenspiegelungen schrittweise ein quadratisches Mandala. Hier kommt es besonders auf genaues, sorgfältiges Zeichnen an.

1 – 4

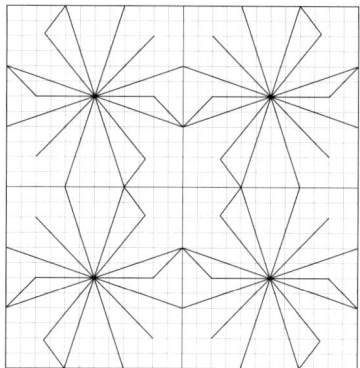

5
Ja, es würde das gleiche Muster entstehen. Die Punktspiegelung der Figur oben links kann auch durch das Spiegeln an der horizontalen Mittelachse und der anschließenden Spiegelung an der senkrechten Mittelachse des Bildes erzeugt werden. (siehe dazu auch Seite 214, Nr. 15)

Vermischte Übungen

Seite 220

1 *Symmetrien und Verschiebungen in Flaggen erkennen; Flaggen mit Symmetrien entwerfen*
a) Vietnam
b) Dominikanische Republik, Panama (ohne Berücksichtigung der Farben), Trinidad und Tobago
c) Guatemala, Jamaika, Japan, Laos, Israel
d) Dominikanische Republik, Guatemala, Panama, Israel
e) individuelle Lösungen

2 *Falt- und Schneideübung: achsen- und punktsymmetrische Muster herstellen*
Bei einmaligem Falten entsteht ein achsensymmetrisches Muster (Symmetrieachse ist die Faltkante).
Nur wenn die zweite Faltkante senkrecht zur ersten steht, entsteht ein zum Schnittpunkt dieser beiden Faltkanten punktsymmetrisches Muster. Dabei ist es gleichgültig, welche Faltungen danach vorgenommen werden.
Wird mehrfach gefaltet, jedoch die zweite Faltkante nicht senkrecht zur ersten, so entsteht immer nur ein achsensymmetrisches Muster (Symmetrieachse ist die erste Faltkante).

Seite 220

3 *Viereck spiegeln und verschieben; Veränderungen beschreiben*
a) Zeichnung im Koordinatensystem
 Das Viereck ist nicht achsensymmetrisch.
b) Zeichnung im Koordinatensystem
c) Zeichnung im Koordinatensystem
d) Zeichnung im Koordinatensystem
 Durch die Achsenspiegelung ändert sich der Umlaufsinn der Eckpunkte. Die Punktspiegelung und die Verschiebung ändern das nicht noch einmal. Alle Vierecke haben (bis auf die Spiegelung) die gleiche Form.

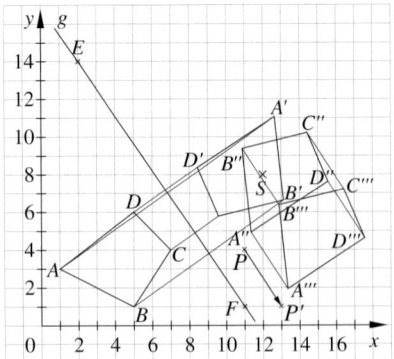

4 *Figur achsensymmetrisch ergänzen*

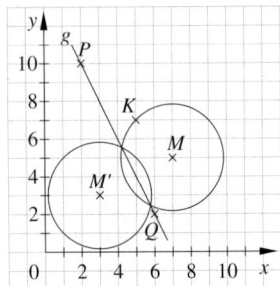

Punkt M wird an der Symmetrieachse g gespiegelt. Man erhält M'. Um M' wird ein Kreis gezeichnet durch den Schnittpunkt des ersten Kreises mit g.

5 *Symmetrieachsen erkennen*
- Halma (oben links): Wenn man die Farben außer Acht lässt, besitzt das Spielfeld 6 Symmetrieachsen. Das Spielfeld ist punktsymmetrisch zum Mittelpunkt, sogar mit Berücksichtigung der Farben.
- Mensch-ärgere-dich-nicht (oben rechts): Das Spielfeld ist punktsymmetrisch zum Mittelpunkt (Farben bleiben außer Acht).
- Mühle (unten links): Das Feld besitzt 4 Symmetrieachsen und ist punktsymmetrisch zum Mittelpunkt.
- Schach/Dame (unten rechts): Die Diagonalen bilden die beiden Symmetrieachsen des Spielfeldes, wenn man die Randbeschriftung außer Acht lässt. Das Spielfeld ist punktsymmetrisch zum Mittelpunkt (ohne Berücksichtigung der Randbeschriftung).

6 *Spiegelungen an einer Uhr durchführen*
a) 2:30 Uhr; 19:45 Uhr
b) um 6:00 Uhr (bzw. 18:00 Uhr) und um 0:00 Uhr
c) verschiedene Möglichkeiten, z.B.: 11:30 Uhr und 12:30 Uhr; 8:30 Uhr und 3:30 Uhr; 7:50 Uhr und 4:10 Uhr; 11:55 Uhr und 12:05 Uhr; 11:40 Uhr und 12:20 Uhr

7 *Figur an einer Achse spiegeln*
a) 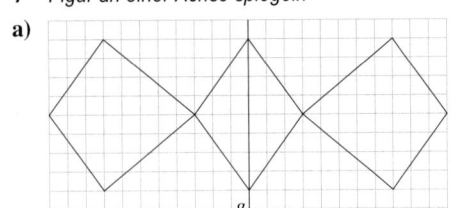 b)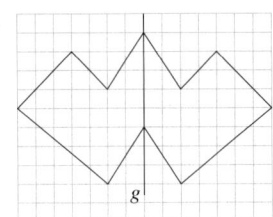

Seite 221

8 *Viereck mit genau einer Symmetrieachse zeichnen*
Zeichenübung
Es muss ein Drachen oder ein gleichschenkliges Trapez gezeichnet werden.

Arbeitsheft

Mathematik
Klasse 5
Grundschule
Berlin/Brandenburg

LÖSUNGEN

VOLK UND WISSEN

Zahlen und Größen

Natürliche Zahlen 2
Runden 4
Masse 6
Länge 8
Zeit 10

Natürliche Zahlen addieren und subtrahieren

Im Kopf addieren und subtrahieren 12
Rechenvorteile und Rechengesetze 14
Schriftlich addieren und subtrahieren . 16

Daten

Daten erheben und auswerten 18
Daten darstellen 20

Natürliche Zahlen multiplizieren und dividieren

Im Kopf multiplizieren und dividieren . 22
Schriftlich multiplizieren und dividieren . 24
Rechengesetze 26

Geometrische Figuren zeichnen

Koordinatensystem 28
Besondere Vierecke 30

Brüche und Verhältnisse

Brüche als Teil eines Ganzen 32
Bruchteile von Größen 34
Brüche erweitern und kürzen 36
Brüche vergleichen und ordnen 38

Flächen und Flächeninhalte

Flächen vergleichen 40
Flächeneinheiten 42
Flächeninhalte von Rechtecken und Quadraten . 44
Umfänge von Rechtecken und Quadraten .. 46

Symmetrien und Verschiebungen

Achsensymmetrie 48
Punktsymmetrie 50
Verschiebung 52

Tests

Kapitel Zahlen und Größen 54
Kapitel Natürliche Zahlen addieren und subtrahieren . 55
Kapitel Daten 56
Kapitel Natürliche Zahlen multiplizieren und dividieren . 57
Kapitel Geometrische Figuren zeichnen . 58
Kapitel Brüche und Verhältnisse 59
Kapitel Flächen und Flächeninhalte .. 60
Kapitel Symmetrien und Verschiebungen . 61
Jahrgangsstufentest 62

Dieses Heft gehört:

Klasse:

Zahlen und Größen

Natürliche Zahlen

▶ Grundwissen

- Die Menge der natürlichen Zahlen wird mit IN bezeichnet.   IN = {0; 1; 2; 3; 4; 5; ...}

0 1 2 3 4 5 6 7 8 9 10 11 12 13 14 15 16 17 18 19 20 21 22 23 24 25 26 27 28 29 30

- Die kleinste natürliche Zahl ist 0.
- Alle natürlichen Zahlen außer 0 haben einen **Nachfolger**.
- Alle natürlichen Zahlen haben einen **Vorgänger**.
- Die kleinere Zahl steht am Zahlenstrahl immer links von der größeren.
  Der Wert einer Zahl ist abhängig von der Stellung der Ziffern innerhalb der Zahl.

▲ Auftrag: Ergänze die Sätze.

Trainieren

1 Vervollständige die Tabelle.

Vorgänger	6	16		106		699		98		989		199		999	
Zahl	7	17		107	69	700		99		990		200		1000	
Nachfolger	8	18		108	70	701	71	100		991		201		1001	

2 Schreibe alle Zahlen auf, die dazwischen liegen.
a) Zwischen 7 und 12 liegen 8; 9; 10 und 11.   b) Zwischen 78 und 82 liegen 79; 80 und 81.
c) Zwischen 297 und 301 liegen 298; 299 und 300.   d) Zwischen 998 und 1002 liegen 999; 1000 und 1001.
e) Zwischen 63 und 59 liegen 62; 61 und 60.   f) Zwischen 802 und 798 liegen 801; 800 und 799.

3 Welche Zahlen gehören zu den farbig markierten Stellen?

a) 25 75 150 225 275 325
       0 100 200 300

b) 200 600 1200 1800 2400 2800
      0   1000   2000

4 Markiere auf dem Zahlenstrahl.
a) 80; 110; 30; 65; 40; 25; 125
   25 30 40 65 80 110 125 150
   0   100

b) 8000; 16000; 14000; 1000; 6000; 11000; 3000
   1000 3000 6000 8000 11000 14000 16000
   0   10000

5 Vergleiche.

a) 332 > 323   b) 6576 > 564   c) 1857 > 987   d) 305 < 350
e) 278 < 287   f) 476 > 76   g) 9762 = 9762   h) 35329 < 35432
i) 254332 > 254323   j) 496576 > 78564   k) 1857762 > 99987   l) 305999 < 350444
m) 278378 < 287323   n) 476576 > 76576   o) 899762 = 899762   p) 305329 < 350432

---

6 Welche Ziffern können jeweils für das Sternchen eingesetzt werden, damit wahre Aussagen entstehen?

a) 564 < 5*4   7; 8; 9   b) 987*54 < 987354   0; 1; 2
c) 6214 > 621* 0; 1; 2; 3   d) 1208104 > 1208*04 0

7 Ordne die Zahlen nach der Größe. Beginne mit der kleinsten Zahl.   5203; 235; 523; 2305; 5230; 253; 2053; 5032

235 < 253 < 523 < 2053 < 2305 < 5032 < 5203 < 5230

8 Trage die Zahlen in die Stellenwerttafel ein.

a) sechsundsiebzig Millionen sieben
b) zwanzig Milliarden fünftausend
c) achthundertacht Milliarden achthundertachttausend
d) sechs Billionen sechzig Millionen sechshunderttausend

Billionen			Milliarden			Millionen			Tausender					
H	Z	E	H	Z	E	H	Z	E	H	Z	E	H	Z	E
							7	6				0	0	7
				2	0					0	5	0	0	0
			8	0	8					0	8	0	0	0
		6		0	0		6	0				6	0	0

Anwenden und Vernetzen

9 Die Sonne hat einen Durchmesser von 1 392 000 km. Die Durchmesser der Planeten unseres Sonnensystems liegen zwischen 143 000 km (Jupiter) und 4 900 km (Merkur). Die Venus ist ungefähr so groß wie die Erde (12 800 km). Der Durchmesser des größten Jupitermondes beträgt 5 280 km, der des Erdmondes 3 470 km.

a) Trage die im Text genannten Zahlen in die Stellenwerttafel ein.

Millionen			Tausender					
H	Z	E	H	Z	E	H	Z	E
		1	3	9	2	0	0	0
				1	4	3	0	0	0
					4	9	0	0
				1	2	8	0	0
					5	2	8	0
					3	4	7	0

b) Ordne die Himmelskörper nach der Größe. Schreibe die Zahlen in Worten.

Erdmond   dreitausendvierhundertsiebzig   Kilometer
Merkur   viertausendneunhundert   Kilometer
größter Jupitermond   fünftausendzweihundertachtzig   Kilometer
Erde, Venus   zwölftausendachthundert   Kilometer
Jupiter   einhundertdreiundvierzigtausend   Kilometer
Sonne   eine Million dreihundertzweiundneunzigtausend   Kilometer

10 Wahr oder falsch? Überlege dir ein Beispiel oder ein Gegenbeispiel.

a) Es gibt eine fünfstellige Zahl, deren Vorgänger vierstellig ist. 9999 ist Vorgänger von 10000. ☒ wahr ☐ falsch
b) Die kleinste vierstellige Zahl, die mit den Ziffern 1; 5; 2 und 9 gebildet werden kann,
   wenn keine Ziffer mehrmals verwendet wird, ist 1529.   1259 ist die kleinste Zahl.   ☐ wahr ☒ falsch

Runden

▶ Grundwissen

- Bei den Ziffern 0; 1; 2; 3; 4 _____ wird abgerundet.
- Bei den Ziffern 5; 6; 7; 8; 9 _____ wird aufgerundet.

Beispiele: 7 5 4 ≈ 7 5 0
            7 5 4 ≈ 8 0 0

▶ Auftrag: Ergänze die Ziffern.

Trainieren

1 Unterstreiche jeweils die Ziffer, anhand derer über auf- bzw. abrunden entschieden wurde.
Hinweis: Unterstreiche mehrere Ziffern, wenn es mehrere Möglichkeiten gibt.

a) 42 ≈ 40
b) 45 ≈ 50
c) 417 ≈ 420
d) 484 ≈ 480
e) 8821 ≈ 9000
f) 4261 ≈ 4300
g) 44717 ≈ 45000
h) 48973 ≈ 48970
i) 99 ≈ 100
j) 78991 ≈ 80000
k) 9989 ≈ 9990
l) 29996 ≈ 30000

2 Runde jeweils auf die grün markierte Stelle.

a) 82 ≈ 80
b) 75 ≈ 80
c) 1427 ≈ 1430
d) 4784 ≈ 4780
e) 81831 ≈ 81800
f) 42615 ≈ 42600
g) 71747 ≈ 71700
h) 4868 ≈ 4900
i) 909 ≈ 900
j) 2892 ≈ 3000
k) 909 ≈ 1000
l) 4989 ≈ 5000

3 Markiere mit einer Linie, bis zu welchem Räumen man den Fluchtweg A nehmen sollte.

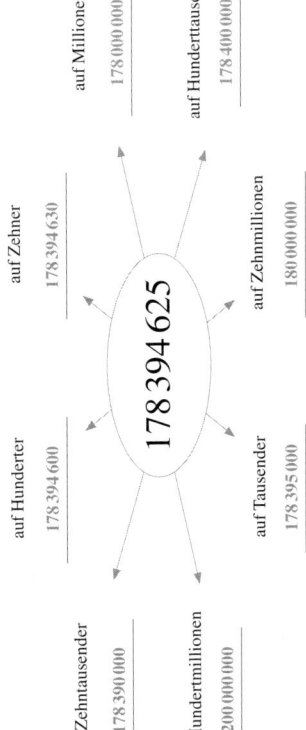

4 Auf welche Stelle wurde gerundet? Kreuze an.

	Zehner	Hunderter	Tausender	Zehntausender	Millionen
a) 4588918 ≈ 4588900	☐	☒	☐	☐	☐
b) 4588918 ≈ 4589000	☐	☐	☒	☐	☐
c) 4588918 ≈ 5000000	☐	☐	☐	☐	☒
d) 776088 ≈ 776090	☒	☐	☐	☐	☐
e) 89324 ≈ 90000	☐	☐	☐	☒	☐

5 Ergänze die Tabelle.

Runde ...	16736	321483	73698	196542
auf Zehntausender	20000	320000	70000	200000
auf Tausender	17000	321000	74000	197000
auf Hunderter	16700	321500	73700	196500
auf Zehner	16740	321480	73700	196540

6 Runde ...

178 394 625

auf Zehntausender: 178390000
auf Hunderttausender: 178400000
auf Hunderter: 178394600
auf Zehner: 178394630
auf Hundertmillionen: 200000000
auf Tausender: 178395000
auf Millionen: 178000000
auf Hunderttausender: 178400000
auf Zehnmillionen: 180000000

Anwenden und Vernetzen

7 Die BRD hat 16 Bundesländer, die unterschiedlich viele Einwohner haben und unterschiedlich groß sind.

a) Ergänze die Tabelle.

	Einwohner am 31. Dezember 2009			Fläche in Quadratkilometern	
	„genau"	gerundet auf Mio.		„genau"	gerundet auf Tausender
Nordrhein-Westfalen	17872763	18000000		34088	34000
Bayern	12510331	13000000		70550	71000
Baden-Württemberg	10744921	11000000		35751	36000
Niedersachsen	7928815	8000000		47635	48000
Hessen	6061951	6000000		21115	21000
Sachsen	4168732	4000000		18420	18000
Rheinland-Pfalz	4012675	4000000		19854	20000
Berlin	3442675	3000000		892	1000
Schleswig-Holstein	2832027	3000000		15799	16000
Brandenburg	2511525	3000000		29482	29000
Sachsen-Anhalt	2356219	2000000		20449	20000
Thüringen	2249882	2000000		16172	16000
Hamburg	1774224	2000000		755	1000
Mecklenburg-Vorpommern	1651216	2000000		23189	23000
Saarland	1022585	1000000		2569	3000
Bremen	661716	1000000		404	0

b) Schreibe die fünf Bundesländer auf, die die größte Fläche haben. Beginne mit dem größten Bundesland.

Bayern; Niedersachsen; Baden-Württemberg; Nordrhein-Westfalen; Brandenburg

c) Welche Bundesländer haben zusammen etwa so viele Einwohner wie Nordrhein-Westfalen? Nenne ein Beispiel. z. B.
Bayern und Hessen haben zusammen etwa so viele Einwohner wie Nordrhein-Westfalen.

Masse

▶ Grundwissen

Einheiten	Umrechnung
Tonne (t)	1 t = 1000 kg = 1 000 000 __g__ = 1 000 000 000 __mg__
Kilogramm (kg)	1 kg = 1000 g = __1 000 000__ mg
Gramm (g)	1 g = 1000 mg
Milligramm (mg)	

Beim Umrechnen von Einheiten der Masse in die nächstkleinere Einheit wird mit 1 000 multipliziert.

▶ **Auftrag:** Ergänze.

Trainieren

1 In welcher Einheit sollte man jeweils die Masse der Tiere angeben?

a) Katze: __Kilogramm__ b) Hund: __Kilogramm__ c) Elefant: __Tonne__
d) Hamster: __Gramm__ e) Mücke: __Milligramm__ f) Maus: __Gramm__
g) Meise: __Gramm__ h) Wildschwein: __Kilogramm__

2 Rechne jeweils in die nächstkleinere Einheit um.

a) 8 t = __8000__ kg b) 50 g = __50000__ mg c) 7 kg = __7000__ g
d) 300 kg = __300 000 g__ e) 70 t = __70000 kg__ f) 25 g = __25000 mg__
g) 300 g = __300 000 mg__ h) 70 g = __70000 mg__ i) 400 kg = __400 000 g__

3 Rechne jeweils in die nächstgrößere Einheit um.

a) 2000 kg = __2__ t b) 5000 g = __5__ kg c) 8000 mg = __8__ g
d) 8000 g = __8 kg__ e) 9000 mg = __9 g__ f) 10000 kg = __10 t__
g) 17000 kg = __17 t__ h) 78000 mg = __78 g__ i) 250000 g = __250 kg__

4 Was ist gleich schwer? Markiere dies jeweils mit einer Farbe.

0,62 kg A	6200 kg B	6,2 kg C	620 kg D
0,62 t D	6,2 t B	6200000 mg C	620000 mg A
6200 C	6200000 g B	620 g A	620000 g D

5 Gib das Ergebnis jeweils in den gegebenen Einheiten an.

a) 120 kg + 800 g = __120,800 kg__ = __120 800 g__   b) 77 t + 500 kg = __77,500 t__ = __77 500 kg__
c) 1,5 kg + 250 g = __1,750 kg__ = __1750 g__   d) 80 g + 75 mg = __80,075 g__ = __80 075 mg__

6 Ordne die Massen nach der Größe. Beginne mit dem kleinsten Wert.

a) 7 kg; 107 kg; 0,7 kg; 17 kg; 7 kg 100 g   __0,7 kg < 7 kg < 7 kg 100 g < 17 kg < 107 kg__
b) 333 g; 33 g 3 mg; 3 g 33 mg; 30 g 33 mg   __3 g 33 mg < 30 g 33 mg < 33 g 3 mg < 333 g__
c) 54 t 540 kg; 45 450 kg; 451 540 kg; 54 t 54 kg   __45 450 kg < 451 540 kg < 54 t 54 kg < 54 t 540 kg__

Anwenden und Vernetzen

7 Begründe, warum nur eine der beiden Zeichnungen nicht richtig ist.

linke Seite: __1700 g__   rechte Seite: __1500 g__   linke Seite: __500 g__   rechte Seite: __500 g__

__Die erste Waage kann nicht im Gleichgewicht sein. Die zweite Waage ist im Gleichgewicht.__

8 Die Masse eines Körpers wird durch den Vergleich mit Standardmassen bestimmt. Diese nennt man Wägestücke.

a) Gib jeweils an, welche der abgebildeten Wägestücke auf die rechte Seite der Waage zu legen sind, damit auf beiden Seiten die gleichen Massen liegen.

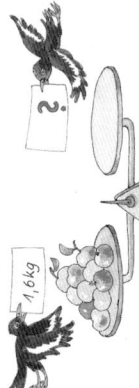

rechte Seite: __0,1 kg; 0,5 kg; 1000 g__   rechte Seite: __50 g; 0,1 kg; 250 g; 0,5 kg__

b) Ermittle die größte Masse, die mit den abgebildeten Wägestücken gemessen werden kann.

__1000 g + 0,5 kg + 250 g + 0,1 kg + 50 g = 1900 g = 1,9 kg__

__1,9 kg ist die größte Masse.__

c) Zusatzaufgabe: Könnte man alle abgebildeten Wägestücke so auf der Waage verteilen, dass diese im Gleichgewicht ist? Zusätzliche Hilfsmittel stehen dabei nicht zur Verfügung.

__1900 : 2 = 950__   __1000 g > 950 g__

__Nein, da das 1000-g-Stück zu verwenden ist, gibt es keine Möglichkeit 950 g auf jede Seite zu legen.__

Länge

▶ Grundwissen

Einheiten	Umrechnung
Kilometer (km)	1 km = 1000 m = 10000 dm = 100000 cm = 1000000 mm
Meter (m)	1 m = 10 dm = 100 cm = 1000 mm
Dezimeter (dm)	1 dm = 10 cm = 100 mm
Zentimeter (cm)	1 cm = 10 mm
Millimeter (mm)	

Beim Umrechnen von Längeneinheiten in eine kleinere Einheit wird der Zahlenwert _größer_.

▶ Auftrag: Ergänze.

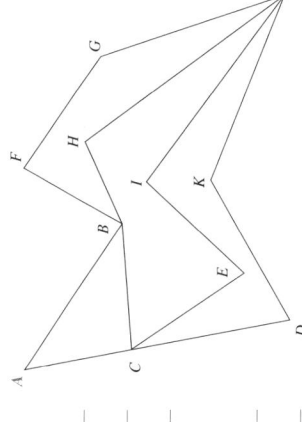

Längen zum Ergänzen:
28 mm
38 mm
90 cm
210 mm
18 m
320 m
15 mm
21 dm

Trainieren

1 Streiche die Längenangaben durch, die zu keiner Linie passen.

1 dm 7 cm; 170 mm; ~~17 mm~~; 1,1 cm; 110 mm; 0,11 m; ~~11 km~~; 0,11 dm; 75 mm; ~~75 cm~~

2 Rechne in die nächstkleinere Einheit um.

a) 6 cm = _60 mm_   b) 12 m = _120 dm_   c) 4 dm = _40 cm_

d) 7 km = _7000 m_   e) 12 cm = _120 mm_   f) 37 m = _370 dm_

3 Rechne in die nächstgrößere Einheit um.

a) 40 mm = _4 cm_   b) 80 dm = _8 m_   c) 120 cm = _12 m_

d) 600 cm = _60 dm_   e) 40000 m = _40 km_   f) 1700 mm = _170 cm_

4 Ergänze jeweils den fehlenden Zahlenwert oder die Einheit.

a) 23 cm = 230 _mm_   b) 78 m = 7800 _cm_   c) 40 km = 40000 _m_

d) 5000 mm = 5 _m_   e) 2400 cm = 24000 _mm_   f) 3700 cm = 370 _dm_

g) 900 m = 90000 _cm_   h) 1200 cm = 12000 _mm_   i) 7600 cm = 76 _m_

5 Ergänze jeweils mögliche Längen.

a) Breite einer Tür: _90 cm_   b) Höhe einer Tür: _21 dm_

c) Länge einer Tintenpatrone: _38 mm_   d) Dicke eines Buches: _28 mm_

e) Länge eines Güterzuges: _320 m_   f) Länge eines Lkws: _18 m_

g) Breite eines Daumens: _15 mm_   h) Breite einer DIN-A4-Seite: _210 mm_

6 Ordne nach der Größe. Beginne mit der kleinsten Länge.

a) 485 mm; 32 cm; 2 m; 1100 mm; 8 cm; 91 mm; 310 cm

   8 cm < 91 mm < 32 cm < 485 mm < 1100 mm < 2 m < 310 cm

b) 0,85 m; 780 mm; 73 cm; 1,02 m; 120 cm; 1002 mm; 805 mm

   73 cm < 780 mm < 805 mm < 0,85 m < 1002 mm < 1,02 m < 120 cm

c) 2,5 km; 2050 m; 25 km; 2,025 km; 2005 m; 0,25 km; 20500 m

   0,25 km < 2005 m < 2,025 km < 2050 m < 2,5 km < 20500 m

Anwenden und Vernetzen

7 Tim hat ein Fahrrad mit einem Radumfang von etwa 2 m. Während der Fahrt von der Schule nach Hause hat sich das Vorderrad 900-mal gedreht. Wie lang ist Tims Schulweg?

2 m · 900 = 1800 m

Der Schulweg ist etwa 1800 m (1,8 km) lang.

8 Nenne jeweils zwei Gegenstände, die etwa die angegebene Länge haben. Hinweis: Miss, wenn möglich, zur Kontrolle nach.   individuelle Lösung

a) 5 cm   b) 1,5 dm   c) 2 m   d) 5 mm

① _____   ① _____   ① _____   ① _____

② _____   ② _____   ② _____   ② _____

9 Schätze zuerst, welche die kürzeste Verbindung der Punkte entlang der schwarzen Linie vom Anfang A zum Ziel Z ist. Ermittle danach die Länge der Verbindung.

Längen der Teilstrecken:

Abstand zwischen A und B: 3,5 cm = 35 mm

Abstand zwischen B und H: 1,8 cm = 18 mm

Abstand zwischen H und Z: 4,9 cm = 49 mm

Länge der Verbindung:

35 mm + 18 mm + 49 mm = 102 mm = 10,2 cm = 1,02 dm

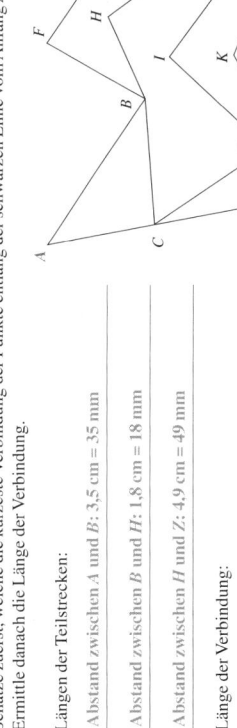

Zeit

▶ Grundwissen

Einheiten	Umrechnung		
Tag (d)	1 d	= 24 h	= 1440 min
Stunde (h)	1 h	= 60 min	= 3600 s
Minute (min)	1 min	= 60 s	
Sekunde (s)			

Ein Jahr hat 12 Monate. Ein Monat hat 28 bis 31 Tage. Jede Woche hat 7 Tage.

▲ **Auftrag:** Ergänze.

Trainieren

1 Wandle in die nächstkleinere Einheit um.

a) 2 d = __48 h__   b) 2 h = __120 min__   c) 2 min = __120 s__
d) 5 d = __120 h__   e) 5 h = __300 min__   f) 5 min = __300 s__
g) 12 h = __720 min__   h) 50 min = __3000 s__   i) 3 d = __72 h__
j) 4 Wochen = __28 d__   k) 8 h = __480 min__   l) 6 Wochen = __42 d__
m) 15 min = __900 s__   n) 10 d = __240 h__   o) 6 min = __360 s__

2 Wandle in die nächstgrößere Einheit um.

a) 240 h = __10 d__   b) 240 min = __4 h__   c) 240 s = __4 min__
d) 72 h = __3 d__   e) 300 min = __5 h__   f) 180 s = __3 min__
g) 30 min = __0,5 h__   h) 96 h = __4 d__   i) 28 d = __4 Wochen__
j) 480 s = __8 min__   k) 120 min = __2 h__   l) 180 min = __3 h__
m) 120 h = __5 d__   n) 120 s = __2 min__   o) 48 h = __2 d__

3 Ergänze den Satz. Ein Jahr (das kein Schaltjahr ist) hat __52__ Wochen und __365__ Tage.

4 Gib die Zeitspannen in den gegebenen Einheiten an.

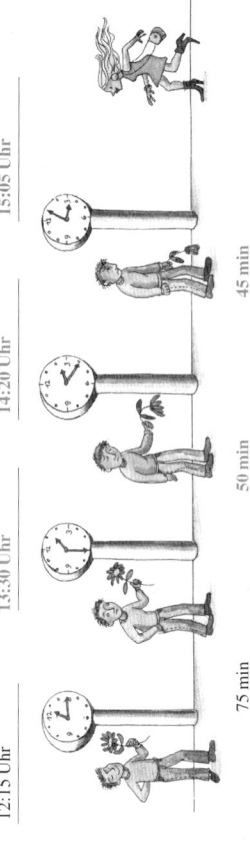

a) Vom 3. Mai um 12:00 Uhr bis zum 3. Mai um 17:00 Uhr sind es __5__ h.
b) Vom 2. Mai um 12:00 Uhr bis zum 3. Mai um 17:00 Uhr sind es __29__ h.
c) Vom 3. Mai um 15:00 Uhr bis zum 15. Mai um 21:00 Uhr sind es __12__ d __6__ h.
d) Vom 3. Mai um 12:00 Uhr bis zum 5. Mai um 13:30 Uhr sind es __2__ d __90__ min.
e) Vom 3. Mai um 12:44 Uhr bis zum 5. Mai um 12:56 Uhr sind es __48__ h __12__ min.

5 Der erste Bus fährt um 5:10 Uhr vom Bahnhof zur Vorstadt. Er wartet dort zwei Minuten und fährt dann dieselbe Strecke zum Bahnhof zurück. Die Busse fahren im Abstand von 30 min. Vervollständige den Fahrplan für die Buslinie vom Bahnhof zur Vorstadt und zurück.

Bahnhof	Goethestraße	Rathaus	Stadtpark	Rosenstraße	Vorstadt
	1 min	2 min	1 min	2 min	6 min
			Tour A	Tour B	Tour C
5.10	→	→	→	→	→
5.11					
5.13					
5.15					
5.16					
5.22					

	Tour A	Tour B	Tour C
	5.10	5.40	6.10
	5.11	5.41	6.11
	5.13	5.43	6.13
	5.15	5.45	6.15
	5.16	5.46	6.16
	5.22	5.52	6.22

	Tour A	Tour B	Tour C
	5.36	6.06	6.36
	5.35	6.05	6.35
	5.33	6.03	6.33
	5.31	6.01	6.31
	5.30	6.00	6.30
	5.24	5.54	6.24

6 Ordne jeder Tätigkeit die entsprechende Zeitspanne zu.
z. B.

a) 4 km wandern: __1 h__
b) Nagel einschlagen: __5 s__
c) CD abspielen: __70 min__
d) Reis kochen: __15 min__
e) Datum aufschreiben: __2 s__
f) Zähne putzen: __4 min__
g) Ferien: __14 d__
h) Jahr: __52 Wochen__
i) Unterrichtsstunde: __45 min__

Karten: 52 Wochen | 4 min | 5 s | 14 d | 70 min | 45 min | 2 s | 15 min | 1 h

Anwenden und Vernetzen

7 Damit die Reparaturarbeiten an der Bahnlinie 5 schneller gehen, wird ab dem 25. Juli bis zum 4. August jeweils in den Nächten ab 23:00 Uhr bis 4:45 Uhr ein eingleisiger Bahnverkehr eingerichtet. Gib die Zeitdauer an, in der der Stellwerksleiter mit Verzögerungen im Verkehr rechnet. Gib mindestens zwei verschiedenartige Möglichkeiten an.
z. B.
- Von 23:00 Uhr bis 4:45 Uhr sind es jeweils 5 h 45 min (345 min).
- Vom 25. Juli bis zum 4. August sind es 10 Nächte.
- Insgesamt: 10 · 345 min = 3450 min   3450 min : 60 = 57,5 h   57,5 h = 57 h 30 min = 2 d 9 h 30 min

8 Ergänze die Zeitpunkte (oben) sowie die Zeitspannen (unten). Überlege dir eine kurze Geschichte zu den Bildern. Zusatzaufgabe: Schreibe die kurze Geschichte zu den Bildern auf ein zusätzliches Blatt.

12:15 Uhr   13:30 Uhr   14:20 Uhr   15:05 Uhr

75 min   50 min   45 min

Im Kopf addieren und subtrahieren

▶ Grundwissen

- Addieren bedeutet so viel wie zusammenzählen, hinzufügen, vermehren, …

  Beispiel: 3 m + 2 m = 5 m
             ↑   ↑   ↑
           Summand Summand Summe
                 Summe

- Subtrahieren bedeutet so viel wie abziehen, Unterschied berechnen, …

  Beispiel: 5 m − 2 m = 3 m
             ↑   ↑   ↑
           Minuend Subtrahend Differenz
                 Differenz

▶ **Auftrag:** Trage folgende Begriffe an den richtigen Stellen ein:
zusammenzählen; abziehen; Unterschied berechnen; hinzufügen; vermehren.

Trainieren

1 Schreibe die Rechenausdrücke auf und berechne.

a) Addiere 3 zu 45. $45 + 3 = 48$
b) Füge 8 zu 51 hinzu. $51 + 8 = 59$
c) Subtrahiere 2 von 50. $50 - 2 = 48$
d) Ziehe 5 von 46 ab. $46 - 5 = 41$

2 Addiere.

a) $7 + 40 = 47$ b) $56 + 12 = 78$ c) $61 + 400 = 461$ d) $97 + 5 = 102$
e) $30 + 80 = 110$ f) $60 + 77 = 137$ g) $80 + 99 = 179$ h) $60 + 91 = 151$

3 Subtrahiere.

a) $75 - 4 = 71$ b) $12 - 8 = 4$ c) $65 - 40 = 25$ d) $80 - 79 = 1$
e) $45 - 45 = 0$ f) $80 - 9 = 71$ g) $610 - 40 = 570$ h) $660 - 1 = 659$

4 Setze passende Rechenzeichen ein.

a) $40 + 80 + 20 = 140$ b) $77 - 27 - 30 = 20$ c) $100 - 80 - 19 = 1$ d) $45 + 45 + 3 = 93$
e) $23 + 50 - 13 = 60$ f) $75 + 80 - 20 = 135$ g) $210 - 40 + 15 = 185$ h) $66 + 77 - 55 = 88$

5 Ergänze.

a)
+	60	120	301	417
78	138	198	379	495
117	177	237	418	534
152	212	272	453	569

b)
−	70	170	302	429
433	363	263	131	4
516	446	346	214	87
598	528	428	296	169

6 Ergänze die fehlenden Zahlen in den Additionsmauern.

a)
			52			
		23		29		
	11		12		17	
7		4		8		9
4		3		1		7	2

b)
			65			
		32		33		
	15		17		16	
6		9		8		8
		2		7		1	7

c)
			106			
		47		59		
	19		28		31	
7		12		16		15
4		3		9		7	8

d)
			1131			
		988		143		
	911		77		66	
878		33		44		22
874		4		29		15	7

Anwenden und Vernetzen

7 Auf der Karte stehen Entfernungen zwischen Autobahnkreuzen.

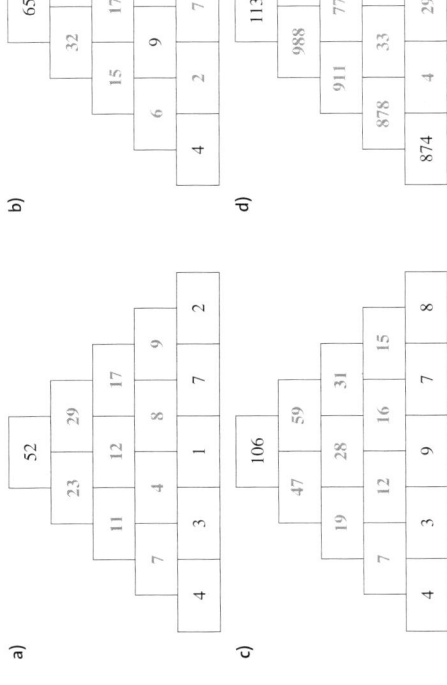

a) Wahr oder falsch?

Von Berlin nach Rostock sind es etwa 221 km.
wahr $(117 + 63 + 41 = 221)$

Von Berlin nach Hannover sind es etwa 212 km.
wahr $(9 + 150 + 44 = 212)$

Von Köln nach Berlin sind es etwa 335 km.
falsch $(64 + 15 + 8 + 113 + 87 + 44 + 159 = 490)$

Von Berlin nach Görlitz sind es etwa 260 km.
wahr $(62 + 89 + 108 = 259)$

Von Trier nach Aachen sind es etwa 257 km.
wahr $(100 + 102 + 55 = 257)$

Von Bremen nach Münster sind es etwa 568 km.
falsch $(58 + 71 + 52 = 181)$

b) Finde die kürzeste Route von Hamburg nach München. Zeichne diese auf der Karte farbig nach. Gib die Entfernung an. Hinweis: Notiere Zwischenergebnisse auf einem zusätzlichen Blatt. (Es sind rund 770 km.)

c) Familie Schulz fährt von Flensburg nach Lindau.
In Flensburg sind noch 15 l Benzin im Tank.
Dieser fasst insgesamt 50 l. Auf 100 km verbraucht ihr Auto 9 l Benzin.
Wie oft werden sie auf dem Weg mindestens tanken?

Sie werden mindestens zweimal tanken. Von Flensburg bis Lindau sind es rund 1 000 km (966 km).

Für diese Strecke benötigt das Auto etwa 90 l Benzin. $151 + 50 + 50 < 90 l < 151 + 50 + 50 + 50$

Natürliche Zahlen addieren und subtrahieren

Rechenvorteile und Rechengesetze

▶ **Grundwissen**

- **Kommutativgesetz:** In einer Summe dürfen die Summanden vertauscht werden.
- **Assoziativgesetz:** In einer Summe dürfen die Summanden beliebig mit Klammern zusammengefasst werden.
- **Vorrangregel:** Was in Klammern steht, wird zuerst berechnet.

Beispiele:
$15 + 97 = $ _____ $97 + 15$ _____ $= 112$
$17 + 44 + 56 = 17 + (44 + 56) = 117$
$65 - (4 + 36) = 65 - 40 = 25$

▶ Auftrag: Ergänze die Beispiele.

Trainieren

1 Rechne.

a) $48 + 152 = $ 200   b) $75 + 45 = $ 120   c) $194 + 483 = $ 677   d) $655 + 748 = $ 1403

e) $58 + 752 = $ 810   f) $475 + 1425 = $ 1900   g) $1904 + 483 = $ 2387   h) $65 + 7438 = $ 7503

2 Rechne vorteilhaft.

a) $458 + 14 + 52 = $ 524   b) $7 + 45 + 45 = $ 97   c) $19 + 74 + 46 = $ 139   d) $62 + 55 + 728 = $ 845

e) $58 + 75 + 22 = $ 155   f) $775 + 14 + 25 = $ 814   g) $81 + 904 + 405 = $ 1390   h) $650 + 74 + 380 = $ 1104

3 Schreibe jeweils das Ergebnis hinter den der vier Ausdrücke, den du am schnellsten berechnen kannst.

a) $(781 + 55) + 19 = $ ___   b) $(19 + 55) + 781 = $ ___   c) $(781 + 19) + 55 = $ 855   d) $(55 + 19) + 781 = $ ___

e) $(653 + 78) + 47 = $ ___   f) $(47 + 653) + 78 = $ 778   g) $(78 + 47) + 653 = $ ___   h) $(78 + 653) + 47 = $ ___

i) $(7581 + 409) + 11 = $ 8001   j) $(11 + 7581) + 409 = $ ___   k) $409 + 11 + 7581 = $ ___   l) $7581 + 11 + 409 = $ ___

4 Rechne möglichst vorteilhaft. Die Summanden dürfen vertauscht und zusammengefasst werden.

a) $205 + 111 + 47 + 119 + 113 = 205 + (111 + 119) + (47 + 113) = 205 + 230 + 160 = 595$

b) $333 + 444 + 555 + 666 + 777 = (333 + 777) + (444 + 666) + 555 = 1110 + 1110 + 555 = 2775$

c) $1112 + 376 + 19 + 188 + 124 = (1112 + 188) + (376 + 124) + 19 = 1300 + 500 + 19 = 1819$

d) $21 + 22 + 23 + 24 + 25 + 26 + 27 + 28 + 29 = (21 + 29) + (22 + 28) + (23 + 27) + (24 + 26) + 25 = 50 + 50 + 50 + 50 + 25 = 225$

5 In den magischen Vierecken soll die Summe der Zahlen in den Zeilen, Spalten und Diagonalen jeweils gleich sein. Ergänze entsprechend.

a)
16	22	10	20
26	4	32	6
24	14	18	12
2	28	8	30

b)
3	42	45	12
36	21	18	27
24	33	30	15
39	6	9	48

Rechenvorteile und Rechengesetze

6 Ergänze zuerst die Rechenbäume. Schreibe danach die Aufgabe mit Klammern auf.

a)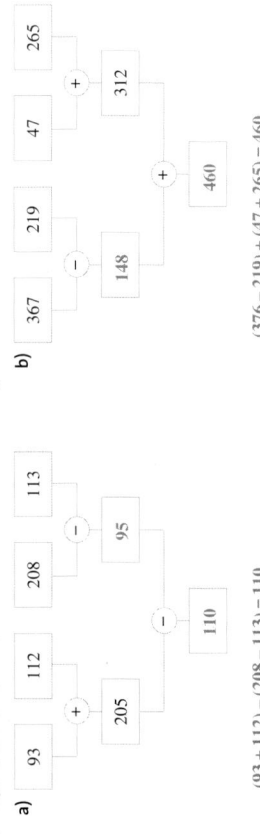

$(93 + 112) - (208 - 113) = 110$

b)

$(376 - 219) + (47 + 265) = 460$

7 Berechne.

a) $(90 + 12) - (71 + 25) = $ 102 $- $ 96 $= $ 6   b) $(51 + 19) - (18 + 12) = $ 70 $- $ 30 $= $ 40

c) $(128 + 43) - (365 - 199) = $ 171 $- $ 166 $= $ 5   d) $(99 - 11) - (22 + 44) = $ 88 $- $ 66 $= $ 22

8 Setze die fehlenden Klammern und ergänze die Rechnungen.

a) $(75 + 46) - (16 + 103) + (42 + 7)$ $= $ 121 $- $ 119 $+ $ 49 $= 51$

b) $(1600 - 800) + (300 + 100) - (6400 - 5850) = $ 800 $+ $ 400 $- $ 550 $= 650$

c) $311 - (12 + 3 + 8) - (78 - 32)$ $= $ 311 $- 23 - 46$ $= 242$

Anwenden und Vernetzen

9 Zahlenrätsel

a) Schreibe jeweils die Lösung in das Feld mit dem entsprechenden Buchstaben.

A: 15 vermindert um 8   B: 8 vermehrt um 9
C: Differenz von B und A   D: Summe von A und B
E: Vorgänger von D   F: Nachfolger von D

	16	A 7	33	44
B	17	13	50	C 10
	34	22	D 24	15
E	23	47	12	F 25

b) Addiere im Kopf die Zahlen jeder Spalte und jeder Zeile. Rechne vorteilhaft.

Zeile 1: 100   Zeile 2: 90   Zeile 3: 95   Zeile 4: 107

Spalte 1: 90   Spalte 2: 89   Spalte 3: 119   Spalte 4: 94

c) Wenn alle Zahlen aus dem ausgefüllten Zahlenquadrat von 500 subtrahiert werden, ist das Ergebnis 108.

10 Drei Ziffern

a) Bilde mit den Ziffern alle möglichen dreistelligen Zahlen. Keine der Ziffern darf in einer Zahl zweimal vorkommen. Hinweis: Schreibe die Ziffern auf Zettel und lege damit die Zahlen.

135; 153; 315; 351; 513; 531

b) Ermittle die Summe aller dreistelligen Zahlen aus Teilaufgabe **a**.

$135 + 153 + 315 + 351 + 513 + 531 = 1800 + 180 + 18 = 1998$

Schriftlich addieren und subtrahieren

▶ Grundwissen

- Bei der schriftlichen Addition und Subtraktion ist zu beachten, dass
  - alle Zahlen __stellengerecht__ untereinander geschrieben werden,
  - __rechts__ mit dem Addieren bzw. Subtrahieren begonnen wird und
  - der Übertrag jeweils in die __nächste__ Spalte geschrieben wird.

- Mithilfe eines Überschlags sollte man prüfen, ob __das Ergebnis stimmen kann.__

Beispiele:

Überschlag: $500 + 90 = 590$ Überschlag: $240 - 140 = 100$

```
    5 3 1              2 3 9
  +   8 7            - 1 4 3
  ─────────          ─────────
    6 1 8                9 6
```

▶ Auftrag: Ergänze den Text.

Trainieren

1 Schreibe jeweils zuerst das Ergebnis des Überschlags auf. Addiere danach schriftlich.

a) $7000 + 1000 =$ __8000__

```
    7 1 3 7
  +   8 4 1
  ─────────
    7 9 7 8
    1 1 1
```

b) $5000 + 7000 =$ __12000__

```
    5 4 8 9
  + 6 7 5 2
  ─────────
  1 2 2 4 1
    1 1 1 1
```

c) $40000 + 60000 =$ __100000__

```
    4 0 9 2 3
  + 5 9 2 5 0
  ─────────────
  1 0 0 1 7 3
    1 1 1
```

d) $70000 + 10000 =$ __80000__

```
    7 2 0 4 5
  +   9 7 9 7
  ─────────────
    8 1 8 4 2
      1 1
```

2 Überschlage zuerst. Subtrahiere danach schriftlich.

a) $9000 - 8000 =$ __1000__

```
    9 2 5 9
  - 3 1 0 4
  ─────────
    1 1 5 5
```

b) $9000 - 5000 =$ __4000__

```
    9 0 0 3
  - 4 9 0 4
  ─────────
    4 0 9 9
    1 1
```

c) $80000 - 70000 =$ __10000__

```
    7 7 0 6 3
  - 6 9 0 1 4
  ─────────────
      8 0 4 9
      1
```

d) $12000 - 8000 =$ __4000__

```
    1 2 3 4 0
  -   8 4 5 1
  ─────────────
      3 8 8 9
      1 1
```

3 Schreibe jeweils zuerst das Ergebnis des Überschlags auf. Rechne danach schriftlich.

a) __26000__

```
    8 9 7 3
  + 8 2 8 2
  + 8 8 1 0
  ─────────
  2 6 0 6 5
    2 2 1
```

b) __14000__

```
    7 8 8 6
  + 5 0 2 1
  + 1 1 8 9
  ─────────
  1 4 0 9 6
    1 1 1
```

c) __15000__

```
    8 9 9 2
  + 5 2 3 0
  + 1 4 2 3
  ─────────
  1 5 6 4 5
    1 1 1
```

d) __7000__

```
    3 6 4 5
  +   8 2 9
  + 1 9 5 7
  ─────────
    6 4 3 1
    2 1 2
```

4 Schreibe jeweils zuerst das Ergebnis des Überschlags auf. Rechne danach schriftlich.

a) __700__

```
    1 1 0 5
  -   2 6 6
  -   1 1 3
  ─────────
      7 2 6
      1 1
```

b) __6600__

```
    7 5 4 4
  -   7 8 9
  -   1 1 9
  ─────────
    6 6 3 6
      1 1 2
```

c) __900__

```
    1 9 9 9
  -     8 7
  - 1 0 1 3
  ─────────
      8 9 9
```

d) __400__

```
    7 7 9
  -     9
  - 3 7 7
  ─────────
      3 9 3
      1 1
```

5 Subtrahiere zuerst schriftlich. Überprüfe danach das Ergebnis durch Addieren.

```
    2 5 7 8 €        Probe:   2 3 7 1 €
  - 1 2 1 €                  +   8 6 €
  -     8 6 €                + 1 2 1 €
  ─────────                  ─────────
    2 3 7 1 €                  2 5 7 8 €
      1                              1
```

Anwenden und Vernetzen

6 Rechne schriftlich. Überschlage im Kopf und vergleiche mit deinem Ergebnis.

a) Eine Zahnradbahn fährt von der Talstation (712 m über dem Meeresspiegel) zum Zugspitzplatt (2601 m über dem Meeresspiegel). Berechne den Höhenunterschied.

Der Höhenunterschied beträgt __1889__ m.

```
    2 6 0 1
  -   7 1 2
  ─────────
    1 8 8 9
      1 1
```

b) Die erste technisch nutzbare Glühbirne wurde von Edison im Jahr 1879 erfunden. Vor wie vielen Jahren war das?

z. B.
Es war vor __140__ Jahren.

```
z. B.  2 0 1 9
      - 1 8 7 9
      ─────────
        1 4 0
        1
```

c) Eine Bibliothek hat bereits 47 530 Bücher. Es sollen 8 747 Bücher dazu gekauft werden. Wie viele Bücher sind es danach?

Danach sind es __56 277__ Bücher.

```
    4 7 5 3 0
  + 8 7 4 7
  ─────────────
    5 6 2 7 7
      1 1
```

7 Besucher pro Ferienwoche im Erlebnisbad

a) Ergänze in der Tabelle unten die Summen.

	Kinder, Jugendliche	Erwachsene
1. Woche	2025	1678
2. Woche	2130	1817
3. Woche	2670	1923
4. Woche	2978	1861
5. Woche	3972	1732
6. Woche	4179	1210
Summe:	17954	10221

b) Es wurde vorher gesagt, dass etwa 4500 Besucher pro Ferienwoche ins Erlebnisbad kommen. In welchen beiden Wochen ist die Abweichung zu 4500 Besuchern am Größten? Kreuze an.

☐ 1. ☐ 2. ☐ 3. ☐ 4. ☒ 5. ☒ 6.

c) Zusatzaufgabe: Stell dir vor in allen 6 Wochen war die Anzahl der Besucher gleich. Ermittle, wie viele es pro Woche gewesen wären.

$(17954 + 10221) : 6 = 4695{,}8... \approx 4700$

Rund 4700 Besucher wären pro Woche gekommen.

Daten

Daten erheben und auswerten

▶ Grundwissen

- Das Minimum ist der kleinste Wert einer Datenreihe.
- Das Maximum ist der größte Wert einer Datenreihe.
- Die Spannweite gibt den Unterschied zwischen Maximum und Minimum an.
- Der Zentralwert (Median) halbiert die geordnete Liste.

Beispiel: Anzahl der Treffer: 4; 5; 7; 3; 3; 4; 7; 8; 3
geordnete Liste: 3; 3; 3; 4; 4; 5; 7; 8

Minimum: 3   Maximum: 8
Spannweite: 5   Zentralwert: 4

▶ Auftrag: Ergänze das Beispiel.

Trainieren

1 Unterstreiche jeweils das Minimum rot und das Maximum blau. Gib die Spannweite an.

a) 1; 3; 5; 6; 8; 10
Spannweite: 9

b) 11; 13; 17; 12; 8; 10
Spannweite: 9

c) 31; 13; 15; 61; 82; 10
Spannweite: 72

d) 9; 0; 5; 8; 8; 21
Spannweite: 21

e) 51; 45; 5; 6; 18; 24
Spannweite: 46

f) 78; 23; 48; 78; 18; 36
Spannweite: 60

2 Ordne die Zahlen der Größe nach und gib jeweils den Zentralwert an.
Hinweis: Bei einer geraden Anzahl ist der Zentralwert der gemittelte Wert beider in der Mitte stehenden Werte.

a) 7; 8; 5; 6; 8; 5; 8
5; 5; 6; 7; 8; 8; 8
Zentralwert: 7

b) 17; 12; 18; 13; 6; 17; 8
6; 8; 12; 13; 17; 17; 18
Zentralwert: 13

c) 41; 13; 25; 61; 22; 10; 15
10; 13; 15; 22; 25; 41; 61
Zentralwert: 22

d) 7; 0; 5; 9; 9; 21
0; 5; 7; 9; 9; 21
Zentralwert: 8

e) 51; 45; 5; 6; 18; 22
5; 6; 18; 22; 45; 51
Zentralwert: 20

f) 78; 23; 46; 78; 12; 36
12; 23; 36; 46; 78; 78
Zentralwert: 41

3 Ergänze die Angaben zum Wetter.

	Jan.	Feb.	März	April	Mai	Juni	Juli	Aug.	Sept.	Okt.	Nov.	Dez.
Sonnenstunden pro Tag	2	2	3	5	7	6	7	7	5	3	2	1
Tagestemperaturen in °C	5	8	11	15	20	22	23	24	20	14	8	5
Niederschlagstage pro Monat	12	13	15	13	11	13	11	7	11	13	14	16

a) geordnete Liste zu den „Sonnenstunden pro Tag": 1; 2; 2; 2; 3; 3; 5; 5; 6; 7; 7
Minimum: 1   Maximum: 7   Spannweite: 6   Zentralwert: 4

b) geordnete Liste zu den „Tagestemperaturen in °C": 5; 5; 8; 8; 11; 14; 15; 20; 20; 22; 23; 24
Minimum: 5   Maximum: 24   Spannweite: 19   Zentralwert: 14,5

c) geordnete Liste zu den „Niederschlagstagen pro Monat": 7; 11; 11; 12; 13; 13; 13; 13; 14; 15; 16
Minimum: 7   Maximum: 16   Spannweite: 9   Zentralwert: 13

4 Lieblingsfarben der Schülerinnen und Schüler der fünften Klassen

Farbe	rot	blau	gelb	grün	schwarz	braun	lila	rosa	weiß
Striche	ⅢⅠ	ⅢⅠ ⅠⅠⅠⅠ	ⅠⅠ	ⅠⅠⅠⅠ	ⅠⅠⅠ	ⅠⅠ	ⅢⅠ	ⅢⅠ Ⅰ	ⅠⅠⅠ
Anzahl	5	9	2	4	3	2	5	6	3

a) Trage jeweils die entsprechende Anzahl in der Tabelle ein.
b) Ergänze die Angaben.

geordnete Liste: 2; 2; 3; 3; 4; 5; 5; 6; 9
Minimum: 2   Maximum: 9   Spannweite: 7   Zentralwert: 4

Farben nach Beliebtheit sortiert: gelb und braun; schwarz und weiß; grün; rot und lila; rosa; blau

Anwenden und Vernetzen

5 Bowlingergebnisse

a) Ordne zuerst die Ergebnisse. Ermittle danach das Minimum, das Maximum, die Spannweite und den Zentralwert.

Punkte von Anna: 4; 7; 9; 4; 6; 9; 2; 3; 11; 12
geordnete Liste: 2; 3; 4; 4; 6; 7; 9; 9; 11; 12
Minimum: 2   Maximum: 12
Spannweite: 10   Zentralwert: 6,5

Punkte von Erik: 4; 17; 18; 7; 5; 7; 11; 4; 5; 16
geordnete Liste: 4; 4; 5; 5; 7; 7; 11; 16; 17; 18
Minimum: 4   Maximum: 18
Spannweite: 14   Zentralwert: 7

Punkte von Benito: 0; 8; 22; 3; 19; 14; 17; 11; 5; 8
geordnete Liste: 0; 3; 5; 8; 8; 11; 14; 17; 19; 22
Minimum: 0   Maximum: 22
Spannweite: 22   Zentralwert: 9,5

Punkte von Luise: 3; 15; 18; 7; 9; 3; 11; 1; 2; 10
geordnete Liste: 1; 2; 3; 3; 7; 9; 10; 11; 15; 18
Minimum: 1   Maximum: 18
Spannweite: 17   Zentralwert: 8

b) Ermittle den Sieger nach Punkten.

Anna: 67 Punkte; Erik: 94 Punkte; Luise: 79 Punkte;
Benito: 107 Punkte. Benito ist Sieger nach Punkten.

c) Paul sagt: „Ich habe bei fünf Versuchen mindestens 7 Punkte und höchstens 14 Punkte erreicht. Der Zentralwert ist 8. Insgesamt sind es 50 Punkte."
Schreibe Pauls Punkte als geordnete Liste auf.

7; 8; 8; 13; 14 oder 7; 7; 8; 14; 14

d) Zusatzaufgabe: Bei einer Umfrage wurden 50 Schülerinnen und Schüler der fünften Klassen gefragt, in welchem Verein sie sind. Alle waren in einem Verein. Wie viele können maximal in mehreren Vereinen sein?

Handball	Schwimmen	Tennis	Fußball	Bowling	Turnen
ⅢⅠ ⅠⅠⅠⅠ	ⅢⅠ ⅠⅠⅠ	ⅠⅠⅠⅠ	ⅢⅠ ⅢⅠ ⅢⅠ	ⅠⅠⅠ	ⅢⅠ ⅢⅠ ⅢⅠ ⅠⅠⅠ

Maximal sieben können in zwei Vereinen sein.

Daten darstellen

▶ Grundwissen

Daten können unterschiedlich dargestellt werden, z. B. mit Texten, Listen, Tabellen, Diagrammen, ...

Beispiel: Haustiere der 5a

Tiere	Anzahl
Hunde	III
Katzen	ℍℍ II
Vögel	II
Hamster	ℍℍ I

Strichliste

▶ Auftrag: Ergänze die Strichliste und das Säulendiagramm.

Trainieren

1 Ergänze die Tabellen.

a) Lena, Axel und Noah haben ihre Siege beim Würfeln erfasst.

Person	Anzahl
Lena	4
Alex	6
Noah	2

b) Die Leiterin einer Bäckereikette veranschaulichte die Anzahl ihrer Verkäuferinnen.

👤 steht für jeweils 3 Verkäuferinnen.

Ort	Verkäuferinnen
Köln	12
Berlin	21
Frankfurt	15
Hannover	9

2 Dauerlauf

a) Veranschauliche die Ergebnisse im Diagramm.

Anzahl der Runden	Anzahl der Schüler
5	IIII
6	ℍℍ II
7	ℍℍ III
8	III

b) Ergänze die Angaben zur Anzahl der Schüler.

Minimum: 3   Maximum: 8   Spannweite: 5

3 Paul notierte in einer Strichliste die Anzahl der Autos jeder Marke, die vorbeifuhren. Es kamen vier Opel, sieben Volkswagen, drei Mercedes, zwei Fords, fünf Renaults und ein Mazda vorbei.

a) Stelle Pauls Daten im einem Säulendiagramm dar.

b) Ergänze die Angaben zur Anzahl der Autos der Marken.

Minimum: 1   Maximum: 7   Spannweite: 6

Anwenden und Vernetzen

4 In einem Diagramm wurden die Einwohnerzahlen dreier Dörfer dargestellt.

a) Lies die Einwohnerzahlen ab.

Niedermehnen: 6000 Einwohner
Alt Windeck: 5000 Einwohner
Welda: 3000 Einwohner

b) Welches Dorf hat die meisten Einwohner? Begründe deine Antwort mithilfe des Diagramms.

Niedermehnen hat die meisten Einwohner, weil der Balken im Diagramm am weitesten nach rechts reicht.

c) Stimmt es, dass Alt Windeck 2000 Einwohner mehr hat als Welda? Nenne zwei Möglichkeiten, wie man das feststellen kann.

Ja, es stimmt. (1) 5000 Einwohner − 3000 Einwohner = 2000 Einwohner

(2) Der Streifen für Alt Windeck ist 2 cm länger als der für Welda, d. h. dort leben 2000 Einwohner mehr.

d) Berechne, wie viele Einwohner die drei Dörfer insgesamt haben.

6000 + 5000 + 3000 = 14000

Insgesamt leben 14000 Einwohner in den drei Dörfern.

e) Zusatzaufgabe: Schätze, wie viele Einwohner dein Heimatort hat. Wie bist du vorgegangen?

individuelle Lösung

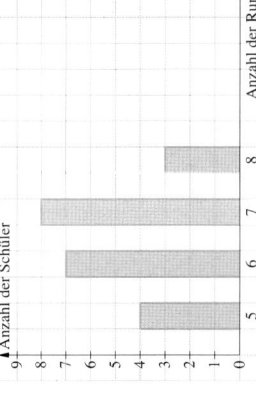

Natürliche Zahlen multiplizieren und dividieren

Im Kopf multiplizieren und dividieren

▶ Grundwissen

- Multiplizieren bedeutet so viel wie malnehmen, vervielfachen, …

  Beispiel: 4 · 5 m = 20 m

  Faktor · Faktor = Produkt

- Dividieren bedeutet so viel wie teilen, aufteilen, verteilen, …

  Beispiel: 20 m : 4 = 5 m

  Dividend : Divisor = Quotient

▶ Auftrag: Trage folgende Begriffe an den richtigen Stellen ein:
teilen; verteilen; malnehmen; vervielfachen; aufteilen.

Trainieren

1 Schreibe die Rechenausdrücke auf und berechne.

a) Multipliziere 3 mit 5. $3 \cdot 5 = 15$ b) Halbiere 8. $8 : 2 = 4$

c) Dividiere 12 durch 3. $12 : 3 = 4$ d) Verdreifache 7. $7 \cdot 3 = 21$

e) Nimm dreimal 15. $3 \cdot 15 = 45$ f) Teile 60 durch 20. $60 : 20 = 3$

2 Multipliziere.

a) $3 \cdot 4 = 12$ b) $2 \cdot 80 = 160$ c) $60 \cdot 10 = 600$ d) $10 \cdot 4 = 40$

e) $30 \cdot 4 = 120$ f) $20 \cdot 80 = 1600$ g) $66 \cdot 10 = 660$ h) $11 \cdot 4 = 44$

i) $17 \cdot 2 = 34$ j) $3 \cdot 25 = 75$ k) $6 \cdot 13 = 78$ l) $45 \cdot 4 = 180$

3 Dividiere.

a) $35 : 5 = 7$ b) $16 : 8 = 2$ c) $60 : 2 = 30$ d) $54 : 9 = 6$

e) $350 : 5 = 70$ f) $160 : 8 = 20$ g) $60 : 20 = 3$ h) $540 : 90 = 6$

i) $81 : 9 = 9$ j) $420 : 2 = 210$ k) $80 : 80 = 1$ l) $400 : 5 = 80$

4 Ergänze die Tabelle.

a	12	80	36	11	18	25	330	81
b	3	2	3	11	6	5	11	3
$a \cdot b$	36	160	108	121	108	125	3630	243
$a : b$	4	40	12	1	3	5	30	27

5 Ergänze die fehlenden Zahlen in den Multiplikationsmauern.

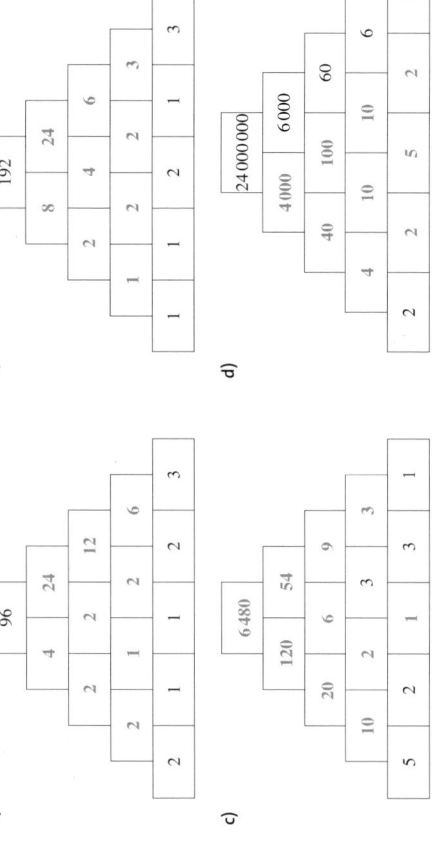

6 Ergänze die Rechenzeichen bzw. Zahlen.

a) $10 \cdot 5 = 50$ b) $100 : 20 = 5$ c) $17 \cdot 2 = 34$ d) $28 : 14 = 2$

e) $7 \cdot 9 = 63$ f) $110 : 11 = 10$ g) $21 \cdot 5 = 105$ h) $8 \cdot 4 = 32$

Anwenden und Vernetzen

7 Lösen von Zahlenrätseln

a) Mit welcher Zahl ist 8 zu multiplizieren, um 80 zu erhalten? 10

b) Durch welche Zahl ist 35 zu teilen, um 7 zu erhalten? 5

c) Durch welche Zahl ist 175 zu dividieren, um 25 zu erhalten? 7

d) Mit welcher Zahl ist 13 zu vervielfachen, um 65 zu erhalten? 5

e) Das Produkt welcher 3 aufeinander folgender Zahlen ist 60? 3; 4; 5

f) Das Produkt zweier Zahlen ist 72. Finde mindestens drei Lösungen.

$1 \cdot 72 = 72;$ $2 \cdot 36 = 72;$ $3 \cdot 24 = 72;$ $4 \cdot 18 = 72;$ $6 \cdot 12 = 72;$ $8 \cdot 9 = 72;$

$(9 \cdot 8 = 72;$ $12 \cdot 6 = 72;$ $18 \cdot 4 = 72;$ $24 \cdot 3 = 72;$ $36 \cdot 2 = 72;$ $72 \cdot 1 = 72)$

Rechenausdrücke:
$8 \cdot 10 = 80$
$35 : 5 = 7$
$175 : 7 = 25$
$13 \cdot 5 = 65$
$3 \cdot 4 \cdot 5 = 60$
$\square \cdot \square = 72$

8 Eine Fluggesellschaft hat 31 989 Buchungen für Flüge zu den Olympischen Spielen. Sie will 6 Jumbojets mit je 350 Plätzen einsetzen. Jeder Jumbojet soll 15-mal fliegen. Funktioniert dieser Plan?

$6 \cdot 350 \cdot 15 = 31 500$ Nein, 489 Buchungen können nicht berücksichtigt werden (wenn nichts storniert wird).

Schriftlich multiplizieren und dividieren

▶ Grundwissen

Beispiele:

Überschlag: $4\,000 : 10 = 4\,000$ Überschlag: $500 : 50 = 10$

```
3 9 1 · 1 3              5 4 0 : 4 5 = 1 2
  3 9 1                  4 5               Probe:
  1 1 7 3                  9 0               4 5 · 1 2
      1                    9 0                   4 5
  5 0 8 3                    0                 9 0
                                             5 4 0
```

▶ **Auftrag:** Ergänze.

Trainieren

1 Ordne mithilfe des Überschlags jeder Aufgabe ihr Ergebnis zu. Zeichne Linien ein.

456 · 41	6336 : 33	941 · 87	744 : 12	3321 · 78	7315 : 5
192	259038	1523	18696	81867	62	· 523	3664

2 Überschlage zuerst. Multipliziere danach schriftlich.

a) $5\,000 \cdot 3 = 15\,000$ b) $10\,000 \cdot 7 = 70\,000$ c) $7\,000 \cdot 6 = 42\,0000$

```
  4 7 8 4 · 3            1 3 4 8 9 · 7            7 4 4 5 6 · 6
  1 4 3 5 2                9 4 4 2 3              4 4 6 7 3 6
```

3 Rechne, bis du über eine Million kommst. Stell dir vor, du löst eine Aufgabe zum schriftlichen Rechnen.

```
201  · 5 →        1005  · 5 →       5025  · 5 →      25125  · 5 →     125625  · 5 →
                                    628125          3140625
```

4 Überschlage zuerst. Multipliziere danach schriftlich.

a) $40 \cdot 20 = 800$ b) $50 \cdot 30 = 1500$ c) $600 \cdot 20 = 12\,000$

```
  3 5 · 2 4              4 6 · 3 2                5 7 · 9 1 9
      7 0                1 3 8                    5 7 9
    1 4 0                  9 8                    5 2 1 1
    8 4 0                1 4 7 2                1 1 0 0 1
```

d) $6\,000 \cdot 20 = 120\,000$ e) $10\,000 \cdot 70 = 700\,000$ f) $30\,000 \cdot 50 = 1\,500\,000$

```
  5 6 4 5 · 2 3          9 6 4 6 · 6 7            3 0 5 7 9 · 4 5
  1 1 2 9 0              5 7 8 7 6                1 2 2 3 1 6
  1 6 9 3 5                6 7 5 2 2              1 5 2 8 9 9 5
      1                      1 1                      1 1
  1 2 9 8 3 5            6 4 6 2 8 2            1 3 7 6 0 5 5
```

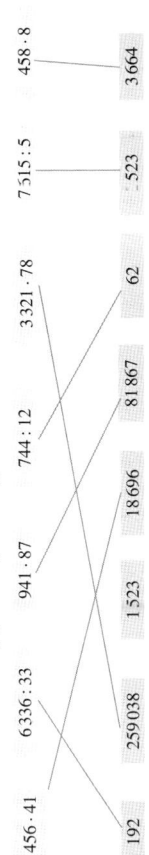

Schriftlich multiplizieren und dividieren

5 Überschlage zuerst. Dividiere danach schriftlich. Rechne jeweils die Probe.

a) $600 : 6 = 100$ b) $4500 : 9 = 500$ c) $6000 : 10 = 600$

```
9 3 6 : 6 = 1 5 6        4 7 4 3 : 9 = 5 2 7      5 8 6 3 : 1 3 = 4 5 1
6                        4 5                      5 2
3 3                        2 4                      6 6
3 0                        1 8                      6 5
  3 6                        6 3                     1 3
  3 6                        6 3                     1 3
    0                          0                        0
        Probe:                     Probe:                    Probe:
        1 5 6 · 6                  5 2 7 · 9                 4 5 1 · 1 3
          9 3 6                    4 7 4 3                   1 3 5 3
                                                             4 5 1
                                                             5 8 6 3
```

6 Rechne. Stell dir vor, du löst eine Aufgabe zum schriftlichen Rechnen.

a) $8888 \xrightarrow{:2} 4444 \xrightarrow{:2} 2222 \xrightarrow{:2} 1111$

b) $1600 \xrightarrow{:4} 400 \xrightarrow{:4} 100 \xrightarrow{:4} 25$

Anwenden und Vernetzen

7 In einer Gärtnerei sollen 3648 Kakteen in Kästen zu je acht Stück verpackt werden. Jeder gefüllte Kasten kostet 13,00 €. Berechne, wie viel Euro beim Verkauf aller Kästen eingenommen werden.

```
3 6 4 8 : 8 = 4 5 6        4 5 6 · 1 3
3 2                        1 3 6 8
  4 4                      1
  4 0                      5 9 2 8
    4 8
    4 8
      0
```

Beim Verkauf aller Kästen werden 5928 € eingenommen.

8 1260 Paprikaschoten sollen in Netze zu je drei Stück verpackt werden. Jeweils 15 Netze kommen in eine Kiste. Wie viele Kisten werden dafür benötigt?

```
1 2 6 0 : 3 = 4 2 0        4 2 0 : 1 5 = 2 8
                           3 0
  0 6                      1 2 0
  0 6                      1 2 0
    0 0                        0
    0 0
      0
```

Es werden 28 Kisten benötigt.

9 Ergänze die fehlenden Zahlen.

a) Die Summe in den Spalten, in den Zeilen und in den Diagonalen ist 396.

33	198	165
264	132	0
99	66	231

b) Das Produkt in den Spalten, in den Zeilen und in den Diagonalen ist 4096.

128	1	32
4	16	64
8	256	2

Rechengesetze

▶ Grundwissen

- **Kommutativgesetz:** In einem Produkt dürfen die Faktoren vertauscht werden.
- **Assoziativgesetz:** In einem Produkt dürfen die Faktoren beliebig mit Klammern zusammengefasst werden.
- **Distributivgesetz:** Eine Summe kann mit einer Zahl multipliziert werden, indem zuerst jeder Summand mit der Zahl multipliziert wird und die Produkte danach addiert werden.

Beispiele:
$5 \cdot 21 = \underline{\quad 21 \cdot 5 \quad} = 105$

$7 \cdot 4 \cdot 5 = \underline{\quad 7 \cdot (4 \cdot 5) \quad} = 140$

$5 \cdot (40 + 6) = \underline{\quad 200 + 30 \quad} = 230$

▶ Auftrag: Ergänze die Beispiele.

Trainieren

1 Berechne.

a) $2 \cdot 111 = \underline{222}$ b) $2 \cdot 51 = \underline{102}$ c) $9 \cdot 400 = \underline{3600}$ d) $3 \cdot 132 = \underline{396}$

e) $4 \cdot 25 = \underline{100}$ f) $4 \cdot 75 = \underline{300}$ g) $14 \cdot 8 = \underline{112}$ h) $65 \cdot 3 = \underline{195}$

2 Rechne vorteilhaft.

a) $19 \cdot 2 \cdot 5 = \underline{190}$ b) $8 \cdot 5 \cdot 5 = \underline{200}$ c) $2 \cdot 7 \cdot 5 = \underline{70}$ d) $45 \cdot 4 \cdot 5 = \underline{900}$

e) $10 \cdot 75 \cdot 2 = \underline{1500}$ f) $72 \cdot 4 \cdot 25 = \underline{7200}$ g) $8 \cdot 9 \cdot 2 = \underline{144}$ h) $650 \cdot 0 \cdot 380 = \underline{0}$

3 Schreibe jeweils das Ergebnis hinter den der vier Ausdrücke, den du am schnellsten berechnen kannst.

a) $(4 \cdot 5) \cdot 11 = \underline{220}$
$(4 \cdot 11) \cdot 5 =$
$(5 \cdot 11) \cdot 4 =$
$(11 \cdot 5) \cdot 4 =$

b) $(25 \cdot 7) \cdot 4 =$
$(25 \cdot 4) \cdot 7 = \underline{700}$
$(7 \cdot 4) \cdot 25 =$
$(7 \cdot 25) \cdot 4 =$

c) $(2 \cdot 13) \cdot 51 =$
$(13 \cdot 51) \cdot 2 =$
$(2 \cdot 51) \cdot 13 = \underline{1326}$
$(13 \cdot 2) \cdot 51 =$

4 Setze jeweils die fehlenden Klammern, so dass wahre Aussagen entstehen.
Zusatzaufgabe: Gib die Ergebnisse an.

a) $10 \cdot (40 + 6) = 400 + 60 = 460$ b) $10 \cdot (36 - 6) = 10 \cdot 30 = 300$ c) $50 : (7 + 3) = 50 : 10 = 5$

d) $(23 + 25) \cdot 5 = 48 \cdot 5 = 240$ e) $(36 - 25) \cdot 11 = 11 \cdot 11 = 121$ f) $(10 + 8) : 2 = 5 + 4 = 9$

5 Rechne vorteilhaft.

a) $7 \cdot 7 + 7 \cdot 13 = \underline{7 \cdot (7+13) = 7 \cdot 20 = 140}$ b) $35 \cdot 2 + 35 \cdot 18 = \underline{35 \cdot (2+18) = 35 \cdot 20 = 700}$

c) $12 \cdot 37 + 12 \cdot 13 = \underline{12 \cdot (37+13) = 12 \cdot 50 = 600}$ d) $6 \cdot 7 \cdot 4 \cdot 6 = \underline{6 \cdot (7+4) = 6 \cdot 11 = 66}$

e) $120 \cdot 7 + 7 \cdot 80 = \underline{7 \cdot (120+80) = 7 \cdot 200 = 1400}$ f) $6 \cdot 16 + 14 \cdot 16 = \underline{16 \cdot (6+14) = 16 \cdot 20 = 320}$

g) $19 \cdot 9 + 19 \cdot 91 = \underline{19 \cdot (9+91) = 19 \cdot 100 = 1900}$ h) $350 \cdot 8 + 50 \cdot 8 = \underline{8 \cdot (350+50) = 8 \cdot 400 = 3200}$

g) $1 \cdot 77 + 9 \cdot 77 = \underline{77 \cdot (1+9) = 77 \cdot 10 = 770}$ h) $77 \cdot 0 + 77 \cdot 2 = \underline{0 + 154 = 154}$

6 Ordne Aufgaben mit dem gleichen Ergebnis mithilfe des Distributivgesetzes einander zu.
Zusatzaufgabe: Löse die Aufgaben auf einem zusätzlichen Blatt.

$(53 + 12) \cdot 17$	$(53 + 17) \cdot 12$	$(17 + 12) \cdot 35$	$(35 + 21) \cdot 17$	$(25 + 31) \cdot 17$

$53 \cdot 12 + 17 \cdot 12$	$53 \cdot 17 + 12 \cdot 17$	$25 \cdot 17 + 31 \cdot 17$	$35 \cdot 17 + 21 \cdot 17$	$17 \cdot 35 + 12 \cdot 35$
$= 840$	$= 1105$	$= 952$	$= 952$	$= 1015$
			$= 799$	

7 Ergänze die Rechenzeichen.

Rechenzeichen zum Abstreichen: + + + − − − · · · · · · : :

a) $15 \;\cdot\; 5 \;+\; 15 \;\cdot\; 5 = 150$

b) $8 \;\cdot\; 37 \;+\; 43 \;\cdot\; 8 = 640$

c) $55 \;:\; 5 \;-\; 25 \;:\; 5 = 0$

d) $15 \;\cdot\; 21 \;-\; 4 \;\cdot\; 21 = 231$

e) $57 \;-\; 38 \;+\; 51 \;\cdot\; 2 = 121$

Anwenden und Vernetzen

8 Verbinde jedes Gesetz mit den Aufgaben, bei deren Lösung es angewendet werden kann. Löse die Aufgaben. Gib jeweils zwei unterschiedlich vorteilhafte Lösungswege an. z. B.

Kommutativgesetz der Addition $17 \cdot 4 \cdot 25 =$ $17 \cdot 100 (= 68 \cdot 25) = 1700$

Assoziativgesetz der Addition $2 + 3 + 509 =$ $3 + 509 + 2 = 3 + 511 (= 5 + 509) = 514$

Kommutativgesetz der Multiplikation $2 \cdot 9 \cdot 5 =$ $2 \cdot 5 \cdot 9 = 10 \cdot 9 (= 2 \cdot 45) = 90$

Assoziativgesetz der Multiplikation $8 \cdot 17 + 12 \cdot 17 =$ $(8 + 12) \cdot 17 (= 136 + 204) = 340$

Distributivgesetz $195 + 88 + 12 =$ $195 + 100 (= 283 + 12) = 295$

9 Im folgenden Text sind insgesamt sechs Zahlwörter versteckt.

Tobias las vor neun Tagen ein Buch über das zwanzigste Jahrhundert. Dabei machte besonders der Physiker Albert Einstein einen großen Eindruck auf ihn. Vieles, was dieser entdeckte, war für Tobias neu. Nur, dass er nicht alles verstanden hat, ließ Tobias fast verzweifeln.

a) Unterstreiche zuerst die 6 Zahlwörter im Text.
Schreibe diese danach nach der Größe geordnet auf.

$1 < 2 < 8 < 9 < 20 < 100$

b) Bilde die Summe der beiden größten Zahlen.
Vermindere diese um das Produkt der beiden mittleren Zahlen.

$(100 + 20) − 8 \cdot 9 = 48$

c) Bilde das Produkt der beiden mittleren Zahlen.
Vermehre dies um das Doppelte der größten Zahl.

$8 \cdot 9 + 2 \cdot 100 = 272$

Geometrische Figuren zeichnen

Koordinatensystem

▶ Grundwissen

- Ein Koordinatensystem besteht aus zwei zueinander senkrechten Achsen, der x-Achse und der y-Achse.
- Jede Achse ist gleichmäßig unterteilt.
- Jeder Punkt P kann mit seinen Koordinaten P(x|y) angegeben werden.

Beispiel: A(3|2)

B(6|3)

▶ Auftrag: Gib die Koordinaten der Punkte A und B an.

Trainieren

1 Vervollständige die Angaben zu den im Koordinatensystem eingezeichneten Punkten.

A(1 | 3)   B(5 | 4)
C(6 | 5)   D(2 | 6)
E(2 | 0)   F(1 | 4)
G(1 | 2)   H(2 | 5)
I(1 | 1)   S (0|2)
L(5 | 1)   K (0|5)
N(1 | 5)   O (3|4)
P(2 | 3)   M (5|0)

2 Zeichne die Punkte in das Koordinatensystem ein. Beschrifte vorher die Achsen sinnvoll.

A(2 | 3)   B (6 | 1)
C(10|3)   D(12|7)
E(10|11)   F (2 | 11)
G(0|7)   H (4 | 7)
I (6 | 5)   K (6 | 9)
L (8 | 7)   M (6 | 12)

3 Ergänze zu gleichartigen größeren Häusern und gib die Koordinaten der Punkte an.

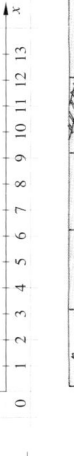

A (3 | 2)   B (5 | 2)
C(5 | 4)   D (4 | 5)
E (3 | 4)
F (8 | 1)   G (14 | 1)
H (14 | 7)   I (11 | 10)
J (8 | 7)
K (2 | 7)   L (6 | 7)
M (6 | 11)   N (4 | 13)
O (2 | 11)

Zusatzaufgabe: Versuche ein Haus – ohne abzusetzen und Linien mehrmals zu überziehen – nachzuzeichnen.

Anwenden und Vernetzen

4 Koordinatensystem

a) Trage folgende Punkte ins Koordinatensystem ein. Verbinde die Punkte in alphabetischer Reihenfolge und den Punkt M mit dem Punkt A.

A (2|2)   H (7|8)   L (3|5)
E (10|7)   J (6|7)   G (9|8)
F (8|7)   C (12|5)   M (1|5)
B (11|2)   K (3|7)   D (10|5)

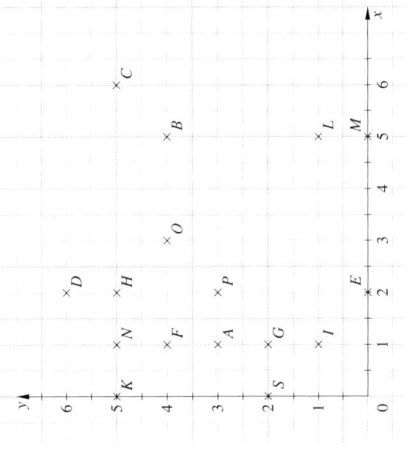

b) Welche Strecken verlaufen parallel zur x-Achse?

AB; CD; EF; GH; JK; LM

c) Welche Strecken verlaufen parallel zur y-Achse?

DE; KL

5 Orientierung auf einem Stadtplan

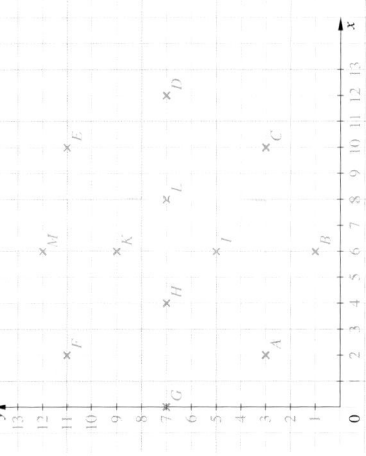

a) Überprüfe folgende Angaben und berichtige diese gegebenenfalls.

Die Kirche liegt im Planquadrat 3C.   ja
Die Schule liegt im Planquadrat 2I.   nein (2A)
Der Bahnhof liegt im Planquadrat 5D.   ja
Der Sportplatz liegt im Planquadrat B5.   nein (4A)

b) Welche Planquadrate sind zu durchqueren, wenn man auf dem kürzesten Weg von der Schule zum Bahnhof geht?   2A; 3A; 4A; 4B; 5C; 5D

Besondere Vierecke

▶ Grundwissen

- Jedes Viereck mit gleich langen gegenüberliegenden Seiten und senkrecht zueinander verlaufenden benachbarten Seiten ist ein **Rechteck**.
- Jedes Rechteck mit vier gleich langen Seiten ist ein **Quadrat**.
- Jedes Viereck mit gleich langen gegenüberliegenden Seiten ist ein **Parallelogramm**.
- Jedes Parallelogramm mit vier gleich langen Seiten ist eine **Raute**.
- Jedes Viereck mit zwei zueinander parallelen Seiten ist ein **Trapez**.
- Jedes Viereck mit zwei Paaren gleich langer benachbarter Seiten ist ein **Drachenviereck**.

Beispiele:

▶ Auftrag: Ergänze die Sätze.

Trainieren

1 Ergänze mithilfe der Kästchen zu entsprechenden Vierecken.

a) Trapez   b) Quadrat   c) Parallelogramm   d) Drachenviereck

2 Ergänze mithilfe des Geodreiecks zu entsprechenden Vierecken.
Zusatzaufgabe: Bei welchen Teilaufgaben sind mehrere Lösungen möglich?   a und c

a) Drachenviereck   b) Parallelogramm   c) Trapez   d) Raute
z.B.   z.B.

3 Kreuze jeweils alle zutreffenden Bezeichnungen an.

	①	②	③	④	⑤	⑥	⑦	⑧
Quadrat		×						
Rechteck		×					×	
Parallelogramm		×	×				×	
Raute			×				×	
Viereck	×	×	×	×	×	×	×	×

4 Gib jeweils die Anzahl der entsprechenden Vierecke in der Figur an.

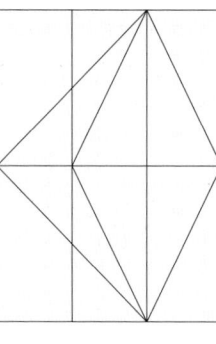

Quadrate: 4   Parallelogramme: 17
Rechtecke: 16   Trapeze: 29
Rauten: 5   Drachenvierecke: 6

5 Zeichne zuerst ein Quadrat mit 4 cm langen Seiten. Zeichne danach ein Rechteck mit 4 cm und 6 cm langen Seiten.

Anwenden und Vernetzen

6 Schreibe die Koordinaten der Ecken des jeweiligen Vierecks auf. Jeder Punkt ist nur einmal zu nehmen.
Hinweis: Zeichne die Seiten ein.

Quadrat: $A_1(5|2); B_1(8|5); C_1(5|8); D_1(2|5)$

Rechteck: _____

Raute: $A_3(13|8); B_3(14|11); C_3(9|13); D_3(8|10)$

$A_4(3|7); B_4(5|10); C_4(3|13); D_4(1|10)$

Parallelogramm: _____

$A_2(6|1); B_2(10|1); C_2(14|5); D_2(10|5)$

7 Mosaike

a) Welche Viereckarten enthält das Mosaik? Markiere jeweils Beispielflächen.

individuelle Lösung

Rechtecke; Quadrate; Parallelogramme;

Rauten;

(Trapeze; Drachenvierecke)

b) Zeichne auf einem zusätzlichen Blatt ein Mosaik, in dem Quadrate, Rechtecke, Rauten und Parallelogramme vorkommen.   individuelle Lösung

Brüche als Teil eines Ganzen

▶ Grundwissen

Anteile von Ganzen werden durch Brüche bezeichnet.

Der Zähler gibt an, wie viele gleich große Teile vom Ganzen zu nehmen sind.

Der Nenner gibt an, in wie viele gleich große Teile ein Ganzes zerlegt wurde.

Beispiel: $\nearrow \dfrac{4}{5}$

▶ **Auftrag:** Ergänze die Fachbegriffe.

Trainieren

1 Gib jeweils den Anteil der farbigen Fläche an der ganzen Figur in Bruchschreibweise an.

a) $\dfrac{1}{3}$ b) $\dfrac{1}{7}$ c) $\dfrac{1}{8}$ d) $\dfrac{1}{8}$

e) $\dfrac{2}{3}$ f) $\dfrac{4}{7}$ g) $\dfrac{5}{8}$ h) $\dfrac{7}{8}$

i) $\dfrac{3}{10}$ j) $\dfrac{5}{5}=1$ k) $\dfrac{4}{15}$ l) $\dfrac{13}{30}$

2 Färbe folgende Anteile ein.

a) $\dfrac{3}{4}$ b) $\dfrac{4}{6}$ c) $\dfrac{3}{8}$ d) $\dfrac{5}{6}$

e) $\dfrac{7}{30}$ z.B.   f) $\dfrac{2}{3}$ z.B.   g) $\dfrac{7}{25}$ z.B.   h) $\dfrac{3}{5}$ z.B.

3 Aus kleinen Würfeln soll der rechts abgebildete große Würfel gebaut werden. Gib jeweils den fertig gestellten und den noch fehlenden Anteil an.

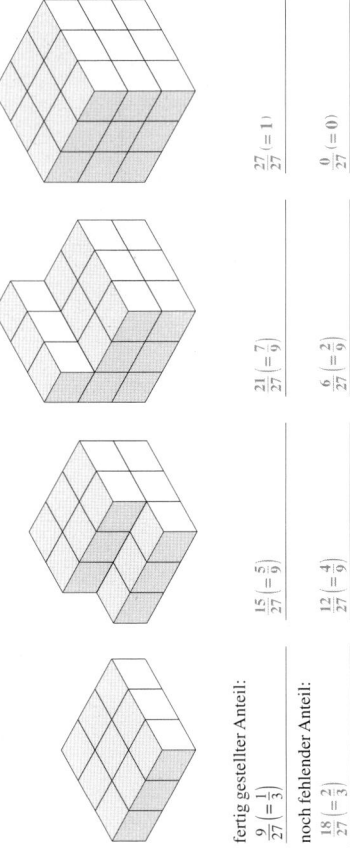

fertig gestellter Anteil:

$\dfrac{9}{27}\left(=\dfrac{1}{3}\right)$ $\dfrac{15}{27}\left(=\dfrac{5}{9}\right)$ $\dfrac{21}{27}\left(=\dfrac{7}{9}\right)$ $\dfrac{27}{27}(=1)$

noch fehlender Anteil:

$\dfrac{18}{27}\left(=\dfrac{2}{3}\right)$ $\dfrac{12}{27}\left(=\dfrac{4}{9}\right)$ $\dfrac{6}{27}\left(=\dfrac{2}{9}\right)$ $\dfrac{0}{27}(=0)$

Anwenden und Vernetzen

4 Katja hat eine Tafel Schokolade in der Hand. Sie sagt zu Sandra: „Ich behalte $\dfrac{3}{5}$ der Schokolade und du bekommst $\dfrac{3}{4}$."
Was meinst du dazu? Begründe.
Hinweis: Veranschauliche die Situation.
z. B.

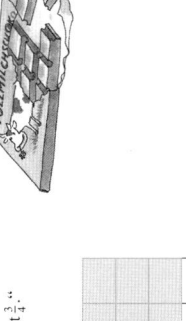
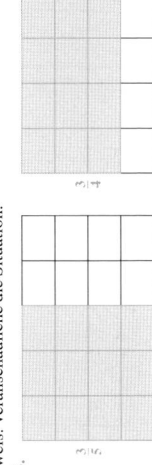

Wenn Katja $\dfrac{3}{5}$ der Schokolade behält, bleiben für Sandra nicht $\dfrac{3}{4}$ übrig.

5 Jeweils ein Teil einer Fläche wurde dargestellt. Wie könnte die ganze Fläche aussehen? Zeichne jeweils mindestens eine Möglichkeit.

a) Das ist ein Viertel der Fläche.   b) Das sind zwei Drittel der Fläche.   c) Das sind drei Fünftel der Fläche.

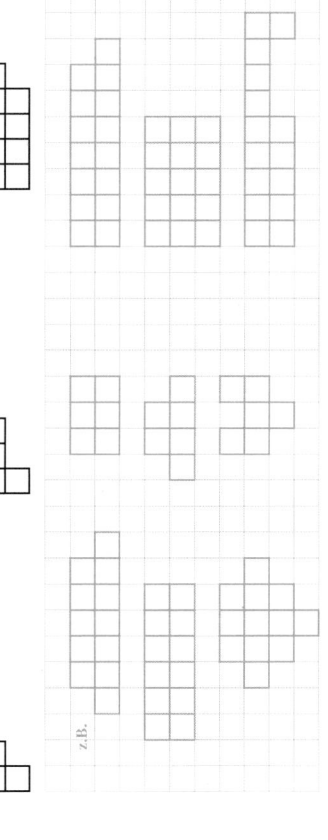

z.B.

Bruchteile von Größen

▶ Grundwissen

Mit Brüchen können Anteile von Größen angegeben werden.
Die absolute Größe des Anteils erhält man, indem die Angabe durch den Nenner des Bruchs geteilt wird und das Ergebnis mit dem Zähler multipliziert wird. Oft ist zuvor in eine kleinere Einheit umzurechnen.

Beispiel:

$\frac{2}{3}$ von 60 mm sind 40 mm.   Rechnung: 60 mm : 3 = 20 mm   20 mm · 2 = 40 mm

▶ **Auftrag:** Ergänze das Beispiel.

▶ Trainieren

1 Veranschauliche jeweils den gegebenen Bruch und gib die Länge der entsprechenden Strecke an.

a) $\frac{3}{4}$ von 60 mm sind 45 mm.

b) $\frac{5}{6}$ von 60 mm sind 50 mm.

c) $\frac{1}{3}$ von 60 mm sind 20 mm.

d) $\frac{5}{12}$ von 60 mm sind 25 mm.

e) $\frac{4}{15}$ von 60 mm sind 16 mm.

f) $\frac{17}{20}$ von 60 mm sind 51 mm.

2 Rechne im Kopf.

a) Masse und Geld

$\frac{1}{4}$ von … sind …	20 t	40 kg	200 g	500 mg	120 €	160 ct
	5 t	10 kg	50 g	125 mg	30 €	40 ct
$\frac{3}{4}$ von … sind …	15 t	30 kg	150 g	375 mg	90 €	120 ct

b) Länge

Hinweis zur letzten Spalte: $1\frac{1}{2}$ m = 150 cm

$\frac{1}{3}$ von … sind …	90 km	600 m	120 dm	180 cm	240 mm	$1\frac{1}{2}$ m
	30 km	200 m	40 dm	60 cm	80 mm	50 cm
$\frac{2}{3}$ von … sind …	60 km	400 m	80 dm	120 cm	160 mm	100 cm
$\frac{7}{10}$ von … sind …	63 km	420 m	84 dm	126 cm	168 mm	105 cm

c) Zeit

Hinweise zu den beiden letzten Spalten: Rechne 3 Jahre in Monate um. Gib wenn nötig halbe Wochen an.

$\frac{1}{12}$ von … sind …	24 h	60 min	12 s	36 d	3 Jahre	6 Wochen
	2 h	5 min	1 s	3 d	3 Monate	$\frac{1}{2}$ Woche
$\frac{5}{12}$ von … sind …	10 h	25 min	5 s	15 d	15 Monate	$2\frac{1}{2}$ Wochen
$\frac{5}{6}$ von … sind …	20 h	50 min	10 s	30 d	30 Monate	5 Wochen

3 Rechne jeweils zuerst rechts mit Cent. Gib danach links das Ergebnis in Euro an.

a) $\frac{1}{5}$ von 2 € sind 0,40 €. $\frac{1}{5}$ von 200 ct sind 40 ct (0,40 €).

b) $\frac{3}{4}$ von 2 € sind 1,50 €. $\frac{3}{4}$ von 200 ct sind 150 ct (1,50 €).

c) $\frac{5}{8}$ von 4 € sind 2,50 €. $\frac{5}{8}$ von 400 ct sind 250 ct (2,50 €).

d) $\frac{2}{7}$ von 3,50 € sind 1,00 €. $\frac{2}{7}$ von 350 ct sind 100 ct (1,00 €).

4 Rechne jeweils zuerst rechts mit der nächstkleineren Einheit. Gib danach rechts das Ergebnis in der gegeben Einheiten an.

Hinweis: 1 t = 1000 kg   1 kg = 1000 g   1 g = 1000 mg
       1 km = 1000 m   1 m = 10 dm   1 dm = 10 cm   1 cm = 10 mm

a) $\frac{3}{10}$ von 6 t sind 1,8 t. $\frac{3}{10}$ von 6000 kg sind 1800 kg (1,8 t).

b) $\frac{5}{12}$ von 1,2 kg sind 0,5 kg. $\frac{5}{12}$ von 1200 g sind 500 g (0,5 kg).

c) $\frac{3}{4}$ von 5 g sind 3,75 g. $\frac{3}{4}$ von 5000 mg sind 3750 mg (3,75 g).

d) $\frac{7}{8}$ von 5,6 km sind 4,9 km. $\frac{7}{8}$ von 5600 m sind 4900 m (4,9 km).

e) $\frac{6}{5}$ von 4 m sind 4,8 m. $\frac{6}{5}$ von 40 dm sind 48 dm (4,8 m).

f) $\frac{7}{12}$ von 1,2 dm sind 0,7 dm. $\frac{7}{12}$ von 12 cm sind 7 cm (0,7 dm).

g) $\frac{5}{6}$ von 4,2 cm sind 3,5 cm. $\frac{5}{6}$ von 42 mm sind 35 mm (3,5 cm).

h) $\frac{3}{11}$ von $2\frac{1}{5}$ cm sind 0,6 cm. $\frac{3}{11}$ von 22 mm sind 6 mm (0,6 cm).

▶ Anwenden und Vernetzen

5 Elias und Sahra möchten für sich und ihre Freunde Obstsalat zubereiten. Welche Mengen der Zutaten sollten sie für 6 Portionen nehmen?

> Obstsalat (4 Portionen)
> 6 Kiwis; 1 Mango; 3 Orangen; 2 Passionsfrüchte
> 1 Esslöffel Honig;
> $\frac{1}{4}$ l Sahne;
> $\frac{1}{2}$ Teelöffel Vanillemark

6 Portionen: 9 Kiwis;   1,5 oder 2 Mangos;   4,5 oder 5 Orangen;   3 Passionsfrüchte;

$1\frac{1}{2}$ Esslöffel Honig;   375 ml Sahne; $\frac{3}{4}$ Teelöffel Vanillemark

6 Daniel sagt: „Von einem Fünftel unserer Klasse ist das Geld für unsere Klassenfahrt bereits eingesammelt." Ladina sagt: „Es sind 555 €."
In der Klasse sind 25 Schüler. Wie viel Geld ist pro Schüler einzusammeln?

$\frac{1}{5}$ von 25 Schülern sind 5 Schüler.   555 € : 5 = 111 €

111 € sind pro Person einzusammeln.

Brüche erweitern und kürzen

▶ Grundwissen

- Beim **Erweitern** eines Bruches werden Zähler und Nenner mit derselben natürlichen Zahl (außer 0 oder 1) multipliziert. Der Wert des Bruches bleibt dabei gleich.

  Beispiel: $\frac{1}{4} = \frac{1 \cdot 3}{4 \cdot 3} = \frac{3}{12}$

- Beim **Kürzen** eines Bruches werden Zähler und Nenner durch dieselbe natürliche Zahl (außer 0 oder 1) dividiert. Der Wert des Bruches bleibt dabei gleich.

  Beispiel: $\frac{9}{15} = \frac{9:3}{15:3} = \frac{3}{5}$

▶ **Auftrag:** Veranschauliche die Anteile.

Trainieren

1 Erweitere jeweils und färbe die Anteile ein.

a) $\frac{1}{2} = \frac{1 \cdot 3}{2 \cdot 3} = \frac{3}{6}$ b) $\frac{3}{4} = \frac{3 \cdot 2}{4 \cdot 2} = \frac{6}{8}$ c) $\frac{1}{2} = \frac{1 \cdot 2}{2 \cdot 2} = \frac{2}{4}$

2 Erweitere jeweils mit 11.

a) $\frac{1}{2} = \frac{1 \cdot 11}{2 \cdot 11} = \frac{11}{22}$ b) $\frac{7}{8} = \frac{7 \cdot 11}{8 \cdot 11} = \frac{77}{88}$ c) $\frac{4}{7} = \frac{4 \cdot 11}{7 \cdot 11} = \frac{44}{77}$

3 Erweitere jeweils mit der Zahl im Stern.

a) $\frac{1}{2} = \frac{5}{10}$ b) $\frac{3}{5} = \frac{12}{20}$ c) $\frac{7}{16} = \frac{42}{96}$

d) $\frac{2}{5} = \frac{4}{10}$ e) $\frac{7}{8} = \frac{35}{40}$ f) $\frac{12}{5} = \frac{120}{50}$

4 Kürze jeweils und färbe die Anteile ein.

a)   b) $\frac{6}{9} = \frac{6:3}{9:3} = \frac{2}{3}$ c) $\frac{4}{8} = \frac{4:4}{8:4} = \frac{1}{2}$

$\frac{6}{8} = \frac{6:2}{8:2} = \frac{3}{4}$

5 Kürze jeweils mit 3.

a) $\frac{9}{30} = \frac{9:3}{30:3} = \frac{3}{10}$ b) $\frac{18}{33} = \frac{18:3}{33:3} = \frac{6}{11}$ c) $\frac{21}{24} = \frac{21:3}{24:3} = \frac{7}{8}$

6 Kürze so weit wie möglich.

a) $\frac{4}{12} = \frac{1}{3}$ b) $\frac{15}{21} = \frac{5}{7}$ c) $\frac{28}{42} = \frac{2}{3}$

d) $\frac{36}{48} = \frac{3}{4}$ e) $\frac{60}{20} = 3$ f) $\frac{26}{39} = \frac{2}{3}$

7 Gib jeweils den eingefärbten Anteil mit unterschiedlichen Brüchen an.

$\frac{1}{5} = \frac{2}{10} = \frac{8}{40}$ $\frac{6}{15} = \frac{12}{30} = \frac{36}{90}$

$\frac{1}{4} = \frac{4}{16} = \frac{25}{100}$ $\frac{3}{4} = \frac{9}{12} = \frac{75}{100}$

8 Ergänze die fehlenden Zähler bzw. Nenner.

a) $\frac{5}{6} = \frac{20}{24}$ b) $\frac{21}{15} = \frac{7}{5}$ c) $\frac{3}{33} = \frac{1}{11}$ d) $\frac{1}{5} = \frac{5}{25}$

e) $\frac{31}{4} = \frac{62}{2}$ f) $\frac{12}{12} = \frac{3}{3} = 1$ g) $\frac{12}{60} = \frac{3}{15}$ h) $\frac{15}{36} = \frac{5}{12}$

9 Erweitere oder kürze, sodass das Ergebnis den Nenner 100 hat.

a) $\frac{1}{5} = \frac{20}{100}$ b) $\frac{52}{400} = \frac{13}{100}$ c) $\frac{3}{25} = \frac{12}{100}$ d) $\frac{1200}{6000} = \frac{20}{100}$

Anwenden und Vernetzen

10 Beim Schulfest sollen Lose an vier Ständen verkauft werden. Die Stände erhalten zwar unterschiedlich viele Lose, jedoch soll der Anteil der Gewinne jeweils $\frac{5}{12}$ betragen. Ergänze dazu die Tabelle.

	Lose insgesamt	Gewinne
Stand 1	84	35
Stand 2	108	45
Stand 3	120	50
Stand 4	252	105

11 Kürzen mit System

a) Kürze die Brüche so weit wie möglich.

$\frac{84}{126} = \frac{2}{3}$ $\frac{144}{216} = \frac{2}{3}$ $\frac{105}{1155} = \frac{1}{11}$ $\frac{36}{396} = \frac{1}{11}$

b) Mit welcher Zahl ist zu kürzen, damit man als Ergebnis nach dem ersten Kürzen erhält? 42 bzw. 72 bzw. 105 bzw. 36

c) **Zusatzaufgabe:** Schreibe jeweils den Zähler und den Nenner eines Bruches als Produkt möglichst kleiner Teiler (Primzahlen: 2; 3; 5; 7; 11) auf. Bilde das Produkt der Teiler, die jeweils im Zähler und im Nenner gleich sind. Was fällt auf?

Das Produkt ist der größte gemeinsame Teiler.

$\frac{84}{126}$ $\frac{144}{216}$ $\frac{105}{1155}$ $\frac{36}{396}$

$84 = 2 \cdot 2 \cdot 3 \cdot 7$ $144 = 2 \cdot 2 \cdot 2 \cdot 2 \cdot 3 \cdot 3$ $105 = \quad 3 \cdot 5 \cdot 7$ $36 = \quad 2 \cdot 2 \cdot 3 \cdot 3$

$126 = 2 \cdot 3 \cdot 3 \cdot 7$ $216 = 2 \cdot 2 \cdot 2 \cdot 3 \cdot 3 \cdot 3$ $1155 = 3 \cdot 5 \cdot 7 \cdot 11$ $396 = \quad 2 \cdot 2 \cdot 3 \cdot 3 \cdot 11$

$2 \cdot 3 \cdot 7 = 42$ $2 \cdot 2 \cdot 2 \cdot 3 \cdot 3 = 72$ $3 \cdot 5 \cdot 7 = 105$ $2 \cdot 2 \cdot 3 \cdot 3 = 36$

Brüche vergleichen und ordnen

▶ Grundwissen

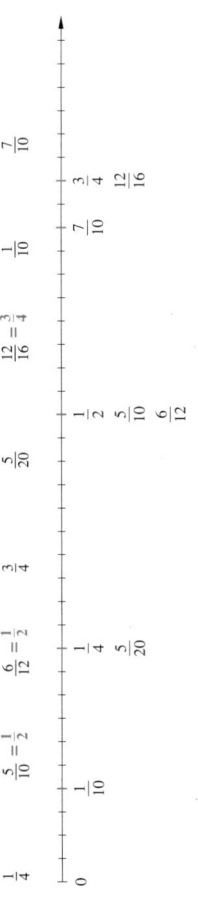

Zahlen werden nach links kleiner.

Zahlen werden nach rechts größer.

- Von zwei Brüchen mit gleichem Nenner (gleichnamigen Brüchen) ist derjenige größer, der den größeren Zähler hat.

  Beispiel: $\frac{1}{5} < \frac{2}{5}$, denn $1 < 2$

- Brüche mit verschiedenen Nennern (ungleichnamige Brüche) sind vor dem Vergleichen auf den gleichen Nenner zu bringen.

  Beispiel: $\frac{1}{2} < \frac{4}{5}$, denn $\frac{5}{10} < \frac{8}{10}$

▶ **Auftrag:** Ergänze die Beispiele.

Trainieren

1
$\frac{11}{10}$ | $\frac{1}{2}$ | $\frac{1}{20}$ | $\frac{3}{2}$ | $\frac{3}{10}$ | $\frac{14}{10}$ | $\frac{3}{20}$ | $\frac{15}{10}$ | $\frac{4}{5}$ | $\frac{16}{20}$ | $\frac{5}{4}$ | $\frac{22}{20}$ | $\frac{6}{20}$ | $\frac{25}{20}$ | $\frac{7}{5}$ | $\frac{28}{20}$ | $\frac{8}{10}$ | $\frac{30}{20}$

0 | $\frac{3}{20}$ | $\frac{6}{20}$ | $\frac{10}{20}$ | $\frac{13}{20}$ | $\frac{16}{20}$ | 1 | $\frac{22}{20}$ | $\frac{25}{20}$ | $\frac{28}{20}$ | $\frac{30}{20}$
  | $\frac{3}{10}$ | $\frac{5}{10}$ | $\frac{8}{10}$ | | $\frac{11}{10}$ | $\frac{14}{10}$ | $\frac{15}{10}$
  | | $\frac{2}{5}$ | $\frac{4}{5}$ | 1 | $\frac{5}{4}$ | $\frac{7}{5}$ | $\frac{3}{2}$

a) Schreibe an die rot markierten Stellen passende Brüche.

b) Vergleiche und ordne jeweils die Brüche mit gleichem Nenner. Beginne mit dem kleinsten Bruch.

Brüche mit Nenner 2: $\frac{1}{2} < \frac{3}{2}$

Brüche mit Nenner 5: $\frac{4}{5} < \frac{7}{5}$

Brüche mit Nenner 10: $\frac{3}{10} < \frac{5}{10} < \frac{8}{10} < \frac{11}{10} < \frac{14}{10} < \frac{15}{10}$

Brüche mit Nenner 20: $\frac{1}{20} < \frac{3}{20} < \frac{6}{20} < \frac{10}{20} < \frac{13}{20} < \frac{16}{20} < \frac{22}{20} < \frac{25}{20} < \frac{28}{20} < \frac{30}{20}$

c) Ergänze jeweils drei der vorgegebenen Brüche. Beginne mit dem kleinsten Bruch.

z.B. Kleiner als „$\frac{1}{2}$" sind $\frac{1}{20}; \frac{3}{20}; \frac{3}{10}$ Größer als „1" sind $\frac{11}{10}; \frac{5}{4}; \frac{7}{5}$

2 Vergleiche.

a) $\frac{3}{7} < \frac{5}{7}$ b) $\frac{12}{5} > \frac{11}{5}$ c) $\frac{99}{100} < \frac{101}{100}$ d) $\frac{31}{17} < \frac{35}{17}$ e) $\frac{111}{11} > \frac{11}{111}$ f) $\frac{3}{4} > \frac{0}{4}$

3 Ordne den Brüchen ihre Stelle auf dem Zahlenstrahl zu. Kürze oder erweitere gegebenenfalls zuerst. Schreibe anschließend alle Brüche nach der Größe geordnet auf. Beginne mit der kleinsten Zahl.

$\frac{1}{4}$ | $\frac{5}{10} = \frac{1}{2}$ | $\frac{6}{12} = \frac{1}{2}$ | $\frac{3}{4}$ | $\frac{5}{20}$ | $\frac{7}{10}$ | $\frac{12}{16} = \frac{3}{4}$ | $\frac{7}{10}$ | $\frac{3}{4}$

0 | $\frac{1}{10}$ | | $\frac{1}{4}$ | | $\frac{5}{20}$ | $\frac{1}{2}$ | | | | $\frac{5}{10}$ | | | $\frac{6}{12}$

$\frac{1}{10} < \frac{1}{4} = \frac{5}{20} < \frac{5}{10} = \frac{6}{12} < \frac{7}{10} < \frac{3}{4}$

4 Vergleiche. Begründe wie im Beispiel bei a.

a) $\frac{3}{4} > \frac{5}{8}$, denn $\frac{6}{8} > \frac{5}{8}$ b) $\frac{8}{12} < \frac{5}{6}$ denn $\frac{4}{6} < \frac{5}{6}$ c) $\frac{6}{5} = \frac{12}{10}$, denn $\frac{6}{5} = \frac{12}{10}$

d) $\frac{13}{14} < \frac{30}{28}$, denn $\frac{26}{28} < \frac{30}{28}$ e) $\frac{45}{100} < \frac{1}{2}$ denn $\frac{45}{100} < \frac{50}{100}$ f) $\frac{35}{49} < \frac{6}{7}$, denn $\frac{5}{7} < \frac{6}{7}$

g) $\frac{3}{16} < \frac{2}{8}$, denn $\frac{3}{16} < \frac{4}{16}$ h) $\frac{40}{50} = \frac{4}{5}$ denn $\frac{4}{5} = \frac{4}{5}$ i) $\frac{3}{39} < \frac{2}{13}$, denn $\frac{1}{13} < \frac{2}{13}$

Anwenden und Vernetzen

5 Auf einem großen Festplatz stehen insgesamt 3 Losverkäuferinnen und alle werben mit ihren tollen Preisen und Gewinnchancen.
Die Erste sagt: „Bei mir gewinnt jedes 5. Los."
Die Zweite sagt: „In 20 von meinen Losen stecken 8 Gewinne."
Die Dritte sagt: „Ich habe zwar 57 Nieten, aber auch 43 Gewinne."
Bei den Losen welcher Verkäuferin hat man die größten Gewinnchancen?

$\frac{1}{5} < \frac{8}{20} = \frac{2}{5} < \frac{43}{100}$

Bei der dritten Verkäuferin hat man die größten Gewinnchancen.

6 Stell dir vor: Jannik, Marvin, Robin, Daniela, Pia und Amy sollen gemeinsam einen 150 m langen Zaun streichen. Da sie unterschiedlich alt sind und unterschiedlich viel Zeit haben, sind ihre Zaunstücke unterschiedlich groß.
Jannik streicht $\frac{3}{8}$ des Zauns, Marvin $\frac{5}{18}$, Robin $\frac{1}{6}$, Daniela $\frac{1}{24}$, Pia $\frac{1}{15}$ und Amy $\frac{1}{60}$.

a) Ermittle zeichnerisch, wer das kleinste Stück und wer das größte Stück Zaun streicht.

z.B.

| Jannik | Marvin | Robin | Daniela | Pia | Amy |

Amy streicht das kleinste Stück Zaun und Jannik streicht das größte Stück.

b) Ermittle, wie viel Meter Zaun jeder streicht.

Jannik streicht 56 m 25 cm Zaun.   Marvin streicht 25 m Zaun.

Robin streicht 31 m 25 cm Zaun.   Daniela streicht 25 m Zaun.

Pia streicht 10 m Zaun.   Amy streicht 2 m 50 cm Zaun.

Flächen und Flächeninhalte

Flächen vergleichen

▶ Grundwissen

Die Größen verschiedener Flächen kann man vergleichen, indem man sie in gleich große Flächen unterteilt. Solche Flächen können z. B. sein:

DIN-A4-Blätter, gleich große Notizzettel,

Kästchen im Heft, gleich große Hefte, …

▶ **Auftrag:** Nenne drei mögliche Einheitsflächen.

Trainieren

1 Umrande Figuren, deren Flächen gleich groß sind, mit der gleichen Farbe.

4 Ermittle, wie viele Quadrate an den hellen Stellen noch einzuzeichnen sind. Welche der Stellen ist am größten?

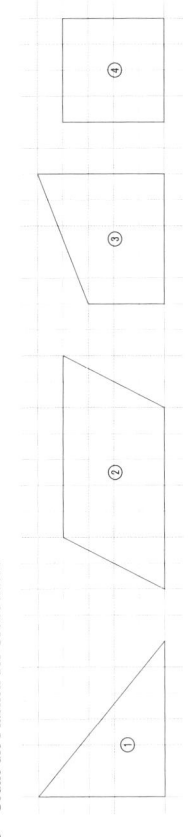

14 Quadrate _____ 17 Quadrate _____ 18 Quadrate _____ 17 Quadrate _____

Die dritte Stelle ist am größten.

5 Ordne die Flächen der Größe nach.

Fläche ① < Fläche ④ < Fläche ③ < Fläche ②

Anwenden und Vernetzen

6 Die Figuren unten wurden aus den Teilen eines chinesischen Tangrams gelegt. Ein Tangram ist einfach herzustellen. Übertrage dazu die rechte Figur auf Karopapier. Schneide die Teilflächen aus.
Lege mindestens drei der Figuren. Notiere deine Lösung, indem du entsprechende Linien in die abgebildeten Figuren einzeichnest.
Zusatzaufgabe: Lege alle Figuren.

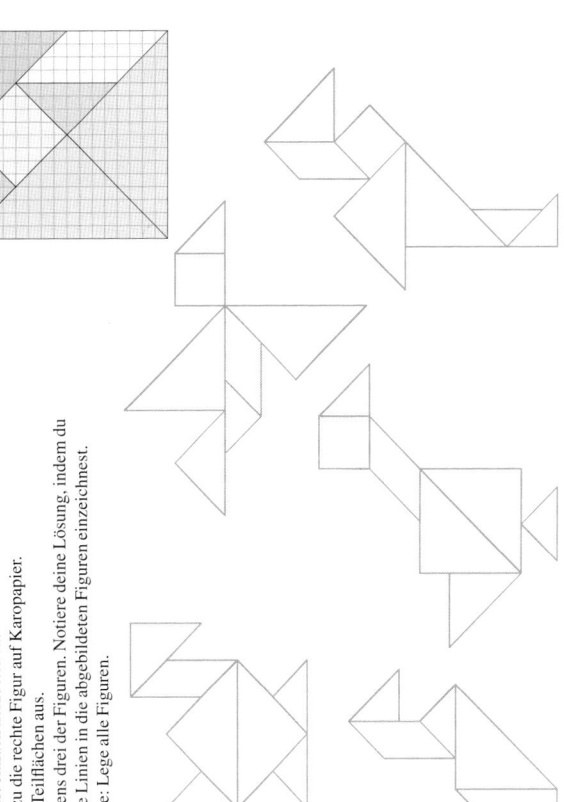

2 Zeichne rechts ein Rechteck, dessen Fläche genauso groß ist wie die der Fläche links.

3 Ordne nach der Größe. Beginne mit der kleinsten Fläche.

| Schulhof | Tür | Fußboden der Turnhalle | ein kleines Fenster | Lehrertisch |

z. B.
ein kleines Fenster; Lehrertisch; Tür; Fußboden der Turnhalle; Schulhof

Flächen und Flächeninhalte

Flächeneinheiten

▶ Grundwissen

Einheiten	Umrechnung				
Quadratkilometer (km^2)	$1\ km^2$	$=100$	ha	$=10000$ a	$=1000000\ m^2$
Hektar (ha)	1 ha	$=100$	a	$=10000\ m^2$	$=1000000\ dm^2$
Ar (a)	1 a	$=100$	m^2	$=10000\ dm^2$	$=1000000\ cm^2$
Quadratmeter (m^2)	$1\ m^2$	$=100$	dm^2	$=10000\ cm^2$	$=1000000\ mm^2$
Quadratdezimeter (dm^2)	$1\ dm^2$	$=100$	cm^2	$=10000\ mm^2$	
Quadratzentimeter (cm^2)	$1\ cm^2$	$=100$	mm^2		
Quadratmillimeter (mm^2)					

▶ **Auftrag:** Ergänze die Umrechnungen.

Trainieren

1 Gib die Flächeninhalte der Figuren in Quadratmillimeter und in Quadratzentimeter an.
Hinweis: Jedes kleine Quadrat ist $1\ mm^2$ groß.

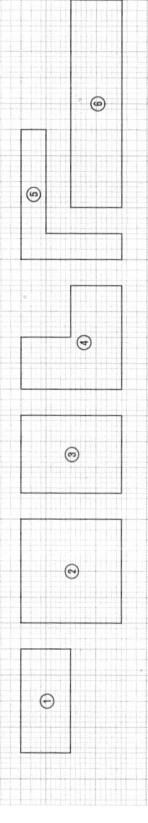

2 Rechne in die nächstkleinere Einheit um.

a) $12\ cm^2 = \underline{1200\ mm^2}$ b) $5\ dm^2 = \underline{500\ cm^2}$ c) $3\ m^2 = \underline{300\ dm^2}$

d) $4\ m^2 = \underline{400\ dm^2}$ e) $8\ cm^2 = \underline{800\ mm^2}$ f) $6\ dm^2 = \underline{600\ cm^2}$

g) $8\ m^2 = \underline{800\ dm^2}$ h) $9\ cm^2 = \underline{900\ mm^2}$ i) $7\ cm^2 = \underline{700\ mm^2}$

3 Rechne in die nächstgrößere Einheit um.

a) $300\ cm^2 = \underline{3\ dm^2}$ b) $900\ mm^2 = \underline{9\ cm^2}$ c) $800\ dm^2 = \underline{8\ m^2}$

d) $500\ mm^2 = \underline{5\ cm^2}$ e) $200\ dm^2 = \underline{2\ m^2}$ f) $700\ cm^2 = \underline{7\ dm^2}$

g) $1000\ dm^2 = \underline{10\ m^2}$ h) $2000\ cm^2 = \underline{20\ dm^2}$ i) $3000\ dm^2 = \underline{30\ m^2}$

4 Ergänze jede Einheit genau einmal.

a) Fläche eines Fingernagels: 100 mm^2 b) Fläche eines Waldes: 5 ha   c) Fläche einer Wohnung: 1 a

d) Fläche Europas: 10 180 000 km^2 e) Fläche einer Buchseite: 5 dm^2 f) Fläche eines Türblattes: 2 m^2

5 Ordne jeder Fläche eine Größenangabe zu.
Gib die Größenangabe in der angegebenen Einheit an.

Fläche eines Tisches		2 a = 200 m^2
Fläche des Bodensees		$2\ m^2 = 200\ dm^2$
Fläche eines Parkplatzes		$500\ km^2 = 50000$ ha
Fläche eines Fußabdrucks		1 ha = 100 a
Fußballfeld mit umliegender Laufbahn		$3\ dm^2 = 300\ cm^2$

6 Wandle in jede Einheit bis zur vorgegeben Einheit um.

a) $2400000\ mm^2 = \underline{24000\ cm^2} = \underline{240}\ dm^2$ b) $780000\ mm^2 = \underline{7800\ cm^2} = 78\ dm^2$

c) $50000\ cm^2 = \underline{500\ dm^2} = 5\ m^2$ d) $7900000\ cm^2 = \underline{79000\ dm^2} = 790\ m^2$

e) $700000\ dm^2 = \underline{7000\ m^2} = 70$ a   f) $2700000\ dm^2 = \underline{27000\ m^2} = 270$ a

g) $408000000\ m^2 = \underline{4080000}$ a $= 40800$ ha   h) 600000 a $= \underline{6000\ ha} = 60\ km^2$

Anwenden und Vernetzen

7 Ergänze.

a) $17\ dm^2 + 303\ cm^2 + 500\ mm^2 = \underline{1700\ cm^2 + 303\ cm^2 + 5\ cm^2} = 2008\ cm^2$

b) $20\ m^2 + 33\ m^2 + 500000\ cm^2 = \underline{20\ m^2 + 33\ m^2 + 50\ m^2} = 103\ m^2$

c) $5\frac{1}{4}\ km^2 + 500\ m^2 + 500\ a = \underline{52500\ a + 5\ a + 500\ a} = 53005$ a

d) $5\ km^2 + 33\ ha + 500\ a = \underline{500\ ha + 33\ ha + 5\ ha} = 538$ ha

8 Kann das stimmen? Kreuze an.
Begründe deine Entscheidung durch Umwandeln in eine andere Einheit.

a) Amelie sagt: „Mein Onkel kann mit seinen Händen 500 000 mm^2 abdecken."   ☐ ja ☒ nein

$500000\ cm^2 = 5000\ cm^2 = 50\ dm^2 = 0{,}5\ m^2$

b) Moritz sagt: „Das Auto steht auf einem 15 Millionen Quadratmillimeter großen Parkplatz."   ☒ ja ☐ nein

$15000000\ mm^2 = 150000\ cm^2 = 1500\ dm^2 = 15\ m^2$

c) Johanna sagt: „Unser Klassenraum ist 0,0002 ha groß."   ☐ ja ☒ nein

$0{,}0002$ ha $= 0{,}02$ a $= 2\ m^2$

d) Niklas sagt: „Hundert Rollen Blümchentapete reichen für ca. 5 a."   ☒ ja ☐ nein

5 a $= 500\ m^2$ $500\ m^2 : 100 = 5\ m^2$ Eine Rolle reicht für ca. $5\ m^2$.

e) Elina sagt: „Die Spitze einer Spritze ist 1,5 mm^2 dick."   ☐ ja ☒ nein

Die Dicke (Länge) wird nicht in Quadratmillimetern angegeben.

Flächeninhalte von Rechtecken und Quadraten

▶ Grundwissen

- Der Flächeninhalt eines Rechtecks wird berechnet, indem man die Länge des Rechtecks mit seiner Breite multipliziert.
  $A = a \cdot b$
- Der Flächeninhalt eines Quadrats wird berechnet, indem man die Seitenlänge des Quadrats mit sich selbst multipliziert.
  $A = a \cdot a = a^2$

Beispiele:

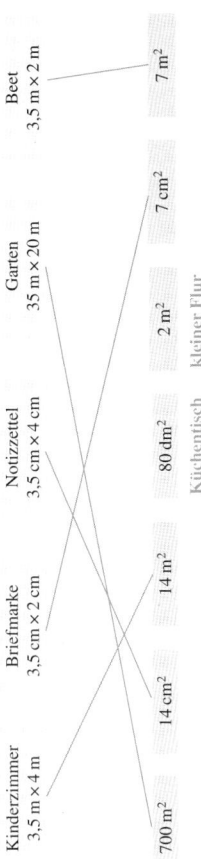

$A = 3\,cm \cdot 2\,cm = 6\,cm^2$

$A = 2\,cm \cdot 2\,cm = 4\,cm^2$

▶ Auftrag: Ergänze das Beispiel.

Trainieren

1 Ermittle die Flächeninhalte.

a)

$A = 5\,cm \cdot 3\,cm = 15\,cm^2$

b)

$A = 3\,cm \cdot 3\,cm = 9\,cm^2$

c)

$A = 50\,mm \cdot 21\,mm = 1050\,mm^2$

2 Berechne.

a) Flächeninhalte von Rechtecken

	Rechteck ①	Rechteck ②	Rechteck ③	Rechteck ④	Rechteck ⑤	Rechteck ⑥
Länge	10 mm	4 cm	8 dm	7 m	2 km	15 cm
Breite	8 mm	6 cm	5 dm	3 m	9 km	11 cm
Flächeninhalt	80 mm²	24 cm²	40 dm²	21 m²	18 km²	165 cm²

b) Flächeninhalte von Quadraten

	Quadrat ①	Quadrat ②	Quadrat ③	Quadrat ④	Quadrat ⑤	Quadrat ⑥
Länge	10 mm	4 cm	8 dm	7 m	50 km	11 cm
Flächeninhalt	100 mm²	16 cm²	64 dm²	49 m²	2500 km²	121 cm²

3 Ergänze in der Tabelle die Flächeninhalte und Seitenlängen von Rechtecken und Quadraten. Unterstreiche im Tabellenkopf alle Flächen, die Rechtecke und keine Quadrate sind.

	Fläche ①	Fläche ②	Fläche ③	Fläche ④	Fläche ⑤	Fläche ⑥
Länge	70 mm	8 cm	9 dm	30 m	20 km	12 cm
Breite	11 mm	7 cm	9 dm	30 m	20 km	5 cm
Flächeninhalt	770 mm²	56 cm²	81 dm²	900 m²	400 km²	60 cm²

4 Ordne mit Linien alle Flächeninhalte zu.
Zusatzaufgabe: Zwei Angaben bleiben übrig. Gib dazu passende Gegenstände an. _individuelle Lösung_

Kinderzimmer	Briefmarke	Notizzettel	Garten	Beet
3,5 m × 4 m	3,5 cm × 2 cm	3,5 cm × 4 cm	35 m × 20 m	3,5 m × 2 m

| 700 m² | 14 cm² | 80 dm² | 2 m² | 7 m² |

Küchentisch   _kleiner Flur_

Anwenden und Vernetzen

5 Hanna und Marie haben 8 m Drahtzaun und vier Pfosten, daraus wollen sie für ihr Meerschweinchen ein rechteckiges Gehege bauen. Beide haben bereits Lösungsmöglichkeiten gezeichnet.
Hinweis: 1 cm soll jeweils 1 m entsprechen.

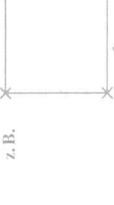

a) Zeichne zuerst auf, wie du ein entsprechendes möglichst großes Gehege anlegen würdest.
Berechne danach die Größe aller drei Flächen für das Meerschweinchen.

Vorschlag 1: Vorschlag 2: Vorschlag 3:

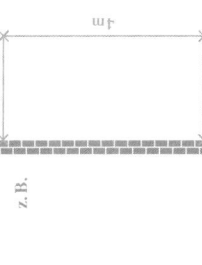

z. B.

3 m × 1 m 2,5 m × 1,5 m 2 m × 2 m

Die Fläche ist __3__ m² groß.   Die Fläche ist __3,75__ m² groß.   Die Fläche ist __4__ m² groß.

b) Hanna kam auf die Idee, als eine Seite des Geheges die Garagenwand zu nutzen.
Zeichne zuerst auf, wie du ein entsprechendes möglichst großes Gehege anlegen würdest.
Berechne danach die Größe aller drei Flächen für das Meerschweinchen.

Vorschlag 1: Vorschlag 2: Vorschlag 3:

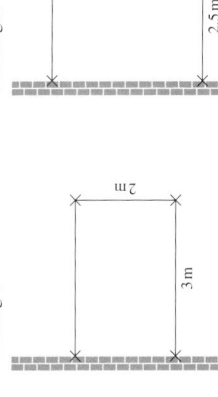

z. B.

3 m × 2 m 3 m × 2,5 m 2 m × 4 m

Die Fläche ist __6__ m² groß.   Die Fläche ist __7,5__ m² groß.   Die Fläche ist __8__ m² groß.

Umfänge von Rechtecken und Quadraten

▶ Grundwissen

Wenn man die Längen aller Seiten einer Fläche addiert, erhält man den Umfang u der Fläche.

Beispiele:

Rechteck
$u = a + b + a + b$
$u = 2 \cdot a + 2 \cdot b$

Quadrat
$u = a + a + a + a$
$u = 4 \cdot a$

$u = 2 \cdot 3\,\text{cm} + 2 \cdot 2\,\text{cm} = 10\,\text{cm}$ $u = 4 \cdot 2\,\text{cm} = 8\,\text{cm}$

▶ **Auftrag:** Ergänze das Beispiel.

Trainieren

1 Ermittle die Umfänge. Miss dafür die benötigten Seitenlängen.

a) 10 cm   b) 9 cm   c) 8 cm   d) 12 cm

2 Berechne.

a) Umfänge von Quadraten

	Quadrat ①	Quadrat ②	Quadrat ③	Quadrat ④	Quadrat ⑤	Quadrat ⑥
Länge	10 mm	4 cm	8 dm	7 m	50 km	11 cm
Umfang	40 mm	16 cm	32 dm	28 m	200 km	44 cm

b) Umfänge von Rechtecken

	Rechteck ①	Rechteck ②	Rechteck ③	Rechteck ④	Rechteck ⑤	Rechteck ⑥
Länge	12 mm	4 cm	8 dm	7 m	2 km	15 cm
Breite	8 mm	16 cm	5 dm	8 m	9 km	11 cm
Umfang	40 mm	40 cm	26 dm	30 m	22 km	52 cm

3 Es sind die Seitenlängen a und b von Rechtecken gegeben.

a) Welche der Rechtecke haben den gleichen Umfang?

Rechteck ①: $a = 20\,\text{cm}$; $b = 8\,\text{cm}$; $u = 56\,\text{cm}$ Rechteck ②: $a = 8\,\text{cm}$; $b = 25\,\text{mm}$; $u = 21\,\text{cm}$

Rechteck ③: $a = 4\,\text{cm}$; $b = 6\,\text{dm}$; $u = 128\,\text{cm}$ Rechteck ④: $a = 1{,}5\,\text{cm}$; $b = 9\,\text{cm}$; $u = 21\,\text{cm}$

Rechteck ⑤: $a = 32\,\text{cm}$; $b = 32\,\text{cm}$; $u = 128\,\text{cm}$ Rechteck ⑥: $a = 2{,}5\,\text{cm}$; $b = 9\,\text{cm}$; $u = 23\,\text{cm}$

Den gleichen Umfang haben einerseits Rechteck ② und ④ sowie andererseits Rechteck ③ und ⑤.

b) Gib ein Beispiel für Seitenlängen eines Rechtecks mit einem Umfang von 16 cm an.   z. B. $a = 3\,\text{m}$ und $b = 5\,\text{m}$

4 Wessen Aussage ist falsch? Begründe.

Cansu sagt: „Ich habe mit dem 2 m langen Gliedermaßstab ein Quadrat mit 40 cm langen Seiten gelegt."
Danis sagt: „Ich habe mit dem 2 m langen Gliedermaßstab ein Quadrat mit 6 dm langen Seiten gelegt."
Abdul sagt: „Ich habe mit dem 2 m langen Gliedermaßstab ein Rechteck mit 2 dm und 8 dm langen Seiten gelegt."

Die Aussage von Danis ist falsch. $4 \cdot 6\,\text{dm} = 24\,\text{dm} = 2{,}4\,\text{m} > 2\,\text{m}$

5 Ergänze die Tabelle.

	Fläche ①	Fläche ②	Fläche ③	Fläche ④	Fläche ⑤	Fläche ⑥
Länge	20 km	12 cm	30 m	0,9 dm (9 cm)	70 mm (7 cm)	18 cm (1,8 dm)
Breite	20 km	5 cm	30 m	(9 cm)	30 mm (3 cm)	7 cm (0,7 dm)
Umfang	80 km	34 cm	120 m	3,6 dm (36 cm)	20 cm (20 mm)	5 dm (50 cm)

Anwenden und Vernetzen

6 Seitenumfang des Arbeitsheftes.

a) Ermittle den Umfang einer Seite dieses Arbeitsheftes. Runde sinnvoll.

$21\,\text{cm} + 29{,}7\,\text{cm} + 21\,\text{cm} + 29{,}7\,\text{cm} = 101{,}4\,\text{cm} = 10{,}14\,\text{dm} \approx 1{,}014\,\text{m}$

b) Ermittle den Umfang einer Doppelseite dieses Arbeitsheftes? Gib diesen in mehreren Einheiten an.

$42\,\text{cm} + 29{,}7\,\text{cm} + 42\,\text{cm} + 29{,}7\,\text{cm} = 143{,}4\,\text{cm} = 14{,}34\,\text{dm} = 1{,}434\,\text{m}$

c) Nina sagt: „Das ganze Arbeitsheft hat einen Umfang von rund 70 Seiten."
Was meint sie damit?

Das Wort Umfang kann in der Umgangssprache unterschiedlich verstanden werden.

Sie meint die Anzahl der Seiten im Arbeitsheft.

7 Ein 40 m langes rechteckiges Grundstück soll mit einem Holzzaun eingezäunt werden. Der Handwerker benötigt insgesamt 117 m Holzzaun, wobei die drei Meter lange Einfahrt frei bleibt.
Wie breit ist das Grundstück?

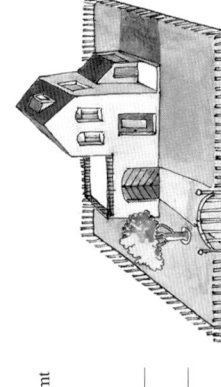

Umfang des Grundstücks: $117\,\text{m} + 3\,\text{m} = 120\,\text{m}$

Breite: $(120\,\text{m} - 2 \cdot 40\,\text{m}) : 2 = 20\,\text{m}$

Das Grundstück ist 20 m breit.

8 Ordne jeder Figur einen der folgenden gerundeten Umfänge zu.

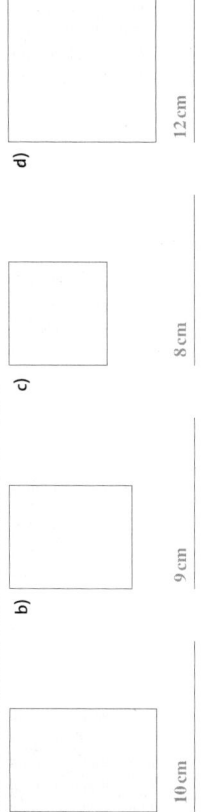

a) 8 cm   b) 8 cm   c) 12 cm   d) 10 cm

Symmetrien und Verschiebungen

Achsensymmetrie

▶ Grundwissen

Eine achsensymmetrische Figur kann so zusammengefaltet werden, dass dabei entstehende Teile genau aufeinander passen. Die Gerade, an der gefaltet wurde, heißt Symmetrieachse.

Das Verkehrszeichen hat eine Symmetrieachse.

▶ Auftrag: Wie viele Symmetrieachsen hat das Verkehrszeichen? Zeichne sie ein.

Trainieren

1 Welche der Figuren sind achsensymmetrisch?
Zeichne in diesen Figuren alle Symmetrieachsen ein.
Begründe gegebenenfalls, warum keine Achsensymmetrie vorliegt.

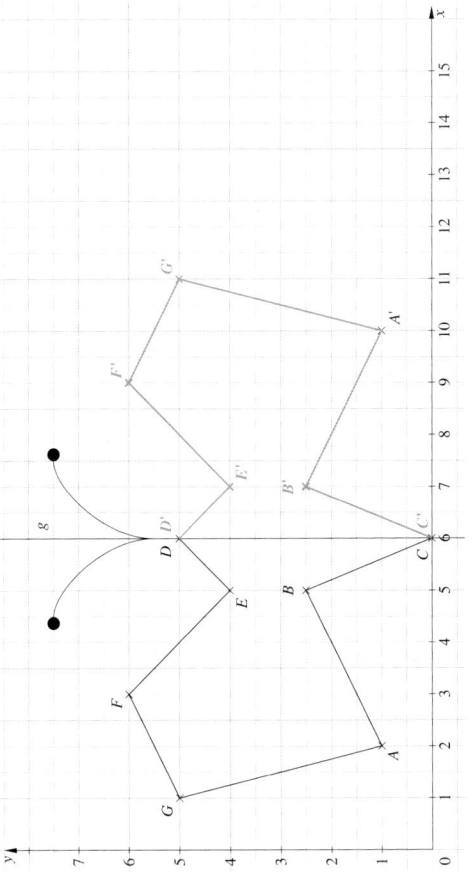

2 Ergänze so zu achsensymmetrischen Figuren, dass die Gerade g jeweils die Symmetrieachse ist.
Färbe Teile von Flächen so ein, dass die Achsensymmetrie erhalten bleibt.

a)   b)   c)   individuelle Lösungen

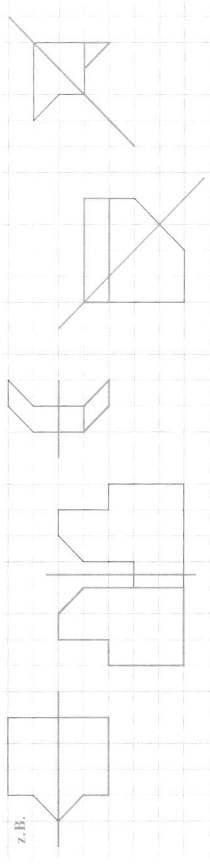

3 Spiegele die Figur an der Geraden g.
Hinweis: Der Originalpunkt A hat den Bildpunkt A'.

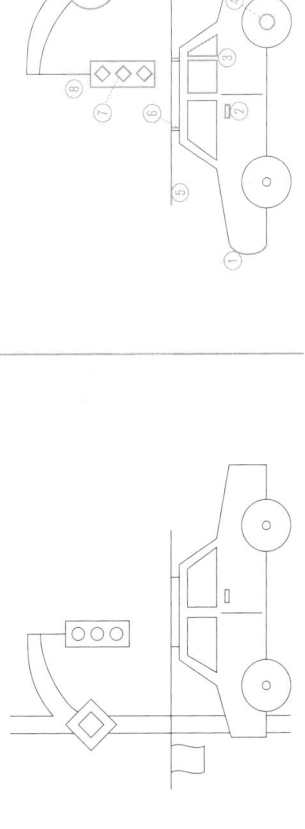

Anwenden und Vernetzen

4 Zeichne eine Symmetrieachse ein und markiere die 10 Fehler in der rechten Figur.

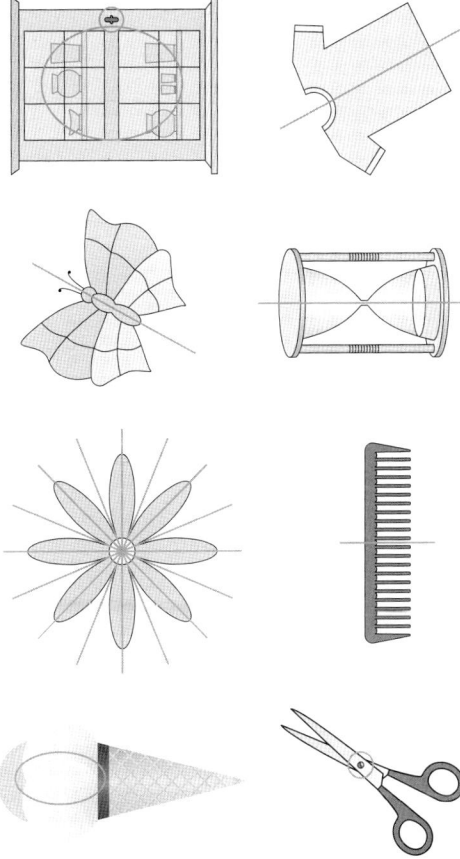

5 Färbe jeweils weitere Karos oder Teile von Karos ein, sodass eine achsensymmetrische Figur entsteht, die nur eine einzige Symmetrieachse hat. Zeichne die Symmetrieachse ein.

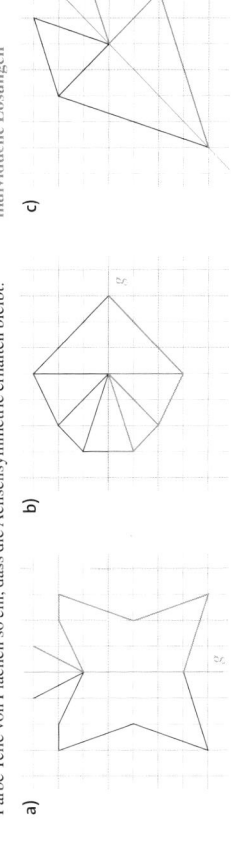

z. B.

Punktsymmetrie

▶ Grundwissen

Eine Figur, die man durch eine halbe Drehung wieder in sich überführen kann, heißt punktsymmetrische Figur. Der Symmetriepunkt ist jeweils ihr Mittelpunkt.

Das Symmetriezentrum ist der Schnittpunkt der Diagonalen der Karte.

▶ **Auftrag:** Gib den Symmetriepunkt der Spielkarte an.

Trainieren

1 Kreuze alle punktsymmetrischen Karten an.
Hinweis: Zeichne jeweils den Symmetriepunkt ein. Markiere gegebenenfalls, warum keine Punktsymmetrie vorliegt.

☒ (7)   ☐ (J)   ☐ (10)   ☐ (9)   ☐ (8)

☐ (6)   ☐ (5)   ☒ (4)   ☐ (A)

2 Markiere den Symmetriepunkt S, falls möglich.

punktsymmetrisch   punktsymmetrisch   punktsymmetrisch   punktsymmetrisch

nicht punktsymmetrisch   nicht punktsymmetrisch

3 Ergänze zu punktsymmetrischen Figuren.

Anwenden und Vernetzen

4 Flächen

a) Kreuze die zutreffenden Eigenschaften in der Tabelle an. Betrachte dabei jeweils nur die abgebildeten Figuren.

	punktsymmetrische Figur	achsensymmetrische Figur
Quadrat	×	×
Raute	×	×
Rechteck	×	×
Parallelogramm	×	
Drachenviereck		×
Trapez		
gleichseitiges Dreieck		×
gleichseitiges Sechseck	×	×

b) Welche der abgebildeten Figuren haben mehr als zwei Symmetrieachsen?

Quadrat, gleichseitiges Dreieck; gleichseitiges Sechseck

Verschiebung

▶ Grundwissen

Bei einer Verschiebung einer Figur wird jeder Punkt

gleich weit in die gleiche

Richtung verschoben.

▶ Auftrag: Ergänze den Satz.

Trainieren

1 Tiertapete

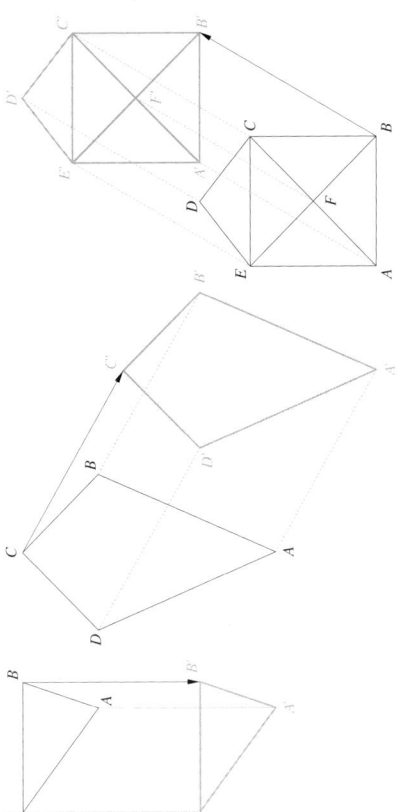

a) Markiere alle Tiere, die durch eine Verschiebung entstanden sein können, mit der gleichen Farbe.
Hinweis: Du benötigst fünf Farben.

b) Gib jeweils mit einem Pfeil die Richtung und die Weite der Verschiebung von links nach rechts an.

c) Gib die Weite der längsten Verschiebung von links nach rechts an.   _13,5 cm_

2 Dreieck ABC mit $A(1|1)$, $B(3|1)$ und $C(1|2)$ ist im Koordinatensystem eingezeichnet.
Verschiebe das Dreieck passend zu den angegebenen Bildpunkten.
Gib die Koordinaten der restlichen Bildpunkte an.

a) $A'(5|1)$

$B'(7|1)$ und $C'(5|2)$

b) $C''(4|4)$

$A''(4|3)$ und $B''(6|3)$

c) $B'''(3|4)$

$A'''(1|4)$ und $C'''(1|5)$

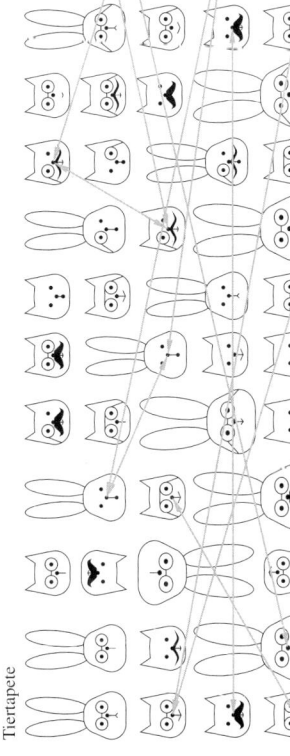

3 Verschiebe die Figuren entsprechend der gegebenen Verschiebungspfeile und bezeichne die Bildpunkte.

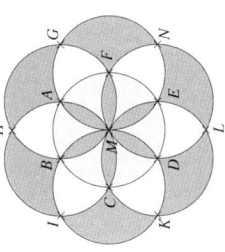

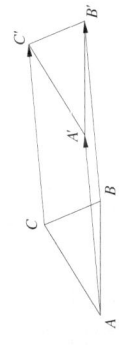

Anwenden und Vernetzen

4 Die sieben Kreise des farbig gestalteten Musters haben den gleichen Radius.

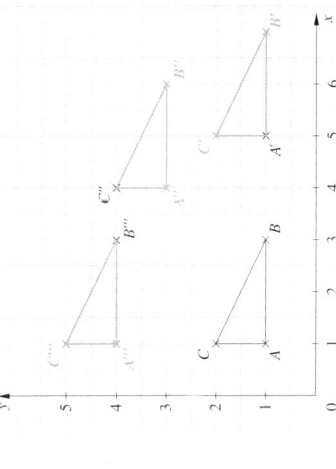

a) Das Muster entstand durch Verschiebungen von Kreisen.
Vervollständige die Tabellen entsprechend.
Es wurde jeweils gleich weit in die gleiche Richtung verschoben.

①

Originalpunkt	A	M	F	G	B
Bildpunkt	M	D	E	F	C

②

Originalpunkt	E	D	F	N	M
Bildpunkt	D	K	M	E	C

③

Originalpunkt	F	M	B	D	A
Bildpunkt	N	E	M	L	F

b) Die Figur ist achsensymmetrisch. Gib die Anzahl der Symmetrieachsen an.   _12 Symmetrieachsen_

c) Die Figur ist punktsymmetrisch. Gib den Symmetriepunkt an.   _M ist Symmetriepunkt_

d) Zusatzaufgabe: Zeichne das Muster mit einem Zirkel und färbe deckungsgleiche Teile jeweils mit der gleichen Farbe ein. Finde eine andere Möglichkeit als bei a.
Ist dein Muster achsensymmetrisch? Falls ja, gib die Anzahl der Spiegelgeraden an.
Hinweis: Kontrolliert die Ergebnisse gegenseitig.

Kapitel Zahlen und Größen

1 Welche Zahlen gehören zu den farbig markierten Stellen?

a) 0 —— 50 ———————————————

   5; 25; 80; 100; 150; 210

b) 0 —— 5000 ———————————————

   500; 1 500; 4 500; 9 000; 11 000; 14 500

2 Welche Ziffern können jeweils für das Sternchen eingesetzt werden, damit wahre Aussagen entstehen?

a) 41 475 < 41 *85   4; 5; 6; 7; 8; 9
b) 1 883 215 > 188*215   0; 1; 2
c) 25 580 150 > 41*8 500   0; 1; 2; 3; 4; 5; 6; 7; 8; 9
d) 832 151 > 832 15*   0

3 Vorgänger und Nachfolger

a) Gib eine vierstellige natürliche Zahl an, deren Vorgänger dreistellig ist. __1000__
b) Gib den Nachfolger von 999 999 mit Worten an. __eine Million__

4 Trage folgende Zahlen in die Stellenwerttafel ein.

Billionen				Milliarden				Millionen				Tausender							
H	Z	E		H	Z	E		H	Z	E		H	Z	E		H	Z	E
	1	2				0		0	0	0		0	3	0		0	0	5
						9		0	0	0		0	1	6		0	1	3
										4		0	0	0		3	0	0
												2	8	4		1	0	0

a) zwölf Billionen dreißigtausendfünf
b) neun Milliarden sechzehntausenddreizehn
c) vier Milliarden dreihundert
d) achtundzwanzig Millionen vierhunderteintausend

5 Rechne jeweils in die gegebene Einheit um.

a) 7 km = __7000__ m
b) 85 cm 5 mm = __855__ mm
c) 780 dm = __78__ m
d) 7800 g = __7__ kg __800__ g
e) 95 t = __95 000__ kg
f) 7500 mg = __7,5__ g
g) 9999 ct = __99,99__ €
h) 23 € 25 ct = __2325__ ct
i) 1,95 € = __195__ ct
j) 7 d = __168__ h
k) 1 h 30 min = __90__ min
l) 180 s = __3__ min

6 Ergänze jeweils eine Einheit, so dass die Aussage wahr sein kann.

a) Eine Arbeitsheftseite ist ca. 200 __mm__ breit und 3 __dm__ hoch.
b) Ein Päckchen Saft wiegt ca. 0,2 __kg__.
c) Ein Atemzug dauert ca. 2 __s__.

7 Auf dem Rummel kosten 1 min 45 s Achterbahn 5 €, 2 min Autoscooter 3 € und 90 s Karussell 2,50 €.

a) Welche der Fahrten dauert am längsten?

   Die Fahrten mit dem Autoscooter dauern am längsten.

b) Wie viel Euro kostet es insgesamt, wenn man jeweils eine Fahrt macht?

   Insgesamt kostet es 10,50 €.

Kapitel Natürliche Zahlen addieren und subtrahieren

1 Berechne.

a) 507 + 41 = __548__
b) 827 + 19 = __846__
c) 1027 + 88 = __1115__
d) 200 − 87 = __113__
e) 756 − 80 = __676__
f) 75 600 − 80 = __75 520__
g) 37 + 58 + 23 = __118__
h) 67 − 18 − 17 = __32__
i) 23 + 24 + 25 + 26 + 27 = __125__

2 Schreibe jeweils zuerst das Ergebnis des Überschlags auf. Rechne danach schriftlich.

a) __13000__
b) __14000__
c) __5000__
d) __6300__

```
   9 2 7 2        6 8 0 6          7 0 3 0       8 6 4 5
 + 3 8 1 0      + 5 8 2 1        − 1 8 2 3     − 3 2 2
       1          + 1 4 8 0            1 1     − 1 9 5 7
 1 3 0 8 2        1 2 1              5 2 0 7       1 1 1
                  1 4 1 0 7                      6 3 6 6
```

3 Ergänze jeweils die fehlenden Klammern.

a) 28 + 9 − (33 + 4) = 0
b) 64 − (13 + 45) + 4 = 10

Klammern zum Abstreichen: (;) ; (;)

4 Ermittle das Ergebnis.

a) Subtrahiere die Differenz von 52 und 24 von der Summe von 48 und 7.

   (48 + 7) − (52 − 24) = 55 − 28 = 27

b) Der Subtrahend ist um 11 größer als der Minuend. Welchen Wert hat die Differenz?

   Die Differenz ist 11.

5 Wenn die Sonne an einem Ort am höchsten steht, ist an diesem Ort 12:00 Uhr mittags. Dies ist nicht überall gleichzeitig der Fall, deshalb wurde die Erde in Zeitzonen unterteilt.

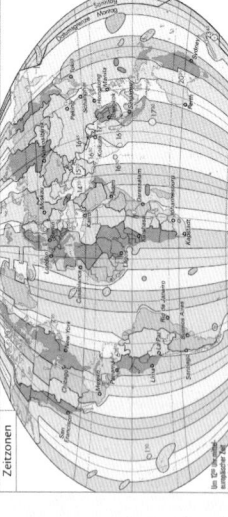

Zeitzonen

a) Wie spät ist es etwa in Südafrika, wenn es bei uns 12:00 Uhr mittags ist?

   13:00 Uhr

b) Wie spät ist es etwa in Australien, wenn es bei uns 12:00 Uhr mittags ist?

   zwischen 19:00 und 21:00 Uhr

c) Wie spät ist es etwa auf Grönland, wenn es in Südafrika 19:00 Uhr ist?

   zwischen 13:00 und 15:00 Uhr

d) Stelle eine weitere Aufgabe und löse diese.

   individuelle Lösung

Kapitel Natürliche Zahlen multiplizieren und dividieren

1 Berechne.

a) $50 \cdot 4 = 200$ b) $2 \cdot 19 = 38$ c) $60 : 6 = 10$ d) $72 : 9 = 8$

e) $60 \cdot 11 = 660$ f) $12 \cdot 15 = 180$ g) $660 : 11 = 60$ h) $450 : 90 = 5$

2 Überschlage zuerst. Dividiere danach schriftlich. Rechne jeweils die Probe.

a) $700 : 7 = 100$

```
1 0 1 5 : 7 = 1 4 5      Probe:
7                         
  3 1                     1 4 5 · 7
  2 8                     1 0 1 5
    3 5                         0
    3 5
      0
```

b) $4500 : 9 = 500$

```
   4 6 8 9  :  9 = 5 2 1    Probe:
   4 5                       5 2 1 · 9
     1 8                     4 6 8 9
     1 8                           0
       0 9
         9
         0
```

c) $8000 : 10 = 800$

```
8 1 1 2  :  1 3 =      Probe:
7 8                     6 2 4 · 1 3
  3 1                     6 2 4
  2 6                   1 8 7 2
    5 2                 8 1 1 2
    5 2
      0
```

3 Berechne vorteilhaft.

a) $27 \cdot 2 \cdot 5 =$ $27 \cdot 10 = 270$ b) $25 \cdot 7 \cdot 4 =$ $100 \cdot 7 = 700$ c) $55 \cdot 8 \cdot 5 =$ $55 \cdot 40 = 2200$

d) $(37+3) \cdot 5 =$ $40 \cdot 5 = 200$ e) $(30+2) \cdot 11 =$ $330+22=352$ f) $53 \cdot (12-2) =$ $53 \cdot 10 = 530$

g) $(40+8) : 4 =$ $10+2=12$ h) $(30+36) : 11 = 66 : 11 = 6$ i) $(180-36) : 9 = 20 - 4 = 16$

4 Bilde das Produkt und den Quotienten von 18 und 9.

Produkt: $18 \cdot 9 = 162$ Quotient: $18 : 9 = 2$

5 Lea und Ole haben in mehreren Reisebüros Angebote für eine Gruppenfahrt zu einem Outdoor-Parcour mit 25 Schülern erstellen lassen. Vergleiche beide Angebote.
Das beste Angebot von Ole ist: Ein Busunternehmen fährt alle für insgesamt 420 €.
Das beste Angebot von Lea ist: Jeder Schüler zahlt 16,70 € für die Fahrt.
z. B.
Oles Angebot: Jeder zahlt 16,80 € (1 680 ct) für die Fahrt.

Leas Angebot: Insgesamt sind 417,50 € (41 750 ct) zu zahlen. Leas Angebot ist etwas preiswerter als das von Ole.

```
  4 2 0 0 0  :  2 5  = 1 6 8 0
  2 5
  1 7 0
  1 5 0
      2 0 0
      2 0 0
          0
```

```
  1 6 7 0 · 2 5
  3 3 4 0
  8 3 5 0
      1
  4 1 7 5 0
```

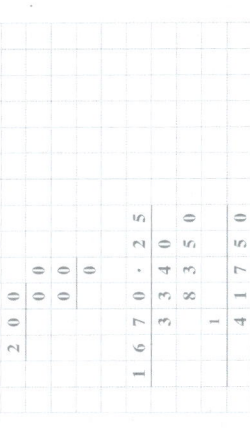

Kapitel Daten

1 So kamen die Schüler der 5b heute zur Schule. Kreuze die wahren Aussagen an.

☐ Über die Hälfte der Schüler der 5b kam mit dem Fahrrad.

☒ Zu Fuß kamen 9 Schüler.

☒ 27 Schüler sind in der 5b.

☒ Weniger als die Hälfte der Schüler der 5b kommt mit dem Auto.

zu Fuß	
Fahrrad	
Auto, Bus bzw. Bahn	

2 Jedes Symbol steht für zehn Bibliotheksbesucher.

a) Stelle im Säulendiagramm die Anzahl der Bibliotheks besucher pro Tag dar.

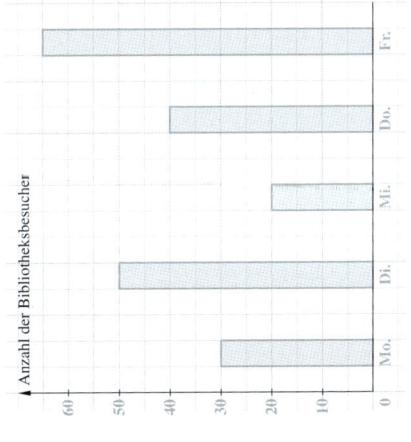

Anzahl der Bibliotheksbesucher

b) Gibt die Summe der Besucher in der Woche an.

205 Besucher wurden gezählt.

3 Bestellte Getränke

	Wasser	Tee	Cola	Apfelsaft	Kirschsaft	Bananensaft	Orangensaft
Striche	||||	||||	||||	|||| ||||		|||| ||||	|||| ||	|||| ||||
Anzahl	5	4	5	11	9	7	10

a) Trage jeweils die entsprechende Anzahl in der Tabelle ein.

b) Ergänze die Angaben.

geordnete Liste: 4; 5; 5; 7; 9; 10; 11

Minimum: 4   Maximum: 11   Spannweite: 7   Zentralwert: 7

c) Timo sagt: „Wir sind 25. Also kann jeder mindestens zwei Getränke bekommen haben." Kann das stimmen? Begründe deine Antwort mit einer Rechnung.

$4+5+5+7+9+10+11 = 51$ $51 : 2 = 25$ Rest 1   Es kann stimmen.

4 Gib das Minimum und die geordnete Liste an.

Summe der vier Werte: 20   Minimum: 2   Maximum: 10   Spannweite: 8   Zentralwert: 4

geordnete Liste: 2; 4; 4; 10

Kapitel Geometrische Figuren zeichnen

1 Entdecken von zueinander parallelen und senkrechten Strecken

a) Markiere jeweils zueinander parallel verlaufende Strecken mit der gleichen Farbe.

b) Markiere jeweils zueinander senkrecht verlaufende Strecken.

c) Welche Vierecksarten enthält die Figur? Kreuze an.
   ☐ Quadrat
   ☒ Rechteck
   ☒ Parallelogramm
   ☐ Raute

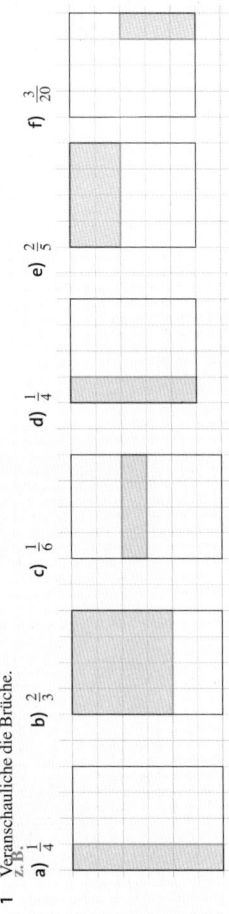

2 Zeichnen von zueinander parallelen und senkrechten Geraden

a) Zeichne eine Senkrechte h zu g durch den Punkt A.

b) Zeichne eine Parallele i zu g durch den Punkt B.

c) Gib den Abstand der Geraden i und g an. _25 mm_

3 Zeichne jeweils die Punkte im Koordinatensystem ein und gib die fehlenden Koordinaten der Vierecke an.

a) Quadrat $ABCD$: $A\,(\,1\,\mid\,1\,)$ $B\,(\,4\,\mid\,1\,)$ $C\,(\,4\,\mid\,4\,)$ $D\,(\,1\,\mid\,4\,)$

b) Parallelogramm $EFGH$: $E\,(\,5\,\mid\,1\,)$ $F\,(\,7\,\mid\,1\,)$ $G\,(\,8\,\mid\,3\,)$ $H\,(\,6\,\mid\,3\,)$

c) Raute $IJKL$: $I\,(\,10\,\mid\,1\,)$ $J\,(\,11\,\mid\,3\,)$ $K\,(\,10\,\mid\,5\,)$ $L\,(\,9\,\mid\,3\,)$

d) Rechteck $MNOP$: $M\,(\,12\,\mid\,1\,)$ $N\,(\,14\,\mid\,1\,)$ $O\,(\,14\,\mid\,4\,)$ $P\,(\,12\,\mid\,4\,)$

Kapitel Brüche und Verhältnisse

1 Veranschauliche die Brüche. z. B.:

a) $\frac{1}{4}$ b) $\frac{2}{3}$ c) $\frac{1}{6}$ d) $\frac{1}{4}$ e) $\frac{2}{5}$ f) $\frac{3}{20}$

2 Setze die fehlenden Zahlen ein.

a) $\frac{2}{3} = \frac{10}{15}$ b) $\frac{7}{11} = \frac{21}{33}$ c) $\frac{7}{25} = \frac{28}{100}$ d) $1 = \frac{8}{8}$

e) $2\frac{1}{3} = \frac{7}{3}$ f) $4\frac{1}{5} = \frac{21}{5}$ g) $\frac{7}{2} = 3\frac{1}{2}$ h) $\frac{19}{6} = 3\frac{1}{6}$

3 Vergleiche.

a) $\frac{7}{21} = \frac{1}{3}$ b) $\frac{1}{4} > \frac{8}{36}$ c) $\frac{72}{100} < \frac{3}{4}$ d) $\frac{7}{8} < 1$

e) $1\frac{5}{6} > \frac{1}{3}$ f) $2\frac{3}{8} > \frac{6}{8}$ g) $7\frac{3}{10} = \frac{73}{10}$ h) $9\frac{2}{9} < \frac{86}{9}$

4 Ordne jedem Bruch eine Stelle zu und schreibe jeweils den entsprechenden Dezimalbruch dazu.

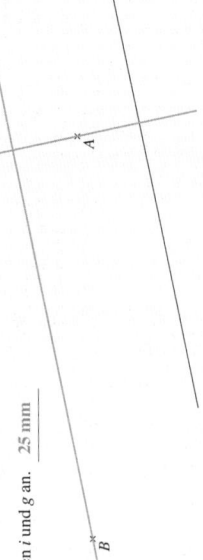

5 Nimm ein Blatt Papier, halbiere viermal nacheinander und falte es danach auseinander.

a) Skizziere das Ergebnis.

b) Lege zuerst Farben fest und markiere entsprechend. Ermittele danach den Anteil der nicht markierten Fläche.

☐ $\frac{1}{32}$ ☐ $\frac{1}{2}$ ☐ $\frac{1}{8}$ ☐ $\frac{1}{8}$

Nicht markiert sind $\frac{11}{32}$ ·

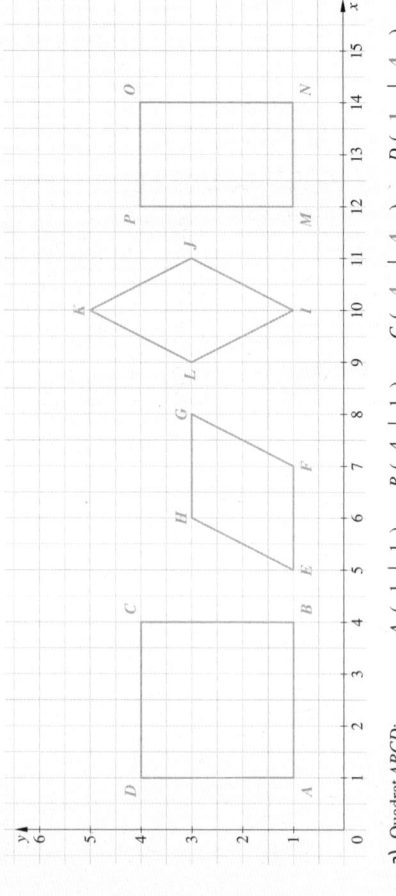

6 Bruchteile von Größen

	48 m	72 cm	240 g	96 t	2,40 €	1 d
$\frac{1}{8}$ von … sind …	6 m	9 cm	30 g	12 t	0,30 € (30 ct)	3 h
$\frac{3}{8}$ von … sind …	18 m	27 cm	90 g	36 t	0,90 € (90 ct)	9 h
$\frac{2}{3}$ von … sind …	32 m	48 cm	160 g	64 t	1,60 € (160 ct)	16 h

Kapitel Flächen und Flächeninhalte

1 Gib die Flächeninhalte in Quadratzentimeter und Quadratmillimeter an und die Umfänge in Zentimeter.

Viereck 1: $A = 9\,cm^2 = 900\,mm^2$; $u = 12\,cm$

Viereck 2: $A = 4\,cm^2 = 400\,mm^2$; $u = 9\,cm$

Viereck 3: $A = 6\,cm^2 = 600\,mm^2$; $u = 14\,cm$

Viereck 4: $A = 6{,}25\,cm^2 = 625\,mm^2$; $u = 18\,cm$

2 Rechne jeweils in die gegebene Einheit um.

a) $507000\,m^2 = \underline{507\,0000}\,dm^2$ b) $970000\,dm^2 = \underline{9700}\,m^2$ c) $802000000\,m^2 = \underline{802}\,km^2$

d) $8500\,mm^2 = \underline{85}\,cm^2$ e) $20\,cm^2 = \underline{2000}\,mm^2$ f) $2{,}5\,ha = \underline{250}\,a$

3 Maria hat ihr Zimmer ausgemessen und gezeichnet. Die Längen sind in Meter angeben.

a) Berechne, wie groß ihr Zimmer ist.

z. B.

$360\,cm \cdot 350\,cm - 130\,cm \cdot 200\,cm$
$= 100000\,cm^2 = 10\,m^2$

Ihr Zimmer ist $10\,m^2$ groß.

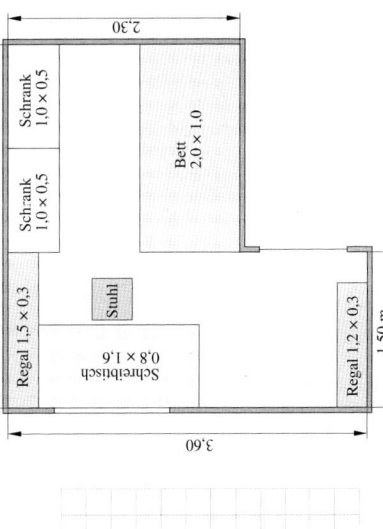

b) Sie schätzt, dass auf der Hälfte der Fläche des Zimmers Möbel stehen. Kann das stimmen?

Bett: $2\,m^2$; Schränke: $1\,m^2$; Regal 1: $0{,}45\,m^2$; Schreibtisch: $1{,}28\,m^2$; Regal 2: $0{,}36\,m^2$;   Summe: $5{,}09\,m^2$

Auf mehr als der Hälfte der Fläche stehen Möbel. Mit Stuhl ist es etwa die Hälfte. Marias Vermutung stimmt.

Kapitel Symmetrien und Verschiebungen

1 Zeichne alle Symmetrieachsen und -punkte ein und kreuze Zutreffendes an.

a) 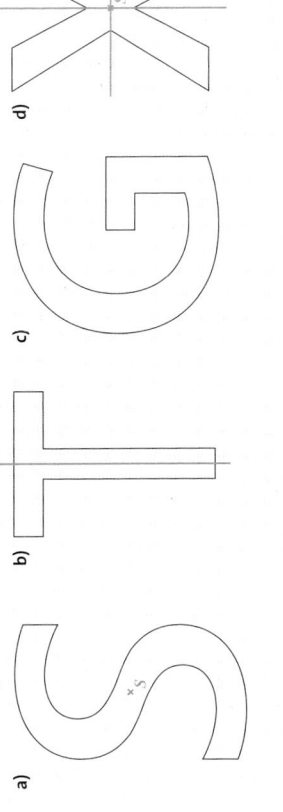   b)   c) 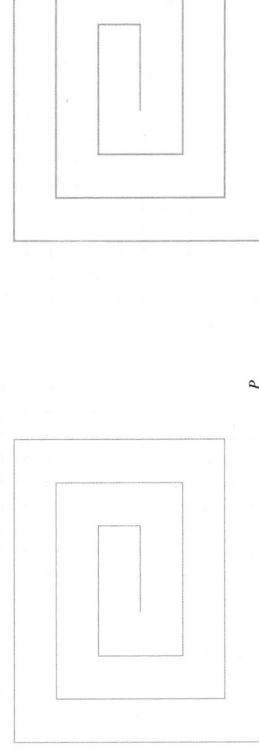   d)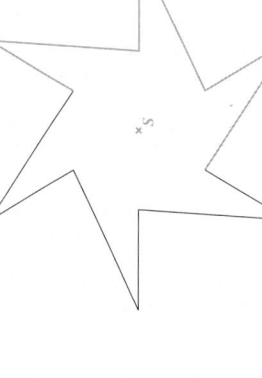

a)
☐ achsensymmetrisch
☒ punktsymmetrisch
☐ nichts von beidem

b)
☒ achsensymmetrisch
☐ punktsymmetrisch
☐ nichts von beidem

c)
☐ achsensymmetrisch
☐ punktsymmetrisch
☒ nichts von beidem

d)
☒ achsensymmetrisch
☒ punktsymmetrisch
☐ nichts von beidem

2 Verschiebe die Figur. Beachte den Verschiebungspfeil.

3 Ergänze zu Sternen.

a) Achsensymmetrischer Stern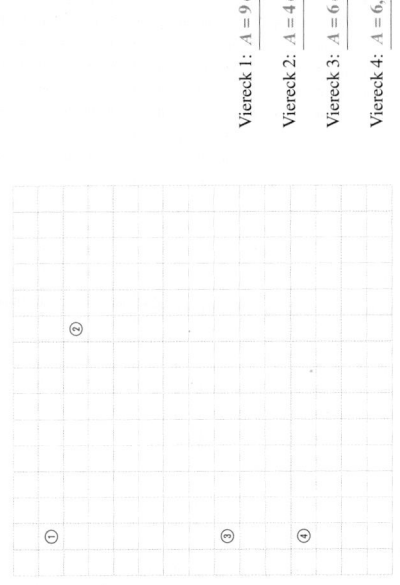

b) Punktsymmetrischer Stern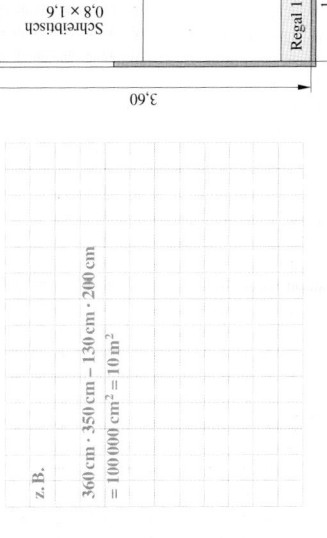

4 Vierecke welcher Art sind achsen- und auch punktsymmetrisch? Kreuze an.

☒ Quadrat   ☒ Rechteck   ☐ Parallelogramm   ☒ Raute

Jahrgangsstufentest

1 Anja hat die jeweils gewürfelte Augenzahl aufgeschrieben:

1; 5; 4; 6; 5; 3; 2; 2; 1; 4; 6; 3; 6;
4; 2; 5; 5; 3; 2; 4; 5; 1; 6; 6; 3; 5; 6.

a) Fertige eine Strichliste an.

b) Veranschauliche die Daten in einem Säulendiagramm.

gewürfelte Augenzahl	Anzahl
1				
2					
3						
4					
5							
6							

2 Ergänze die Tabelle.

Runde auf …	Zehner	Hunderter	Tausender	Zehntausender
17 569	17 570	17 600	18 000	20 000
127 899	127 900	127 900	128 000	130 000

3 Rechne jeweils in die gegebene Einheit um.

a) 5 000 cm = __500__ dm b) 97 km = 97 000 m c) 82 700 cm² = 827 dm² d) 27 cm² = 2 700 mm²

e) 823 000 g = __823__ kg f) 27 t = __27 000__ kg g) 180 min = 3 __h__ h) 5 d = __120__ h

4 Haus im Koordinatensystem

a) Gib die Koordinaten der Punkte an.

A (1 | 1) B (7 | 1)
C (7 | 4) D (__4__ | __6__)
E (1 | 4)

b) Welche Strecken sind parallel zueinander?

$\overline{AE} \parallel \overline{BC}$

c) Welche Strecken sind senkrecht zueinander?

$\overline{AB} \perp \overline{BC}$; $\overline{AB} \perp \overline{AE}$

d) Gib den Flächeninhalt und den Umfang vom Viereck ABCE an.

A = 18 cm²;   u = 18 cm

5 Herr Schmidt hat 6 832 € gewonnen. Er will das Geld gleichmäßig unter seinen sieben Enkeln aufteilen.

z. B.
6 8 3 2 : 7 = 9 7 6
6 3
 5 3
 4 9
  4 2
  4 2
   0

a) Wie viel Euro erhält jedes Kind?

Jedes Kind erhält 976 €.

b) Wie viel Euro erhält jedes Kind, wenn Herr Schmidt die Hälfte für sich behält?

9 7 6 : 2 = 4 8 8
8
1 7
1 6
 1 6
 1 6
  0

Jedes Kind erhält nur 488 €.

c) Herr Schmidt und seine Enkel wollen sich vom Gewinn einen Kurzurlaub leisten. Pro Person sind dafür 279 € an das Reisebüro zu überweisen. Jedoch, wenn alle gleichzeitig bezahlen, gibt es 138 € Rabatt. Wie viel Euro sind mindestens insgesamt an das Reisebüro zu überweisen?

2 7 9 · 8
2 2 3 2

2 2 3 2
− 1 3 8
2 0 9 4

Insgesamt sind 2 094 € zu überweisen.

6 Trage die gesuchten Begriffe in die Kästchen ein. Wenn alles richtig ist, ergibt sich ein Lösungswort.

1. Linie mit Anfangs- und Endpunkt
2. Figurendiagramm
3. Fachwort für einen Teil des Quotienten
4. Währungseinheit
5. Ermitteln von Näherungswerten nach festgelegten Regeln
6. kleinster Wert einer Datenreihe
7. Einheit der Zeit
8. Fachwort für einen Teil der Differenz
9. spezielles Rechteck
10. Zahl über dem Bruchstrich
11. Summe aller Seitenlängen
12. Methode zur Bestimmung von Flächeninhalten
13. zweite Koordinate
14. 10^3 steht für …
15. Rechengesetz der Multiplikation und Addition
16. Mittelwert einer Datenreihe
17. Einheit der Masse

1. S T R E C K E
2. P I K T O G R A M M
3. D I V I S O R
4. E U R O
5. R U N D E N
6. M I N I M U M
7. S T U N D E
8. S U B T R A H E N D
9. Q U A D R A T
10. Z Ä H L E R
11. U M F A N G
12. A U S L E G E N
13. Y -Wert
14. T A U S E N D
15. K O M M U T A T I V G E S E T Z
16. M E D I A N
17. G R A M M

Notizen

Symmetrie

Seite 221

9 *Punktspiegelung zeichnen*

a) 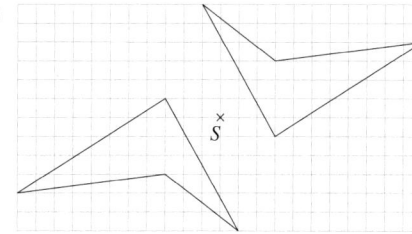 b)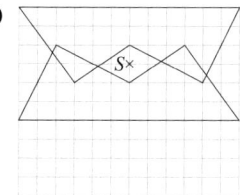

10 *Viereck im Koordinatensystem spiegeln und verschieben*

a) 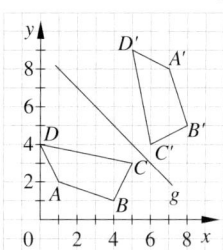 b) 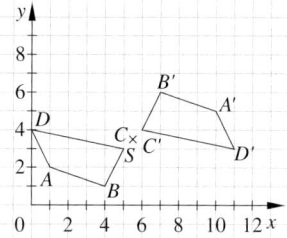 c)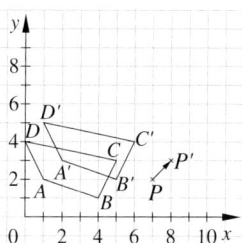

Original-punkt	Bildpunkt		
	a)	b)	c)
$A(1\mid2)$	$A'(7\mid8)$	$A'(10\mid5)$	$A'(2\mid3)$
$B(2\mid5)$	$B'(8\mid5)$	$B'(7\mid6)$	$B'(5\mid2)$
$C(2\mid5)$	$C'(6\mid4)$	$C'(6\mid4)$	$C'(6\mid4)$
$D(2\mid5)$	$D'(5\mid9)$	$D(11\mid3)$	$D'(1\mid5)$
	z.B. $E(2\mid7)$ $F(7\mid2)$	$S(5,5\mid3,5)$	z.B. $P(7\mid2)$ $P'(8\mid3)$

11 *Parkettierung untersuchen und zeichnen*
a) verschiedene Möglichkeiten, z.B.
b) Zeichenübung nach Vorlage

12 *Grundfigur einer Parkettierung ermitteln und Bewegungen für die Parkettierungserstellung angeben*

kleinste Grundfigur  Durch Achsenspiegelung z.B. jeweils an den beiden kürzesten Seiten oder durch Verschiebungen oder Punktspiegelungen kann das Muster aus den kleinen Fünfecken hergestellt werden.
Die Quadrate in der Mitte entstehen dann automatisch.

13 *Überlegungen zu Symmetrieeigenschaften von Spielkarten*
a) 8 und Ass
b) 8, 9, 10, Bube, Dame, König, Ass
c) 7; die sieben Karos sind nicht symmetrisch zur waagerechten Mittellinie der Karte angeordnet.
d) Nein. Weil die Bilder ‚Herz', ‚Pik' und ‚Kreuz' nicht wie ‚Karo' zur waagerechten Mittellinie symmetrisch sind, sind hier 8 und Ass nicht achsensymmetrisch.
Punktsymmetrisch sind aus demselben Grund nur die 10, Bube, Dame und König.
e) Damit sie punktsymmetrisch ist, müsste die obere Spielkartenhälfte der unteren, nur einmal gedreht, entsprechen. Im Zentrum der Karte dürfte kein nicht-symmetrisches Symbol stehen. Man könnte z.B. die Zahlkarten, wie die Bildkarten auch, in identische Hälften unterteilen und in jede Hälfte die der Zahl entsprechende Anzahl von Symbolen in gleicher Weise anordnen.

14 *Figuren zu vier Achsen symmetrisch ergänzen*

a) 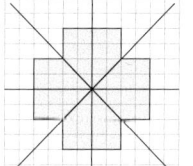 b) 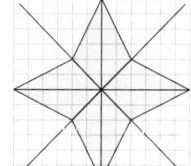 c) 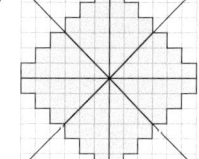 d)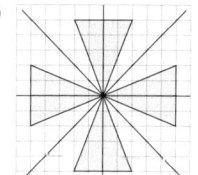

Symmetrie

Seite 222

Symmetrien auf der Hundertertafel

Es werden rechnerische und zeichnerische Aspekte miteinander verbunden. In den ersten beiden Teilaufgaben geht es darum, Muster zu entwerfen, die einen bestimmten Anteil der Felder einfärben. Hier spielen die Zahlen der Hundertertafel noch keine Rolle. Die dritte und vierte Teilaufgabe verknüpfen symmetrische Muster mit „Zahlendrehern" bzw. mit gleich bleibenden Summen. Die letzten vier Teilaufgaben beschäftigen sich speziell mit Achsen- und Punktsymmetrie.

a) Verschiedene Lösungsmöglichkeiten, z. B.: alle Zahlen von 1 bis 50 (obere Hälfte) oder alle Zahlen von 51 bis 100 (untere Hälfte); alle geraden Zahlen bzw. alle ungeraden Zahlen (ergibt ein Streifenmuster mit vertikalen Streifen)

b) individuelle Lösungen, z.B.:
Färbung des vierten Teils: alle Zahlen von 1 bis 25 oder von 26 bis 50 oder ...; jede 4. Zahl: 4, 8, ..., 96, 100
Färbung des fünften Teils: alle Zahlen von 1 bis 20 oder von 21 bis 40 oder ...; jede 5. Zahl: 5, 10, 15, 20, ..., 100

c) z.B. 15/51; 28/82; 45/54
Die Paare liegen symmetrisch zu der Achse, die von der 11-er Reihe gebildet wird.
Man findet ein Paar solcher Zahlen, indem man in der Hundertertafel für eine beliebige Zahl (die größer als 11 und kleiner als 99 sein muss) die zur 11-er Reihe symmetrische Zahl sucht.

d) Weitere Möglichkeiten: z.B. 2/8/42/48; 11/19/31/39; 14/16/34/36
Man kann diese Zahlen finden, indem man zuerst in einer waagerechten Reihe zwei Zahlen sucht, die sich zu 10 (oder 20) ergänzen. Entsprechend sucht man zwei Zahlen in der waagerechten 40-er (oder 30-er) Reihe, die sich zu 90 (oder 80) ergänzen.
Die Zahlen liegen symmetrisch zu der senkrechten Achse „5-15-25-35-45" und symmetrisch zu der waagerechten Achse „21 bis 30".

e) z.B.

1	2	3	4
11	12	13	14
21	22	23	24
31	32	33	34

Verschiebung um 1 Kästchen nach rechts: alle 9 Felder + 1, also + 9 · 1 = 9
Verschiebung um ein Kästchen nach unten: alle 9 Felder jeweils + 10, also + 9 · 10 = 90
insgesamt also + 9 + 90 = 99
Es gilt immer: Die Summe erhöht sich um 99.

f) z.B. 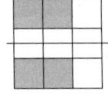 **g)** z.B. 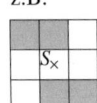 **h)** z.B. 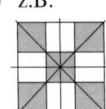 **i)** z.B. **j)** z.B.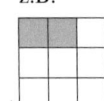

Redaktion: Heike Schulz
Technische Umsetzung und Grafik: Ludwig Heyder
Umschlaggestaltung: Corinna Babylon, Berlin

www.vwv.de

1. Auflage, 1. Druck 2016

© 2016 Cornelsen Schulverlag GmbH, Berlin

Das Werk und seine Teile sind urheberrechtlich geschützt. Jede Nutzung in anderen als den gesetzlich zugelassenen Fällen bedarf der vorherigen schriftlichen Einwilligung des Verlages. Hinweis zu den §§ 46, 52 a UrhG: Weder das Werk noch seine Teile dürfen ohne eine solche Einwilligung eingescannt und in ein Netzwerk eingestellt oder sonst öffentlich zugänglich gemacht werden. Dies gilt auch für Intranets von Schulen und sonstigen Bildungseinrichtungen.

Druck: H. Heenemann, Berlin

ISBN 978-3-06-008506-4

PEFC zertifiziert
Dieses Produkt stammt aus nachhaltig bewirtschafteten Wäldern und kontrollierten Quellen.
www.pefc.de